工业和信息化精品系列教材

网络技术

Networking Technology Of
Local Area Networks

慕课版

中小型网络组建与维护

钱玉霞 刘春燕 刘丽丽 ◉主编

申加亮 黄萌 董昌艳 ◉副主编

人民邮电出版社

北 京

图书在版编目（CIP）数据

中小型网络组建与维护 ： 慕课版 / 钱玉霞，刘春燕，
刘丽丽主编. -- 北京 ： 人民邮电出版社，2023.9
工业和信息化精品系列教材. 网络技术
ISBN 978-7-115-62359-1

Ⅰ．①中… Ⅱ．①钱… ②刘… ③刘… Ⅲ．①中小企
业－企业内联网－教材 Ⅳ．①TP393.18

中国国家版本馆CIP数据核字(2023)第135379号

内 容 提 要

本书基于办公室网络搭建、写字楼网络搭建、智慧校园网络搭建、大型企业网络搭建、网络安全
与网络管理设计教学项目，由易到难，重在分析。每个项目最后都包含综合实践并配套使用 eNSP 编
写的项目配置练习题，读者可以通过模拟软件的阅卷功能查看成绩和错误信息。每个项目理论与实践
相结合，主要培养读者对各种网络设备进行配置和组网的动手能力。本书基于真实的网络环境，注重
实践教学环节，采用项目引领、任务驱动、启发式教学等教学方法，使读者系统地掌握网络技术原理、
熟悉配置命令，能综合运用各种网络技术，对中小型局域网项目进行规划、搭建、配置和维护，对接
网络工程师等岗位。

本书中各项目涉及的主要知识点包括：数制转换，6 类双绞线制作，VLAN 通信，解决环路问题
（STP/MSTP），链路聚合，DHCP、WLAN、OSPF、GRE、IPsec VPN、ACL、NAT、SNMP 等协议的
原理和应用。

本书既可作为高职高专院校相关专业计算机网络技术基础课程的教材或教学参考书，也可作为准
备"1+X"网络系统建设与运维职业技能等级证书（中级）考试的辅助用书，还可供广大计算机从业
者和爱好者学习和参考。

◆ 主　　编　钱玉霞　刘春燕　刘丽丽
　　副主编　申加亮　黄　萌　董昌艳
　　责任编辑　马小霞
　　责任印制　王　郁　焦志炜
◆ 人民邮电出版社出版发行　北京市丰台区成寿寺路 11 号
　　邮编　100164　电子邮件　315@ptpress.com.cn
　　网址　https://www.ptpress.com.cn
　　固安县铭成印刷有限公司印刷
◆ 开本：787×1092　1/16
　　印张：15.25　　　　　　　　　2023 年 9 月第 1 版
　　字数：409 千字　　　　　　　2024 年 12 月河北第 4 次印刷

定价：59.80 元

读者服务热线：(010)81055256　印装质量热线：(010)81055316
反盗版热线：(010)81055315
广告经营许可证：京东市监广登字 20170147 号

前言 PREFACE

1. 编写背景

本书由一线教师和企业专家共同编写，把网络工程师岗位所需要的专业技能标准和素养融入专业内容中。本书以办公室网络搭建、写字楼网络搭建、智慧校园网络搭建、大型企业网络搭建、网络安全与网络管理这 5 个项目逐步深入教学，适用于网络技术爱好者和高职高专院校计算机类专业学生学习。

2. 内容设计

本书以党的二十大精神为指引，把课程内容按照职业教育教学特点进行编排，把素养教育融入专业教学中。

（1）本书使用华为模拟软件 eNSP 优化教学项目，完善工程案例。

（2）在形式上，本书采用"教材+仿真练习"的形式，通过慕课视频和配套模拟练习辅助教学。另外，本书附赠配套教案、PPT、练习题、仿真题、测试题等丰富资源。

（3）本书包含 5 个教学项目，以职业素养和职业能力培养为重点，以从简单到复杂、从局部到整体的原则归纳课程内容。每个教学项目由"知识点+项目"组成，每一部分都有配套的配置练习试卷，适合自主练习，通过对比标准答案，可以巩固设备配置命令，检测自己对知识点的掌握情况。也有多套综合题目供教师完成期末测试。

（4）本书将中华优秀传统文化、职业素养等自然地融入课程内容，使"网络强国"理念深入人心，鞭策读者努力学习，引导读者树立正确的世界观、人生观和价值观。

3. 特点特色

本书为教师和学生提供一站式课程教学方案和立体化教学资源，助力"易教易学"，同时对接"1+X"网络系统建设与运维职业技能等级证书（中级）考试和高职技能大赛"网络系统管理"赛项"网络构建"模块初级内容。

（1）落实"德、技"并修，立德树人教学理念。

本书以项目教学内容为主体，结合华为企业精神，引导读者学思结合、知行统一，注重引导读者培养"学习，创新，获益，团结"的精神。本书以"网络强国"为主线，守网络基础建设之规、创信息通信业之新、依网络信息安全之法，书中引入 WLAN、光纤等网络技术产业新技术、新工艺、新规范，将华为企业文化、工程规范、法律法规、传统文化、专业素养、职业道德等元素融入教学全过程。

（2）配套丰富的教学资源。

为方便教学，本书用到的视频、PPT 课件、电子教案、授课计划、课程标准、题库、习题解答、补充材料等内容都放在了人邮教育社区（www.ryjiaoyu.com），每学期也会在智慧职教 MOOC 学院的"华为网络技术基础"课程上在线答疑。

（3）配套精品课程。

本书是山东省继续教育数字化共享"精品"课程配套教材。同时教学内容"项目 3：智慧校园网络搭建"及其改编内容"住宅小区的网络搭建与运维""IPv6 智慧校园网络搭建与运维"获得了山东省教学能力大赛一等奖和二等奖。

（4）产教融合、书证融通、课证融通，校企"双元"合作开发。

本书内容对接职业标准和岗位需求，以企业"真实工程项目"为素材进行项目设计及实施，将教学内容与 HCIA 和"1+X"网络系统建设与运维职业技能等级证书（中级）考试相融合，业界专家拍摄项目视频，书证融通、课证融通。

4．参考学时

本书的参考学时为 64 学时，建议采用理论与实践一体化的教学模式，各项目的参考学时见下面的学时分配表。

学时分配表

项　　目	课　程　内　容	学　　时
项目 1	办公室网络搭建	8
项目 2	写字楼网络搭建	16
项目 3	智慧校园网络搭建	16
项目 4	大型企业网络搭建	16
项目 5	网络安全与网络管理	8
学时总计		64

本书由山东水利职业学院信息工程系钱玉霞、刘春燕、刘丽丽担任主编，申加亮、黄萌、董昌艳担任副主编，王妍、张琳琳、李欣洁参与了编写和审阅。特别感谢济南博赛网络技术有限公司参与课程设计和视频录制。

由于编者水平有限，书中不当之处在所难免，敬请广大读者批评指正并提出宝贵意见。

编　者
2023 年 1 月

目录 CONTENTS

项目1
办公室网络搭建

01

项目导读

  在办公室等独立的办公区域内，涉及很多基础的网络技术应用。比如，需要会认识和连接所使用的网络设备（如路由器、无线 AP 等），判断网线的工作状态，会制作简单的双绞线，可以操作光纤熔接；对办公室网段进行子网划分，手动设置 IP 地址和设置多个终端自动获取 IP 地址；能主动对主机的文件进行保护，掌握基本的网络安全需要注意的事项等。

学习目标

- 了解网络通信基本原理；
- 掌握终端网络设计与配置；
- 熟悉终端数据安全。

项目 1　微课

办公室网络搭建

素养目标

- 能够对个人主机进行加密保护，对软件进行补漏，保证设备物理安全；
- 能够对独立的办公区域进行网络搭建和配置。

项目分析

  本项目中前 3 个任务从不同侧重点讲解网络基础概念和网络终端设置、线路连接和个人主机信息安全的设置等，最后一个任务介绍办公室网络搭建项目综合实践。学习完本项目，学生能搭建并运行、维护和管理一个简单的网络。

任务一　认识网络通信

学习重难点

1. 重点

（1）常见术语和图标； （2）常见网络类型及其特点； （3）6 类双绞线的制作；

（4）OSI 参考模型分层； （5）TCP/IP 模型。

2．难点

（1）OSI 参考模型各层主要功能；　　　　（2）TCP/IP 标准模型与对等模型；

（3）常见网络通信设备。

相关知识

1.1.1　什么是通信

1.1.1　微课

什么是通信

什么是通信呢？通信是 20 世纪才出现的名词吗？我们发送的电子邮件、在线聊天时发送的语音、接收到的网页等信息是如何传递的呢？下面让我们了解一下什么是通信。

1．通信起源与发展

对于通信的概念，人们并不陌生，在人类社会的起源和发展历程中，通信一直伴随着我们。"烽火戏诸侯""鸿雁传书""八百里急报"等我们耳熟能详的故事就是与古代的通信技术紧密相关的，交战信息的及时通达与否能直接决定一场战争的胜负。但今天人们所说的通信，一般是指电报、电话、广播、电视、网络等现代化的通信技术。

一般认为，20 世纪七八十年代，人类社会已进入"信息时代"，对于生活在信息时代的人们，通信无论是在军事上还是在生活上都影响极大，其必要性和重要性不言而喻。无论是互联网技术，还是移动通信技术，欧美发达国家在技术水平上都占据绝对优势，他们主导相关网络通信标准以及 3G、4G 标准的制定。

近几年，"互联网+""5G"应该算得上中华大地上的"热词"，我国企业在网络通信领域取得的成绩也是举世瞩目的。我国多家企业在网络通信领域处于世界前列，在 5G 领域已经实现反超，领先世界。据《人民日报》发文，在"5G 时代"，我国将成为通信技术标准的制定引领者；据德国权威机构数据统计，主要国家 5G 标准重要专利份额中，我国以 35%占据世界第一。

2．通信概念

"通信"一词中，"通"是传递与交流的意思，"信"是指信息。所谓通信，就是指人与人、人与物、物与物之间通过某种媒介和行为进行的信息传递与交流。通信技术的最终目的是帮助人们更好地沟通和生活。

本书所介绍的通信是指通过诸如互联网这样的计算机网络所进行的通信，即网络通信。

计算机又是如何组网实现通信的呢？下面来看一下常见的 3 种典型组网模型。

如图 1-1 所示，两台计算机通过一根网线相连，便组成一个最简单的网络。如果计算机 A 想从计算机 B 那里获得 B.mp3 这首歌曲，那该怎么办呢？很简单，让两台计算机运行合适的文件传输软件并单击几下鼠标就行了。

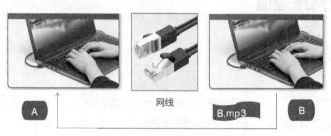

图 1-1　两台计算机通过网线传递文件

图 1-2 所示的网络要稍微复杂一些，它由一台路由器和多台计算机组成。在这样的网络中，通过路由器的中转作用，每两台计算机之间都可以自由地传递文件。

如图 1-3 所示，当计算机 A 希望从某个网址获取 A.mp3 时，计算机 A 必须先接入 Internet，然后才能下载所需的歌曲。

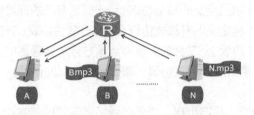

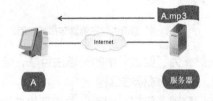

图 1-2　多台计算机通过路由器传递文件　　　　　图 1-3　通过 Internet 下载文件

Internet 的中文译名有很多，如因特网、互联网、网际网等。Internet 是目前世界上规模最大的计算机网络。如何将我们的计算机通过网络通信设备接入 Internet，是我们后续重点学习的网络技术内容。

小贴士　科技的进步，民族的复兴，大国的崛起，离不开每个华夏儿女共同的努力！大学生正处在青春年华，所学的是能创造无限可能的知识，愿我们努力奋进，不负青春，不负时代！

1.1.2　什么是协议

我们通常使用汉语、英语、法语等人类语言进行沟通和交流。其实，从网络通信的角度来看，各种各样的人类语言就相当于网络通信中所使用的各种各样的通信协议。

从通信的硬件设备来看，有了终端、信道和交换设备就能接通两个用户，但是要顺利地进行信息交换，仅有这些硬件设备是不够的。自动化程度高、人的参与程度低的数据通信更是如此。必须事先进行约定，并正确执行这些约定，通信才能正常进行。在数据通信中把通信的发送和接收需要共同遵守的这些规定、约定和规程统称为通信协议。

1.1.2　微课

什么是协议

在网络通信中，所谓协议，就是指诸如计算机、交换机、路由器等网络设备为了实现通信而必须遵从的、事先定义好的一系列规则和约定。我们经常提到的 HTTP（Hypertext Transfer Protocol，超文本传送协议）、TCP（Transmission Control Protocol，传输控制协议），IPv4 等都是通信协议的例子。

1. 通信协议要素

通信协议主要包括语义、语法和时序三要素。

（1）语义是解释控制信息每个部分的意义。它规定了需要发出何种控制信息、完成何种动作以及做出什么样的响应。例如，报文中哪些部分用于控制，哪些部分是真正的通信内容。

（2）语法确定协议元素的格式，包括数据格式、编码和信号等级。例如，报文内容的组织形式。

（3）时序规定时间先后顺序和速率，确定通信过程中通信状态的变换，包括速率匹配和排序。例如，何时进行通信。

我们以拨打电话为例，分析、理解一下通信协议的三要素，如图 1-4 所示。

要想通话，首先要拨打电话号码，电话号码就是语法；对方响铃，建立连接就是时序；而电话的内容就是语义。

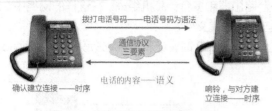

图 1-4　通信协议三要素与拨打电话

需要特别说明的是，在网络通信领域中，"协议""标准""规范""技术"等词是经常混用的，大家在以后的学习中理解即可。

协议可分为两类，一类是各网络设备厂商自己定义的私有协议，另一类是专门的标准机构定义的开放式协议（或称开放性协议、开放协议），二者的关系有点像方言与普通话的关系。显然，为了促进网络的普遍性互联，各厂商应尽量遵从开放式协议，减少私有协议的使用。

2. 通信领域标准机构

专门整理、研究、制定和发布开放式协议的组织称为标准机构。当前在网络通信领域非常知名的标准机构主要有以下 6 个。

（1）国际标准化组织。国际标准化组织（International Organization for Standardization，ISO）是世界上最大的非政府性标准化专门机构，是国际标准化领域中一个十分重要的组织。ISO的任务是促进全球范围内的标准化及其有关活动，以利于国际间产品与服务的交流，以及在知识、科学、技术和经济活动中发展国际间的相互合作。

（2）电气电子工程师学会。电气电子工程师学会（Institute of Electrical and Electronics Engineers，IEEE）是一个电子技术与信息科学工程师的协会，是世界上最大的专业技术组织之一。IEEE 成立的目的在于为电气电子方面的科学家、工程师、制造商提供国际联络、交流的场合，并为他们提供专业教育、提高专业能力服务，著名的以太网标准就来自 IEEE。

（3）国际互联网工程任务组。国际互联网工程任务组（Internet Engineering Task Force，IETF）是全球互联网最具权威的技术标准化组织之一，其主要任务是负责互联网相关技术规范的研发和制定。目前，绝大多数的互联网技术标准都出自这个组织，著名的 RFC（Request For Comments，征求意见稿）标准系列就是由他们制定和发布的。

（4）电子工业联盟。电子工业联盟（Electronic Industries Alliance，EIA）是美国电子行业标准制定者之一，常见的 RS-232 串口标准便是由这个组织制定的。

（5）国际电信联盟。国际电信联盟（International Telecommunications Union，ITU）简称"国际电联"，是主管信息通信技术事务的联合国机构。

（6）国际电工委员会。国际电工委员会（International Electrotechnical Commission，IEC）主要负责有关电气工程和电子工程领域中的国际标准化工作。该组织与 ISO、ITU、IEEE 等有着非常紧密的合作关系。

在之前的网络技术方面，欧美国家占有绝对的优势，但我国的企业也在不断努力，已经在一些领域取得突破性的发展，在互联网领域我们也逐步有了更多的话语权。

小贴士　我国在接入国际互联网很短的时间内成为当之无愧的互联网大国，网民数量世界第一。我国国家及地区顶级域名".cn"保有量世界第一。信息基础建设高速发展，已经建成全球最大的固定光纤网络，IPv6 大规模部署提速，天地一体化信息网络不断推进。互联网企业风起云涌，从"门户时代"的新浪、网易、搜狐，到之后的阿里巴巴、腾讯、百度，再到"移动互联网时代"的抖音、美团。根据 2020 年《财富》世界 500 强排行榜，7 家上榜互联网公司中我国占 4 家。这些都是我国崛起为互联网大国的体现。

1.1.3　快递与网络通信的对比

　　信息的传递是肉眼看不到的。为了形象地理解信息传递过程，我们先了解一下日常生活中经常会接触到的物品快递服务。图 1-5 所示为从物品包装到另一个城市的物品收取中，物品快递的各个主要步骤。信息的传递过程与物品的快递过程有许多相似之处，我们引入一些网络通信的常用术语展示快递过程与网络通信过程的对比。

图 1-5　快递过程与网络通信过程对比

　　图 1-5 中的礼物代表网络通信中的信息，例如下载的网页、发送的电子邮件。用纸盒包装代表通信中的加封装。拆掉纸盒包装代表通信中的解封装。信封上的地址代表数据信息。寄件人地址是数据源，收件人地址是目的地。每个物流中心代表通信中具有转发功能的路由器。交通工具中的电动车、货车、飞机代表通信中网络的信息传输能力大小。

　　应用程序生成需要传递的数据，打包成原始的"数据载荷"。然后在原始的数据载荷的前后分别加上"头"和"尾"。这个"头"和"尾"里包含与发件时需要填写快递单里相似的内容，不同的是，先写收件人姓名和寄件人姓名，也就是对应数据信息里的互连网协议（Internet Protocol，IP）地址，再写收件人地址和寄件人地址，也就是 MAC（Medium Access Control，介质访问控制）地址等信息。数据载荷贴上"快递单"后，形成"报文"。在数据外面不断增加新的报头，与原有内容一起形成一个新的信息单元。这个过程称为"封装"，如图 1-6 所示。

图 1-6　信封写法和报文封装对比

　　封装好的数据被 PC（Personal Computer，个人计算机）的网卡转发到传输介质上，送到"物流中心"进行信息转发，这个"物流中心"称为"网关"，也就是路由器的接口。传输介质只负责一个终端的传输，相对传输带宽比较小，所以相当于用电动车运输。

　　"快递员"核对"物流中心"的地址和自己"运输"数据的目的 MAC 地址一致后，确认送到正确的接口。物流中心的工作人员通过查看快递单收件人信息发送快递，同样道理，路由转发设备也通过查看报文信息里对应的目的地信息，确定转发方向就和快递员确定发送到广州还是北京一样，这时只读取网络地址，例如，山东省济南市历下区，没有必要查看门牌号。根据数据的目的地址，路由器把数据报文重新贴一个新标签，写明要送到的下一个"物流中心"的具体位置和自己的物理地址（MAC 地址），类似于具体位置和门牌号，然后从正确的方向转发数据，前往下一个物流中转站。从这里可以看出，IP 地址相当于收件人地址和寄件人地址，从发出那一刻就没有改变，而不断改变的是 MAC 地址，就好似物流中心地址。例如菜鸟驿站到物流中心、物流中心到物流中心的地址，称为 MAC 地址。这个过程一直不断地加封装和解封装。传输介质也随着通信能力和方式变为光纤或卫星信号，用货车或飞机来代表。

当数据包添加了 PC 的 MAC 地址和路由器的出接口 MAC 地址从最后的路由器出接口发出，到达 PC 后，PC 首先核对收件人的地址，也就是目的 MAC 地址，如果正确，再核对收件人姓名，也就是 IP 地址，全都正确后，拆开"纸盒"，得到用户数据。按照"信纸"的编号，把"信纸"按照顺序排列，就能得到正确的报文信息。

我们通过快递服务这个比喻，粗略地认识了网络通信的一些基本特征。对于一些细节问题，大家不必过于纠结，它们之间不是一一对应关系。

1.1.4 常见术语和图标

1.1.4 微课
常见术语和图标

在计算机网络技术中，经常会出现一些术语和图标，作为网络行业的从业者，需要将其牢牢地记住并能够进行区分。接下来，我们一起了解一下常见术语和图标。

1. 网络通信常见术语

课程中用到的一些专业常用术语和图标在生活中并不常见，下面进行简要介绍。

（1）数据载荷：根据快递过程与网络通信过程的对比，我们可以将数据载荷理解为最终想要传递的信息。而实际上，在具有层次化结构的网络通信过程中，上一层协议传递给下一层协议的数据单元（报文）都可以称为下一层协议的数据载荷。和快递中要邮寄的礼物是数据载荷一样，快递员把加了纸盒后包装好的礼物也称为数据载荷。

（2）报文：报文是网络中交换与传输的数据单元，通常都具有"头部+数据载荷+尾部"的基本结构。在传输过程中，报文的格式和内容可能会发生改变。例如，你写内容的纸叫信；包了信封，写上寄给在北京的小王以后称为信件；到了物流中心，再包上外包装准备送到济南站，这就称为包裹。他们添加的信息不同，但是都可以称为物品。报文的格式和内容，在传递过程的各个阶段不一样，称呼也不一样，如在网络层称为"数据包"，在数据链路层称为"数据帧"，这个道理与快递包裹相同。

（3）头部：为了更好地传递信息，在组装报文时，在数据载荷的前面添加的字段统称为报文的头部。

（4）尾部：为了更好地传递信息，在组装报文时，在数据载荷的后面添加的字段统称为报文的尾部。注意，很多报文是没有尾部的。头部和尾部在报文中是通过二进制进行传递的，所以头部和尾部类似括号"（ ）"，要让代码知道一段信息的起始和结束。

（5）封装：封装是指将想要传递的数据内容一层层地加"信封"、打包装的过程。在通信中就是对传输的数据载荷添加头部和尾部，从而形成新的报文的过程。

（6）解封装：解封装是封装的逆过程，也就是去掉报文的头部和尾部，获取数据载荷的过程。

（7）网关：网关是在采用不同体系结构或协议的网络之间进行互通时，用于提供协议转换、路由选择、数据交换等功能的网络设备。网关是一个根据其部署位置和功能而命名的术语，而不是一种特定的设备类型。网关是数据在网络上开始传递的第一道"门"，不确定它是"高大上"的高速公路收费站还是简陋的门闸机，但是它们的位置和作用是一样的，只要你通过这道门闸，就进入交通网。

（8）路由器：为报文选择传递路径的网络设备。路由器的作用类似物流中心，由它来读取包裹（也就是报文）中的目的地址，确定包裹该从哪个方向发给下一个物流中心。

2. 常见图标

如图 1-7 所示，这些图标是后续我们在学习课程内容时，仿真系统或者网络拓扑中相关设备的图示，大家需要熟练掌握。

本节主要介绍了课程后续常用的术语和图标，都不难理解，但是需要大家熟练掌握。

图 1-7　课程常见图标

1.1.5　网络类型

我们常常听到局域网、广域网、私网、公网、内网、外网、电路交换网络、包交换网络、环形网络、星形网络、光网络等数不胜数的网络术语，它们都与网络类型有关。之所以会有这么多的网络类型，是因为在划分网络类型时可以依据各种各样的划分原则进行。

1. 按网络的地理覆盖范围分类

依据网络的地理覆盖范围，可以将网络分为局域网、广域网等。

（1）图 1-8 所示为典型的局域网，局域网通常由建设单位自主规划、设计、建设和管理，覆盖范围有限，但传输速率高，主要面向单位内部提供服务。

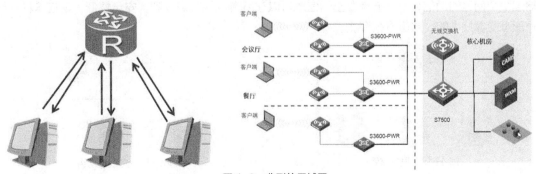

图 1-8　典型的局域网

局域网的特点主要有以下 3 点。

① 覆盖范围一般在几千米之内（如一个家庭内、一座或几座大楼内、一个校园或厂区内等）。

② 局域网的主要作用是把分布距离较近的若干终端计算机连接起来，不会用到电信运营商的通信线路。

③ 局域网使用的主要技术有光纤分布式数据接口（Fiber Distributed Data Interface，FDDI）、以太网（Ethernet）、无线局域网（Wireless Local Area Network，WLAN）等，当前使用较多的是以太网、无线局域网。

（2）图 1-9 所示为广域网，广域网的建设涉及国际组织或机构，覆盖范围基本无限制，但传输速率受限，易出现错误，管理复杂，建设成本高。

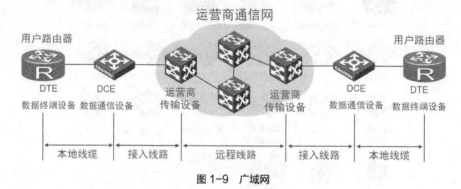

图 1-9　广域网

广域网使用的主要技术有同步数字体系（Synchronous Digital Hierarchy，SDH）、光传送网络（Optical Transport Network，OTN）、利用电话或者综合业务数字网（Integrated Service Digital Network，ISDN）设备作为网络硬件设备来架构广域网网络协议（X.25）等。

局域网和广域网的地理覆盖范围并没有严格的界限。在谈论局域网或广域网时，更多的是指局域网所使用的技术或广域网所使用的技术。

2. 按网络拓扑形态分类

除了可以依据地理覆盖范围来划分网络类型，我们还可以根据网络的拓扑形态来划分网络类型。

（1）星形网络，其拓扑如图 1-10 所示，所有节点通过一个中心节点连接在一起。其优点是很容易在网络中增加新的节点；通信数据必须经过中心节点中转，易于实现网络监控。其缺点也很明显，中心节点的故障会影响到整个网络的通信。

（2）总线型网络，其拓扑如图 1-11 所示，所有节点通过一条总线连接在一起。这种网络的优点是安装简便、节省线缆；某一节点的故障一般不会影响到整个网络的通信。其缺点是总线故障会影响到整个网络的通信；某一节点发出的信息可以被所有其他节点收到，安全性低。现在这种网络拓扑形态随着技术的发展基本被淘汰。

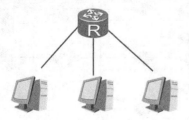

图 1-10　星形网络

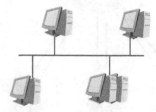

图 1-11　总线型网络

（3）环形网络，其拓扑如图 1-12 所示，所有节点连成一个封闭的环形。这种网络的优点是节省线缆；缺点是增加新的节点比较麻烦，必须先中断原来的环，才能插入新节点以形成新环。

（4）树形网络，其拓扑如图 1-13 所示。树形网络实际上是一种层次化的星形网络。它的优点是能够快速将多个星形网络连接在一起，易于扩充网络规模；缺点是层级越高的节点故障导致的网络问题越严重。

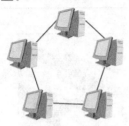

图 1-12　环形网络

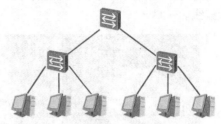

图 1-13　树形网络

（5）全网状网络，其拓扑如图 1-14 所示，所有节点都通过线缆两两互连。因为所有节点都有不止一条线路与其他节点相连，所以其优点是具有高可靠性和高通信效率。其缺点也很明显，每个节点都需要大量的物理端口，还需要大量的互连线缆，成本高，不易扩展。

（6）部分网状网络，这种网络根据需求，只在重要节点之间才两两互连，其拓扑如图 1-15 所示。这种网络的优点是成本低于全网状网络，缺点是可靠性比全网状网络差。这是我们现在的局域网连接中常采用的网络拓扑形态。部分网状网络同时具有树形网络和全网状网络的优点。

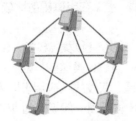

图 1-14　全网状网络

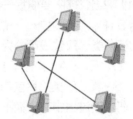

图 1-15　部分网状网络

以上所展示的都是一些理想化的典型的网络拓扑形态。在实际组网中，通常会根据成本、通信效率、可靠性等具体需求而将多种网络拓扑形态相结合。

1.1.6　传输介质

网络中信号的传输需要通过媒介进行，这种媒介称为传输介质，也叫网络介质。

传输介质是指在网络中传输信息的载体，常用的传输介质分为有线传输介质和无线传输介质两大类。不同的传输介质，其特性也各不相同，它们不同的特性对网络中数据通信质量和通信速度有较大影响。

1.1.6　微课

传输介质

现代通信技术所使用的物理信号主要是光、电信号，所使用的传输介质主要有无线传输介质、金属导线（主要指铜线）、玻璃纤维三大类。

无线传输介质主要用来传递电磁波。金属导线主要用来传递电流、电压信号。在金属导线这类传输介质中，主要使用的是铜线。电流、电压信号在铜线上的传播速度非常接近光速。网络通信中经常使用到两种结构不同的铜线，一种是同轴电缆，另一种是双绞线。我们通常所说的"光纤"，其实就是一种玻璃纤维，它是用来传递光信号的。

接下来，我们将分别简单介绍一下双绞线、光纤和同轴电缆等常见传输介质。

1. 双绞线

双绞线的名称源自通信中所使用的铜导线通过缠绕、捆绑在一起的双绞方式。根据电磁学原理，双绞方式的导线可以较好地抵消导线中传输电流时产生的电磁场的相互干扰，图 1-16 所示为常见的 6 类双绞线，它一般由十字骨架、纯铜线芯、PVC 外皮等组成。图中的"成品"是常见的带有水晶头的双绞线。

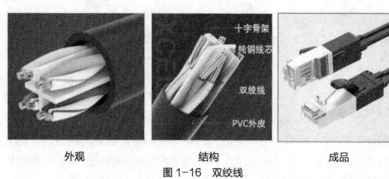

图 1-16　双绞线

依据是否包含屏蔽层，双绞线可分为屏蔽双绞线（Shielded Twisted Pair，STP）和非屏蔽双绞线（Unshielded Twisted Pair，UTP）两种，这两种双绞线的结构和实物外观如图 1-17 所示。从图中可以看到，双绞线内的 8 根铜线两两相互缠绕，形成 4 组线对，或称 4 个绕组。显然，由于省去屏蔽层，UTP 比 STP 要便宜一些，但是抗干扰能力也会弱一些。在电磁辐射比较严重的地方，我们可以采用 STP。除此之外，一般情况下都可以使用 UTP。

按性能指标分类，双绞线可分为 1 类、2 类、3 类、4 类、5 类、5e 类、6 类、6A 类、7 类，或 A、B、C、D、E、EA、F 级。我们常用的分类方法也是 5e 类、6 类这些，欧洲的分类方法是 D、E、F 级。5e 类、6 类是目前市面主流产品。需要说明的是，双绞线在应用于以太网环境时，为了保证信号在传输过程中的衰减不至于太大，其最大允许的传输距离一般规定为 100m。

还可以按特性阻抗和双绞线对数多少进行分类，这两种分类方法不大常用，大家了解即可。

双绞线常用的连接器是 RJ-45，RJ-45 是布线系统中信息插座（即通信引出端）连接器的一种，连接器由插头（接头、水晶头）和插座（模块）组成，如图 1-18 所示，插头有 8 个凹槽和 8 个触点，计算机网络的 RJ-45 是标准 8 位模块化接口的俗称。

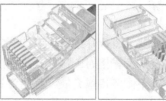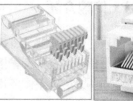

图 1-17　屏蔽双绞线和非屏蔽双绞线　　　　图 1-18　RJ-45 水晶头和模块

2. 光纤

我们平时所说的光网络（或光传输网络、光通信网络），是指以光导纤维（简称光纤）作为传输介质的通信网络。这里的光导纤维，其实是一种玻璃纤维。图 1-19 展示了光纤的基本结构和实物外观。护套、芳纶纱只是光纤的保护和加强部分，真正的光纤（光导纤维）指的是纤芯、包层和涂覆层。

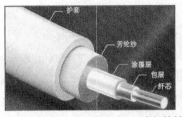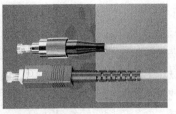

图 1-19 光纤的基本结构和实物外观

关于光纤的分类方法，常见的有两种。按材料成分划分，光纤可分为玻璃光纤、塑料光纤等；根据组成结构的差异，光纤可分为单模光纤和多模光纤。单模光纤的纤芯较细，覆层较厚；多模光纤的纤芯较粗，覆层较薄。

我们简单了解一下单模光纤和多模光纤的性能特点，如表 1-1 所示，在传输距离和速度等指标上，单模光纤要优于多模光纤，但单模光纤的成本要高于多模光纤的成本。

表 1-1 单模光纤和多模光纤的特性比较

比较项目	单模光纤	多模光纤
速度	高速度	低速度
传输距离	长距离	短距离
成本	成本高	成本低
其他性能	纤芯细，需要激光源，聚光好，耗散非常小，高效	纤芯粗，耗散大，低效

光纤外面加上若干保护层后，便是我们通常所说的光缆（Optical Fiber Cable）。一条光缆中可以包含一根光纤，也可以包含多根光纤。图 1-20 展示了光缆的基本结构和实物外观。

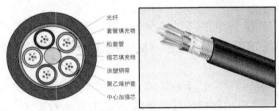

图 1-20 光缆的基本结构和实物外观

光缆的分类方法主要有依据敷设方式划分和依据光缆结构划分等，简单了解即可。

和双绞线两端需要安装连接器一样，光缆的两端也需要安装光纤连接器。常见的光纤连接器有 ST 连接器、FC 连接器、SC 连接器等，当然，相应的光纤配线设备还有光纤耦合器和光纤配线盒，如图 1-21 所示。

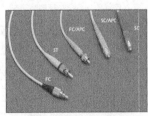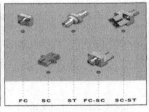

图 1-21 部分常见光纤配线设备

3. 同轴电缆

图 1-22 所示为同轴电缆（Coaxial Cable）的结构，其中的导体是用来传输电流、电压信号的，屏蔽层的作用是抵御环境中的电磁辐射对所传输的电流、电压信号的干扰。有线电视网广泛地使用同轴电缆作为传输介质。目前以太网不再使用同轴电缆，而是使用双绞线或光纤。

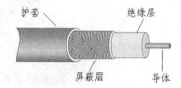

图 1-22　同轴电缆的结构

4. 无线传输介质

在计算机网络中，无线传输可以突破有线传输的限制，利用空间电磁波实现站点之间的通信，可以为广大用户提供移动通信服务。常用的无线传输介质有无线电波、微波和红外线等。

本节介绍了传输介质的相关内容，重点掌握双绞线和光纤这两种传输介质的特点、性能等知识。

> **小贴士**　请大家分析、思考近年"光进铜退"现象产生的原因。

1.1.7　认识双绞线

1.1.7　微课
认识双绞线

网络技术中涉及的双绞线通常是指 4 对双绞线，俗称网线。按结构分类，双绞线可分为非屏蔽双绞线和屏蔽双绞线两类，就是我们通常所说的 UTP、STP、整体屏蔽的屏蔽双绞线（Foil Twisted-Pair，FTP）和双屏蔽双绞线（Shielded Foil Twisted-Pair，SFTP），UTP 没有屏蔽层；STP 指的是线对屏蔽的双绞线；FTP 是 4 个线对整体屏蔽的双绞线；SFTP 是指双屏蔽双绞线，线对和整体都进行屏蔽。

需要注意的是，屏蔽只在整个电缆装有屏蔽装置，并且两端正确接地的情况下才起作用。所以，要求整个系统全部是屏蔽器件，包括电缆、插座、跳线和配线架等，同时建筑物需要有良好的地线系统。

1. 主流双绞线

目前市场主流的双绞线是 UTP，因为在不考虑环境电磁干扰的情况下，UTP 的价格比 STP 的价格便宜。而且从性能上讲，目前在用的基本是超 5 类和 6 类双绞线。超 5 类/D 级（欧洲标准）双绞线，简称 5e 类双绞线，是目前市场的主流产品。其频率带宽为 100MHz，可支持 1000Mbit/s 的数据传输。6 类/E 级（欧洲标准）双绞线是 1000Mbit/s 数据传输的最佳选择之一，目前已成为市场的主流产品。6 类双绞线的性能优于 5e 类双绞线，标准规定线缆频率带宽为 250MHz，新的综合布线工程大多会选择 6 类双绞线。当前，增强 6 类和 7 类双绞线也已开始逐步应用于工程，它们有更高的带宽和更快的传输速率，可以用于组建万兆网。

2. 双绞线质量的简易判断

市面上的双绞线厂商、品牌很多，有一百多元一箱的，也有六七百元一箱的，那么如何判断双绞线质量的好坏呢？大家可以从以下 6 个方面进行简易判断。

（1）看外护套，也就是我们常说的外皮，好的外护套手感细腻，亮度自然；不好的外护套皮质粗糙、韧性不足，施工时容易损坏。

（2）看内芯，剥开外护套，好的内芯颜色正，韧度也好。

（3）看双绞线的绞距，达到国家标准的双绞线的绞距均匀，比较紧密，有更好的串扰特性。

（4）看铜芯，不合格的双绞线通常是在铜芯材料上偷工减料，因为铜芯材料价格占双绞线成本的大部分。从直观判断，好的铜芯粗度要够，无氧铜较软，也可以用打火机烧一下，好的无氧铜烧与不烧颜色是一样的，其他材质可能会变黑、会断。

（5）看米数（长度），这很简单，外护套上都有线标，用尺子量一下，米数够不够显而易见。

（6）看电阻，这需要使用万用表测量。国标超 5 类网线整箱电阻在 30Ω 以内，国标 6 类网线整箱电阻大概在 25Ω 以内。

> **小贴士** 大家可以思考一下，为什么 6 类网线比超 5 类网线的电阻低呢？
>
> 因为要保证良好的传输性能，铜芯就要粗，根据我们学过的电学知识，同样长度和材料，粗的线电阻要低一些。

3. 双绞线接线标准

双绞线的接线标准由 GB 50311—2016《综合布线系统工程设计规范》6.1.3 第 5 条规定，器件连接应符合图 1-23 和图 1-24 所示规定。

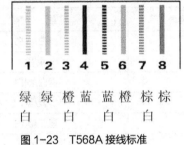

图 1-23　T568A 接线标准　　　　　图 1-24　T568B 接线标准

T568A 接线标准的线序是：白绿、绿、白橙、蓝、白蓝、橙、白棕、棕。白绿，有些资料也叫绿白，指的是跟绿色线双绞的白色线，上面会有一条细细的绿色线。T568B 接线标准的线序是：白橙、橙、白绿、蓝、白蓝、绿、白棕、棕。目前市面上采用的接线标准基本都是 T568B。

在网络布线工程中，双绞线的连接方法也主要有两种，分别为直通双绞线和交叉双绞线。简单地说，直通双绞线就是两端水晶头同时采用 T568A 或者 T568B 接线标准，如图 1-25 所示。一个网络系统中只能采用一种接线标准，而目前基本采用的是 T568B 接线标准，这个接线顺序需要大家记住。

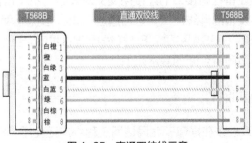

图 1-25　直通双绞线示意

交叉双绞线的一端水晶头采用 T586A 接线标准，而另一端水晶头采用 T568B 接线标准，即 T586A 水晶头的 1、2 对应 T586B 水晶头的 3、6，而 T586A 水晶头的 3、6 对应 T586B 水晶头的 1、2。从这里我们也能发现，所谓 T568A 和 T568B 的转换，实际上就是 1、3 和 2、6 交换，如图 1-26 所示。

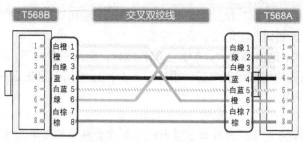

图 1-26　交叉双绞线示意

为什么有直通双绞线和交叉双绞线的说法呢？表 1-2 所示为 RJ-45 水晶头引脚功能及对应线序。表 1-2 中表明，RJ-45 水晶头的引脚 1、引脚 2 连接发送信号线，而引脚 3、引脚 6 连接接收信号线，对于同种设备，如两台计算机直连，如果采用直通双绞线，那么发送对发送，这是不行的，发送应该对接收。类似我们说话，对方应该用耳朵听，用嘴巴是听不到的。

表 1-2　RJ-45 水晶头引脚功能及对应线序

引脚顺序	传输介质直接连接信号	线　序
1	TX+(发送)	绿白/橙白
2	TX-(发送)	绿/橙
3	RX+(接收)	橙白/绿白
4	不使用	蓝/蓝
5	不使用	蓝白/蓝白
6	RX-(接收)	橙/绿
7	不使用	棕白/棕白
8	不使用	棕/棕

4. 直通双绞线和交叉双绞线的应用场合

到底什么场合需要采用直通双绞线，什么场合需要采用交叉双绞线呢？

直通双绞线应用场合：计算机和交换机、路由器和交换机的连接；当交换机级联时，用于级联端口和普通端口的连接。交叉双绞线应用场合：计算机与计算机、交换机和交换机、路由器和计算机的连接。简单来说，同类设备相同接口的连接用交叉双绞线，不同设备或相同设备不同接口的连接用直通双绞线。目前很多设备的网线接口具备自适应功能，也就是两种双绞线都可以使用。

这个知识点需要我们掌握 T568A 和 T568B 接线标准的线序、直通双绞线和交叉双绞线这两个方面的内容，了解双绞线质量简易判断的基本知识。

1.1.8　6 类双绞线的制作

6 类双绞线在搭建千兆局域网工程中广泛使用，熟练制作 6 类双绞线是网络工程师必备的专业技能。接下来，介绍如何制作 6 类双绞线。

1. 双绞线制作工具及耗材

要想使用双绞线进行信号传输，需要在其两端压接 RJ-45 水晶头，本节介绍目前市场上常见的 6 类双绞线的制作方法，在制作的过程中，必须要用到一些辅助工具和材料。在此，先介绍一些工具和材料。在制作的过程中，最重要的工具就是

1.1.8　微课

6 类双绞线的制作

压线钳了，压线钳不仅用于压线，还具备很多"好本领"。

目前市面上有好几种类型的压线钳，而其实际的功能以及操作都大同小异，以图 1-27 所示的压线钳为例，该工具上有 4P、6P、8P 三种水晶头的压线功能。

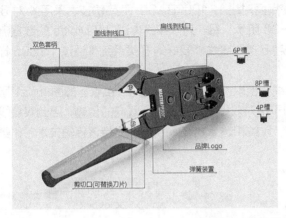

图 1-27　压线钳

压线钳的顶部是压线槽，压线钳共提供了 3 种类型的压线槽，分别为 6P 槽、8P 槽以及 4P 槽，中间的 8P 槽是我们常用的 RJ-45 压线槽，而旁边的 4P 槽为 RJ-11 电话线压线槽。

在压线钳 8P 槽的背面，可以看到呈齿状的模块，主要用于把水晶头上的 8 个触点压稳在双绞线之上。

另一种常用的简易剥线工具是网线剥线刀，其价格便宜，简单实用。网线剥线刀的使用方法如下：

（1）拿正剥线刀。

（2）将网线放入"圆线剥线口"。

（3）以网线为中心，将剥线刀旋转一周。

（4）将剥线刀松开。

（5）将网线外皮拿下，剥线完成。

RJ-45 插头之所以被称为"水晶头"，主要是因为它的外表晶莹透亮。RJ-45 水晶头是双绞线的连接器，为模块式插孔结构。如图 1-28 所示，RJ-45 水晶头前端有 8 个凹槽，简称 8P（Position），凹槽内的金属接点共有 8 个，简称 8C（Contact），因此 RJ-45 水晶头也有 8P8C 的别称。根据用途、性能特点等，市面上有各种各样的水晶头，如 RJ-11、RJ-45，屏蔽、非屏蔽、超 5 类、6 类等。

常见的 6 类 RJ-45 水晶头有两种结构，一种如图 1-29 所示，主要包括分线架、引脚、卡扣（弹片）、接触探针等，一个好的水晶头至少要保证主体材料好、引脚铜片厚度够这两点；另一种和我们常见的超 5 类水晶头类似，但 6 类水晶头的内部结构一般都是分成上下两排的。

图 1-28　RJ-45 水晶头

图 1-29　带分线架的 6 类水晶头

2. 千兆网双绞线通信技术

学习 6 类双绞线制作之前，我们先学习一下千兆网双绞线的通信技术，主要包括 1000BASE-T 传输技术和 1000BASE-TX 传输技术。1000BASE-T 是基于 4 对双绞线，全双工运行（每对线双向传输）的传输技术（100BASE-T 使用两对线）。1000BASE-T 传输技术采用 4 对 5 类双绞线完成 1000Mbit/s 的数据传送，如图 1-30 所示，每一对双绞线传送 250Mbit/s 的数据流，每对线既发也收。1000BASE-T 传输技术在超 5 类或者性能较好的 5 类系统（通过 TSB95 标准的认证测试）上就可以运行。

1000BASE-TX 也是基于 4 对双绞线，但以两对线发送、两对线接收。如图 1-31 所示，每一对双绞线传送 500Mbit/s 的数据流，由于每对双绞线本身不进行双向的传输，因此双绞线之间的串扰大大降低，同时其编码方式相对简单，5 类和超 5 类的系统不能支持该传输技术，6 类系统支持该传输技术。

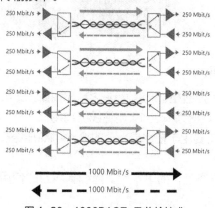

图 1-30　1000BASE-T 传输技术

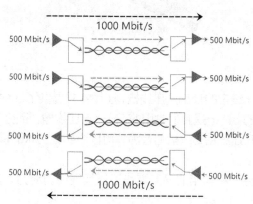

图 1-31　1000BASE-TX 传输技术

对于千兆网的直通双绞线和交叉双绞线，首先，直通双绞线两端目前还都采用 T568B 接线标准，两端线序均为白橙、橙、白绿、蓝、白蓝、绿、白棕、棕。而交叉双绞线要看其硬件采用什么传输技术，1000BASE-T 传输技术无交叉双绞线，1000BASE-TX 传输技术的交叉双绞线：1-3、2-6、4-7、5-8 交叉，也就是一端为白橙、橙、白绿、蓝、白蓝、绿、白棕、棕，另一端为白绿、绿、白橙、白棕、棕、橙、蓝、白蓝（见图 1-32）。

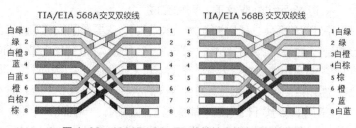

图 1-32　1000BASE-TX 传输技术的交叉双绞线

3. 制作 6 类双绞线

6 类双绞线的制作我们一般可以按照下面 9 步进行，裁线、剥线、排序、剪斜角、穿分线架、剪线、校准、装水晶头、压线。其实熟练之后，这 9 步应该成为我们下意识的自然反应。当然，如果是不带分线架的水晶头，第 4、5 两步直接省略即可。

具体 6 类双绞线的制作过程如下。

（1）裁线：根据需要，剪出合适长度的 6 类双绞线，如果需要安装"水晶头护套"，那么此时就应该穿在双绞线上，再进行下一步操作。水晶头护套的作用是防止灰尘进入水晶头，避免出现接触不良的现象。另外在小型网络或机房工作中，使用彩色水晶头便于对线路分类分组、识别和维护。

（2）剥线：剥去 2~3cm 长的外护套。剥线也有讲究，力度不能太大，力度太大会把里面的线割破；力度太小，外护套又割不破。所以剥线是一个技术活儿，中间有十字骨架的 6 类线，在这一步需剪掉十字骨架。

（3）排序：我们需要把每对相互缠绕在一起的线逐一解开。解开后根据接线标准把线依次地排列好并理顺，排列的时候应该注意尽量避免线路的缠绕和重叠。把线依次排列并理顺之后，由于线之前是相互缠绕着的，因此线会有一定的弯曲，我们应该把线尽量扯直并尽量保持线扁平。

（4）剪斜角：排好线序后将 4 对线剪成一定角度，方便穿支架。

（5）穿支架：将 4 对线按 T568B 接线标准排序，支架槽道在上依次穿入支架。

（6）剪线：穿入支架后，将 4 对线剪齐。注意剪齐后剥开线的长度应在 1.2~1.3cm，这是因为 GB 50311—2016《综合布线系统工程设计规范》对 6 类线的开绞长度有要求。

（7）校准：再次按照 T568B 接线标准的线序校准，避免出错。

（8）装水晶头：卡扣在下，装上水晶头，切记不能装反。

（9）压线：确认无误之后就可以把水晶头插入压线钳的 8P 槽内压线了，把水晶头插入后，用力握紧压线钳，若力气不够，可以使用双手一起压，力量足够的压线操作，使得水晶头凸起在外的针脚全部压入卡槽与双绞线紧密接触，发力之后听到轻微的"啪"一声即可。

图 1-33　水晶头制作完成效果

如图 1-33 所示，这是带有水晶头护套的水晶头制作完成效果。完成后，按照步骤制作另一端水晶头，就可以完成双绞线的制作了，然后可以利用网线测线仪进行通断测试。

4．注意事项

简要总结 6 类双绞线制作的注意事项。

（1）要注意尽量减少未穿入水晶头分线架的导线的解纽长度，不能将剥去外护套的导线全部解纽，否则跳线电气性能会变差。

（2）穿支架时要注意按接线标准排好线序，尽量减少线与线缆相互交叉。

（3）穿好线件后减去多余线缆与穿线件的一端平齐，插入水晶头后要一直插到水晶头的最前端，否则会导致接触不可靠。

（4）压线的力度要控制好，压入不能太深也不能太浅。双绞线的外护套要压入水晶头内部，避免双绞线在水晶头内部移动。

> **小贴士**　6 类双绞线的纤芯较粗、较硬，在制作千兆网双绞线的过程中，将直纤芯时，需要把握手指的力度和掌握一定的技巧。同学们在学习和工作过程中，要善于总结，善于琢磨，往往能得出一些制作过程中的小技巧，提升制作成功率。

1.1.9　通信方式

数据的通信方式，也就是数据传输方式，是指数据在信道上传送所采取的方式。其分类方法有多种，按数据代码传输的顺序可以分为串行通信和并行通信；按数据传输的流向和时间关系可分为单工通信、半双工通信和全双工通信。

1．串行通信和并行通信

通信方式按数据代码传输的顺序分为串行通信和并行通信两种。

1.1.9　微课

通信方式

（1）串行通信是指在一条数据通道上，将数据一位一位地依次传输的通信方式。串行通信一次只能传输一个"0"或一个"1"。RS-232 线路上的通信方式就是一种串行通信方式。现在台式机一般都具有串行通信接口，另外在工业中串行通信应用也比较广泛。

串行通信过程的显著特点是通信线路少、布线简便易行、施工方便、结构灵活、系统间协商协议、自由度及灵活度较高，因此在电子电路设计、信息传递等诸多方面的应用越来越多。

（2）并行通信是指在一组数据通道上，将数据一组一组地依次传输的通信方式。并行通信一次能够传输多个"0"和"1"。并行通信中，每一条数据通道上的传输原理都与串行通信的类似。通常，并行通信是以字节为单位来进行传输的。计算机与数字投影仪之间的通信方式就是一种并行通信方式。

因为并行通信时数据的各个位同时传送，以字或字节为单位并行进行，所以并行通信速度快，但通信线路多、成本高，另外因为长度增加，干扰就会增加，数据也就容易出错，所以不适用于远距离通信。

串行通信和并行通信有各自的优缺点，简单总结如表 1-3 所示。串行通信传输距离远，占用资源少；并行通信传输速度快、传输距离短、占用资源多，所以不要一听并行通信传输速度快就认为并行通信方式优于串行通信方式。

表 1-3　串行通信和并行通信

特点类型	串行通信	并行通信
优点	传输距离远、占用资源少	传输速度快
缺点	发送速度慢	传输距离短、占用资源多

并行通信虽然可以大幅提升传输速率，但也存在一些问题。例如，并行通信需要更多的数据通道，也就是需要更多的铜线或光纤，这会增加网络的建设成本。另外，并行通信中，各数据通道上的信号同步要求非常苛刻。我们可以看一个例子，如图 1-34 所示，PC1 通过并行通信方式向 PC2 发送了两组数据。由于干扰或其他原因，因此数据 1 的第 1 位 "1" 比数据 1 的其他 7 位稍微晚了一点儿到达 PC2，于是 PC2 认为这一位已经丢失。然后，数据 1 的第 1 位 "1" 与数据 2 的第 2 位至第 8 位的到达时间几乎一致，于是 PC2 将数据 1 的第 1 位 "1" 当成数据 2 的第 1 位，这样就出现了严重的误码情况。

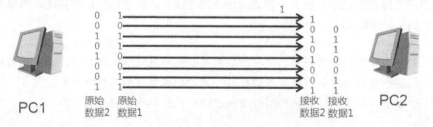

图 1-34　3 种通信方式

由于并行通信对数据通道的信息同步要求高，并且信号传输距离越远，实现各数据通道上的信号同步就越困难，因此并行通信一般不适用于远距离通信场合。

2. 单工通信、半双工通信、全双工通信

通信方式按数据传输的流向和时间的关系分为单工通信、半双工通信和全双工通信。

（1）单工通信中，数据的流向只能由一方指向另一方。单工通信中，数据只能从甲流向乙，而不能从乙流向甲。也就是说，甲只能向乙发送数据，而乙只能接收来自甲的数据。

麦克风和喇叭组成的扩音系统就是单工通信典型的例子，另外广播通信系统、传统的模拟电视系统等都是单工通信的例子。

（2）半双工通信中，数据的流向可以从甲到乙，也可以从乙到甲，但数据不能同时在两个方向上进行传输。也就是说，当甲发送数据时，乙只能接收数据；当乙发送数据时，甲只能接收数据。如果甲和乙同时发送数据，则通信双方都不能成功接收到对方发送的数据。

如图 1-35 所示，对讲机系统就是半双工通信的例子，简单来说就是"发时不收，收时不发"。大家思考一个问题，为什么电影或者电视剧中使用对讲机通话时会频繁出现完毕或者 over 等词语？很多人以为这么说很"酷"，但这不是要酷，而是明确告诉对方，我这句话讲完了，你可以说了，不然，容易造成双方都讲话，但是都听不见的情况。

（3）全双工通信中，数据可以同时在两个方向上进行传输。也就是说，甲、乙双方可以同时发送并接收数据。当甲发送数据时，可以接收乙正在发送的数据，同样，乙在给甲发送数据时，也可同时接收甲发送过来的数据。

我们平时所使用的固定电话通信系统和移动电话通信系统都是全双工通信的例子，如图 1-36 所示。

图 1-35　典型半双工通信　　　　　　图 1-36　典型全双工通信

1.1.10　认识网络设备

在网络中，会使用许多网络设备。曾经，网络设备的生产被西方国家垄断，而今天，我国也有了许多世界一流的网络设备生产厂商。2017 年，华为的核心路由器份额在国际市场上超越美国思科。下面，我们一起来认识网络设备，了解它们的作用。

1.1.10　微课

认识网络设备

1. 认识设备的型号

有许多厂商生产网络设备，每个厂商生产的网络设备外形基本相似，但是我们可以从设备外观看到设备的品牌、类型和型号。华为网络设备中，R 代表路由器，S 代表交换机；5720 是型号，S5700 系列是三层交换机；52P 代表端口的数量；EI 代表设备是增强版本，包含某些高级特性；AC 代表供电方式为交流供电。

2. 认识设备标示

在华为设备的面板上有状态指示灯，黄色代表正在启动设备，浅绿色代表正常运行。面板上一般有各种类型的端口，F 或者 E 代表百兆端口，G 代表千兆端口，T 代表 1024Gbps 端口，CON 代表控制端口，AUX 代表辅助控制端口。

3. 网络设备及其作用

（1）一起认识第一台设备：路由器。如图 1-37 所示，从外观上看，路由器的接口一般比较少，可以根据用户的需求，随时更换或添加接口模块。它是一种计算机网络设备，能将数据一个个传送至目的地，是网络中的"交通指挥员"。

（2）图 1-38 所示为三层交换机，从外观上看，三层交换机与路由器明显的不同就是接口非常多，一般在网络中起到汇聚作用，三层交换机还具有与路由器相似的数据转发功能。

型号：AR6120-S
企业级盒式有线路由器核心万兆光口

路由器接口模块可更换

图 1-37　路由器

型号：5S720S-52P-LI-AC
千兆企业级交换机

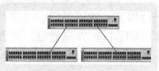

图 1-38　三层交换机

（3）图 1-39 所示是二层交换机，可以从型号上进行分辨。S2700 系列都是二层交换机，主要是把计算机等终端接入网络，其端口的传输速率比三层交换机的端口的传输速率要小，一般是100Mbps。

（4）图 1-40 所示是防火墙，华为生产的防火墙设备一般称为 USG（Universal Service Gateway，通用服务网关），其位置一般处于公网和私网之间，对进出的数据流量按照各种路由策略、服务质量等进行管控，还可以防病毒、防攻击，是私网的安全屏障。

型号：S2700-26TP-SI-AC

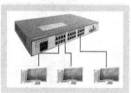

图 1-39　二层交换机

企业级防火墙

公网　私网
防火墙的作用

图 1-40　防火墙

随着网络通信技术的发展，越来越多的新建建筑已经做到了光纤入户，由此，就需要接入"光猫"。光猫泛指将光信号转换成其他协议信号的收发设备，光猫也称为单端口光端机，是针对特殊用户环境而设计的产品，它是利用一对光纤进行点到点式的光传输的终端设备。一个家庭或者办公区域，少不了无线路由器的身影。当光猫把光信号转换为数字信号时会连接无线路由器的 WAN（Wide Area Network，广域网）口，然后通过 LAN（Local Area Network，局域网）口的双绞线或者无线传输介质传递给家里的终端设备。

1.1.11　TCP/IP 模型

1.1.11　微课
TCP-IP 模型

ARPAnet（Advanced Research Projects Agency Network）是世界上第一个计算机远距离的封包交换网络，被认为是现今互联网（Internet）的前身。TCP/IP 模型发端于 ARPAnet 的设计和实现，其后被 IETF 不断地充实和完善。TCP/IP 模型、TCP/IP 功能模型、TCP/IP 协议模型、TCP/IP 协议族、TCP/IP 协议栈等说法在现实中是经常被混用的。

1. TCP/IP

TCP/IP 这个名字来自其协议族中两个非常重要的协议，一个是 IP，另一个是传输控制协议（Transmission Control Protocol，TCP）。图 1-41 中给出了 TCP/IP 模型的两个不同版本，以及它们与开放系统互联（Open

应用层
表示层
会话层
传输层
网络层
数据链路层
物理层
OSI 模型

应用层
传输层
网际互联层
数据链路层
物理层
TCP/IP对等模型

应用层
传输层
网际互联
网络接入层
TCP/IP标准模型

图 1-41　TCP/IP

System Interconnection, OSI）参考模型的比较。TCP/IP 标准模型共有 4 层，其"网络接入层"对应 OSI 参考模型的第一层和第二层（或 TCP/IP 对等模型的第一层和第二层）。OSI 参考模型中的第五、六、七层的功能全部影射到了 TCP/IP 标准模型或 TCP/IP 对等模型中的应用层。现实中，5 层的 TCP/IP 对等模型使用最为广泛。如无特别说明，本书介绍的 TCP/IP 模型均指 TCP/IP 对等模型。

从字面意义上讲，有人可能会认为 TCP/IP 是指 TCP 和 IP 两种协议。在实际生活中，TCP/IP 有时也确实就是指这两种协议。然而在很多情况下，它只是利用 IP 进行通信时所必须用到的协议族的统称。具体来说，IP 或互联网控制报文协议（Internet Control Message Protocol, ICMP）、TCP 或用户数据报协议（User Datagram Protocol, UDP）、Telnet（远程上机）或文件传送协议（File Transfer Protocol, FTP），以及超文本传送协议（Hypertext Transfer Protocol, HTTP）等都属于 TCP/IP 范畴。它们与 TCP 或 IP 关系紧密，是互联网必不可少的组成部分。TCP/IP 一词泛指这些协议，因此，有时也称 TCP/IP 为网际协议族。

2. 协议的系统化和标准化

计算机通信诞生之初，协议的系统化和标准化并未受到重视，不同厂商只生产各自的网络设备来实现通信，这样就造成了用户使用计算机网络有很大障碍，计算机网络缺乏灵活性和可扩展性。为解决该问题，ISO 制定了一个国际标准——OSI。

1.1.12　微课

OSI 模型

后来的许多标准都由 ISO 与原来的国际电报电话咨询委员会（Consultative Committee of International Telegraph and Telephone, CCITT）联合制定，更多地从通信思想考虑模型的设计，很多选择不适用于计算机与软件的工作方式。但是 TCP/IP 模型从 20 世纪 70 年代诞生以后，成功赢得大量的用户和投资。IBM、DEC 等大公司纷纷宣布支持 TCP/IP 模型，局域网操作系统 NetWare、LAN Manager 争相将 TCP/IP 模型纳入自己的体系结构，数据库 Oracle 支持 TCP/IP 模型，UNIX、POSIX 操作系统一如既往地支持 TCP/IP 模型。相比之下，OSI 参考模型与协议显得有些势单力薄。人们普遍希望协议标准化，但 OSI 参考模型迟迟没有成熟的产品推出，妨碍了第三方厂商开发相应的硬件和软件，所以 OSI 参考模型又称为理论模型，TCP/IP 模型成为事实上的标准和模型。

划分网络协议层次其中一个优点就是方便了层间的标准接口工程模块化，从而创建了一个更好的互连环境。例如，应用层上的 HTTP，对应传输层的 80 端口；生产网络层路由器的厂家接口尺寸对应物理层 RJ-45 水晶头的尺寸，双绞线的传输原理对应通信传输。现在的世界是一个共同发展的经济体，没有哪一个国家或者企业可以独立地发展，保持友好的贸易互通，是一个企业和国家发展的必由之路。

同学们可能已经发现，OSI 参考模型所使用的协议显得非常陌生，而 TCP/IP 模型所使用的协议则相对比较熟悉。为什么呢？因为诸如 Internet 等现实中的网络的设计与实现，使用的几乎全都是 TCP/IP 协议族，而不是 OSI 协议族。在 OSI 参考模型中，我们习惯把每一层的数据单元都称为协议数据单元（Protocol Data Unit, PDU）。例如，第六层的数据单元称为 L6 PDU，第三层的数据单元称为 L3 PDU，其中的 L 代表层（Layer）。

在 TCP/IP 模型中，我们习惯把物理层的数据单元称为比特（Bit），把数据链路层的数据单元称为帧（Frame），把网络层的数据单元称为分组或包（Packet）。对于传输层，我们习惯把通过 TCP 封装得到的数据单元称为段（Segment），即 TCP 段（TCP Segment）；把通过 UDP 封装得到的数据单元称为报文（Datagram），即 UDP 报文（UDP Datagram）。对于应用层，我们习惯把通过 HTTP 封装得到的数据单元称为 HTTP 报文（HTTP Datagram），把通过 FTP 封装得到的数据单元称为 FTP 报文（FTP Datagram），以此类推。

现在，假设我们在 Internet 上通过某网站找到了一首歌曲，并向相应的 Web 服务器请求下载这首 2000 个字节的歌曲，那么，这首歌曲在被发送之前将在 Web 服务器中被逐层进行封装。应用层会对原始歌曲数据（Data）添加 HTTP 头部形成一个 HTTP 报文；因为该 HTTP 报文太长，所以传输层会将该 HTTP 报文分解成两部分，并在每部分前添加 TCP 头部，从而形成两个 TCP 段；网络层会对每个 TCP 段添加 IP 头部，形成 IP 包；数据链路层（假定数据链路层使用的是以太网技术）会在 IP 包的前面和后面分别添加以太网帧头和帧尾，形成以太网帧（简称以太帧）；最后，物理层会将这些以太帧转换为比特流。

思考与练习

一、单选题

1. 在 OSI 参考模型中，能够完成端到端差错检测和流量控制的是（　　）。

A. 物理层　　　　B. 数据链路层　　　　C. 网络层　　　　D. 传输层

2. 通信协议的三要素不包括（　　）。

A. 语义　　　　B. 语法　　　　C. 语序　　　　D. 时序

3. ITU 的中文含义是（　　）。

A. 国际电报联盟　　B. 国际电信联盟　　C. 国际数据联盟　　D. 国际电话联盟

4. ISO 是以下哪个标准机构的简称？（　　）

A. 电子工业联盟　　　　　　　　B. 国际电信联盟

C. 国际标准化组织　　　　　　　D. 国际互联网工程任务组

5. 8 位可表示的信息数为（　　）。

A. 8　　　　B. 32　　　　C. 64　　　　D. 256

6. 6 类双绞线的最高传输速率为（　　）。

A. 100Mbit/s　　B. 250Mbit/s　　C. 500Mbit/s　　D. 1000Mbit/s

7. 6 类双绞线由（　　）对不同颜色的线组成。

A. 2　　　　B. 3　　　　C. 4　　　　D. 5

二、多选题

1. "三网融合"中的"三网"包括（　　）。

A. 电信网　　　B. 有线电视网　　C. 计算机网　　D. 数据网　　E. 电话网

2. 信息的表现形式有（　　）。

A. 数据　　　　B. 文本　　C. 图像　　D. 数字　　E. 声音

3. 有线传输介质包括（　　）。

A. 双绞线　　　B. 同轴电缆　　C. 光纤　　D. 红外线

任务二　终端网络设置

学习重难点

1. 重点

（1）各进制的相互转换；　　　　（2）IP 地址的编址。

2. 难点

（1）地址网段的有效地址范围；（2）子网的划分；（3）子网掩码的书写。

1.2.1 微课
什么是进制

相关知识

1.2.1 进制计数

本节介绍的内容是计数方法，在讲解计数方法前，我们先了解一下进制的起源。

如图 1-42 所示，该图中的符号是古埃及在公元前 3000 年左右时期使用的象形数字。从一到十、百、千、万等都有一定的写法。后来由于纸草书的需要，象形数字演化出两种变体：僧侣符号和民间符号。象形数字作为古埃及数学发展的工具，为古埃及算术、几何和代数的发展奠定了基础。而同属于四大文明古国的古代中国，其黄河和长江附近的河谷地带，也是人类早期数学最早发展起来的地区之一。

图 1-42 古埃及计数符号

如图 1-43 所示，算筹是中国古代用来记数、列式和进行各种数与式演算的一种工具。中国古代的算筹不仅是正、负整数与分数的四则运算和开方的运算工具，还用于各种特定的演算。算筹是在算盘发明以前中国古代独创的，并且有效的计算工具。中国古代数学的早期发达与持续发展是受惠于算筹的。

图 1-43 中国古代工具计数

算盘，一种手动操作计算辅助工具，是中国古代的一项重要发明。在阿拉伯数字出现前，算盘是世界广泛使用的计算工具。

在历史的长河里，人类创造了灿烂的文明。从象形数字到结绳记事，从算筹、算盘到计算机。人类对数字的计算和标记的方法，一直在演变和升级。计数方法可以划分为两类：无进制计数和进制计数。

1. 无进制计数

把绳子打一个结，表示一个或者一次的结绳记事，是典型的无进制计数，它是古人智慧的体现。在今天我们唱票时使用的“正”字计数方法，也是无进制计数。

2. 进制计数

进制计数是另一种计数方法。什么是进制计数呢？我们每个人在小时候，家长和老师都会教我们数数。0、1、2、3、4、5、6、7、8、9、10、11、12……。这种我们耳熟能详的计数方法就是十进制计数法。它逢 10 进 1，使用从 0 到 9 一共 10 个数码表示十进制中所有的数值，是日常生活中使用最广泛的计数方法。在计算机科学技术里，需要用到二进制计数、八进制计数和十六进制计数。生活中还能遇到一些其他进制计数，比如 60 分钟是一个小时，就是六十进制计数，计数方式是逢 60 进 1；一个星期有 7 天，是七进制计数；一年有 12 个月，是十二进制计数。

每一种进制计数法都使用有限个数字符号表示该进制计数法中所有的数值。十进制有 0、1、2、3、4、5、6、7、8、9 共 10 个数字符号。八进制计数使用的数字符号是 0、1、2、3、4、5、6、7，共 8 个。10 和 8 这两个数字分别是十进制和八进制的基数。同理，能推导出二进制的基数是 2，十六进制的基数是 16，七进制的基数是 7 等。

生活中，我们最熟悉十进制，为了避免各种进制数值在表示上产生混乱，人们做了一些规定来表示不同的数制。二进制数后添加大写字母 B，八进制数后添加大写字母 O，十进制数后添加大写字母 D，十六进制数后添加大写字母 H；或者用括号把数字括起来，在右下角写上相应进制的基数数值。如 231D 或者（231）$_{10}$ 都是表示十进制数 231。

1.2.2　二进制和十进制的转换

1.2.2　微课

二进制和十进制
之间的转换

计算机硬件只能读懂机器语言，也就是二进制形式的代码，让程序员用二进制编写程序几乎是不可能完成的任务。所以需要将程序中所有用到的符号和二进制数进行相互转换。

小学的数学课程里，有这样类型的数学题：123 是由 1 个百、2 个十、3 个一组成的。现在复习一下这道数学题：把该数学题写成算式是 123=1×100+2×10+3×1，也能写成 123=1×10^2+ 2×10^1+3×10^0。在该数学算式中，10 代表的是十进制的基数，幂的次数叫作位权。该数学算式就叫十进制数 123 的按权展开式。

了解了按权展开式的构成后，就能写出任意进制数的按权展开式了。比如八进制数（75）$_8$，其按权展开式是：

（75）$_8$=7×8^1+5×8^0=56+5=61

二进制数 1011B 的按权展开式是：

1011B=1×2^3+0×2^2+1×2^1+1×2^0=8+0+2+1=11

1.　二进制转换为十进制：按权展开

了解了常见进制数的按权展开式的书写，接下来要进行二进制与十进制的转换。其实，当把一个二进制数按权展开后，最后得到的结果就是该二进制数对应的十进制数，也就是把该二进制数转换成了十进制数。所以，二进制转换为十进制的方法是将二进制数按权展开。

2.　十进制转换为二进制：除 2 取余法和拆分数值法

十进制数 123 使用除 2 取余法转换成二进制数是：

123 =（1111011）$_2$

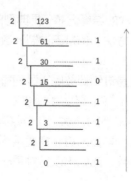

方法：十进制数 123 除以 2，得到商为 61，余数为 1；61 除以 2，得到商为 30，余数为 1；把得到的商 30 继续除以 2，得到商是 15，余数是 0；继续往下，把 15 除以 2，商 7 余 1；7 除以 2，商 3 余 1；3 除以 2，商 1 余 1；1 除以 2，商 0 余 1；商为 0，除以 2 的过程结束。将得到的余数从下方往上依次写出来，得到由 1 和 0 组成的数字 1111011，这就是十进制数 123 转换成的二进制数。

十进制数转换为其他进制数，都可以用除基数取余法。

十进制转换为二进制，除了除 2 取余法，还有没有其他方法？

二进制数按权展开转换为十进制数，那么转换的逆过程就应该是十进制数转换为二进制数。二进制数按权展开后，化成了多个 2 的幂次的元素，把这些元素加起来，就是最后的十进制数。如果把一个十进制数分成几个数字的和，而这每一个数字都是 2 的幂次。这样，应该能写出该十进制数对应的二进制数。下面用实例来实验一下将十进制数 123 转换为二进制数。

将十进制数 123 用拆分数值法转换为二进制数。过程：首先找出哪些数字相加起来等于 123，而且这些数都是 2 的幂次。比 123 小，是 2 的幂次的数，最大的是 64，123-64=59；比 59 小，是 2 的幂次的数，最大的是 32，59-32=27；比 27 小，是 2 的幂次的数，最大的是 16，27-16=11；11=8+2+1。

根据以上分析，得到一个算式，将十进制数 123 分成了几个 2 的幂次的和。

$$123 = 64+32+16+8+2+1$$
$$= 2^6+2^5+2^4+2^3+2^1+2^0$$
$$= 1\times2^6+1\times2^5+1\times2^4+1\times2^3+1\times2^1+1\times2^0$$
$$= 1\times2^6+1\times2^5+1\times2^4+1\times2^3+0\times2^2+1\times2^1+1\times2^0$$

将上述算式各项加数的系数提取出来，得到数串 1111011，它就是十进制数 123 转换成的二进制数：1111011B。

二进制数按权展开可以转换为十进制数。十进制数用除 2 取余法可以转换为二进制数；或者将十进制数拆分成多个 2 的幂次的和，写出从最高幂次到 0 次幂的所有项的相加算式，将各项的系数提取出来，得到相应的二进制数。

1.2.3 二进制和十六进制的转换

数制中的基数表示该数制中使用的符号数量。十六进制的基数是 16，使用 0~9 和 A、B、C、D、E、F 共 16 个符号表示所有的十六进制数。

需要学习十六进制的原因是十六进制在科学技术领域使用广泛。比如在计算机科学里，IPv6 的 IP 地址使用十六进制表示，在数据交换过程中，交换机和终端的 MAC 地址也使用十六进制表示。

1.2.3 微课

二进制和十六进制的转换

二进制和十六进制的相互转换有两种方法：以十进制为媒介转换和直接转换。

1. 以十进制为媒介转换

将二进制数按权展开转换为十进制数后，再将十进制数用除基数取余法转换为十六进制数（见图 1-44）。

图 1-44 二进制转换为十六进制

将十六进制数按权展开转换为十进制数后，将得到的十进制数用除 2 取余法或拆分数值法转换为二进制数（见图 1-45）。

图 1-45　十六进制转换为二进制

【例 1-1】将二进制数 11010B 以十进制为媒介转换为十六进制数。

将二进制数 11010B 按权展开：

$11010B = 1×2^4 + 1×2^3 + 0×2^2 + 1×2^1 + 0×2^0$

$\qquad = 16 + 8 + 0 + 2$

$\qquad = 26$

将十进制数 26 除以基数 16 取余数转换为十六进制数（见图 1-46）。

$26 = （1A）_{16}$

【例 1-2】将十六进制数 1A 以十进制为媒介转换为二进制数。

将十六进制数 1A 按权展开：

$1A = 1×16^1 + 10×16^0$

$\qquad = 16 + 10$

$\qquad = 26$

图 1-46　二进制转换为十六进制实例

将十进制数 26 转换为二进制数：

$26 = 16 + 8 + 2$

$\qquad = 2^4 + 2^3 + 2^1 = 1×2^4 + 1×2^3 + 0×2^2 + 1×2^1 + 0×2^0$

$\qquad = 11010B$

2. 直接转换法

二进制和十六进制的相互转换还可以使用直接转换法。方法是：将二进制数从最右边的位开始，向左，4 位二进制数成一组，最后不够 4 位的，在最左边补 0 凑够 4 位成一组。每一组直接化成一位十六进制数。十六进制直接转换为二进制的方法是：将每一位十六进制数转换为 4 位二进制数（见表 1-4）。

表 1-4　二进制与十六进制相互转换

十六进制	二进制	十六进制	二进制	十六进制	二进制	十六进制	二进制
0	0000	4	0100	8	1000	C	1100
1	0001	5	0101	9	1001	D	1101
2	0010	6	0110	A	1010	E	1110
3	0011	7	0111	B	1011	F	1111

【例 1-3】将二进制数 111101 使用直接转换法转换为十六进制数。

从 111101 的最右边的位起，4 位数一组，得到两组数 11 和 1101；不足 4 位的左边补 0 成 4 位，得到 0011 和 1101 两组数；将每一组数转换为十六进制数，分别是 3 和 D。

$$111101$$

$$11\ 1101$$

$$0011\ 1101$$

$$3\ \ \ \ \ 13$$

$$3\ \ \ \ \ D$$

$(111101)_2 = (3D)_{16}$

【例 1-4】将十六进制数 1A5B 直接转换为二进制数。

十六进制的 A 和 B 分别是十进制的 10 和 11，4 位十六进制数，每一位分别转换为 4 位二进制数，最后得到的 16 位的数串，数串最左边的 0 可以去掉，使数串以 1 开始。

$(1A5B)_{16} = (1101001011011)_2$

$$1\ \ \ \ A\ \ \ \ 5\ \ \ \ B$$

$$1\ \ \ \ 10\ \ \ \ 5\ \ \ \ 11$$

$$0001\ \ 1010\ \ 0101\ \ 1011$$

$$0001101001011011$$

$$1101001011011$$

> **小贴士**　十六进制计数有非常久远的历史。我国有一个词语叫半斤八两，表示两者差不多的意思。这个词语源于秦朝时期的杆秤（见图 1-47），秦朝时期十六两等于一斤，所以秦朝时期的质量单位，斤和两的计算使用十六进制。那时十六两秤叫十六金星秤，由北斗七星、南斗六星和福、禄、寿三星组成十六两秤的秤星。

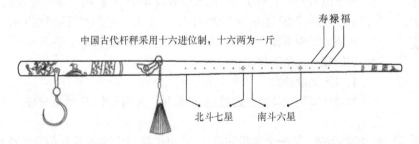

图 1-47　十六金星秤

前 7 颗北斗七星，告诫人们做买卖不能贪图钱财、不分是非。中间 6 颗星为天地南北、上下有方，告诫人们称东西要中正，不可偏斜。最后 3 颗星代表福、禄、寿，少一两，减寿；少二两，少禄；少三两，损福。反之，则添寿、加禄、增福，秤虽小却可以称人心，称人的道德品质。我国历史上第一位大一统王朝的皇帝，用商品流通中使用的杆秤教育子民遵纪守法、公平公正。

1.2.4　IP 地址基础

IP 地址指的是互联网中用来实现全球通信的地址，由表示网络的网络地址和表示该网络中的某台主机的主机地址两部分组成。IP 地址能在一定程度上反映出使用该 IP 地址的设备的位置信息。

IP 地址有 IPv4 和 IPv6 两个版本。本书中如果没有特别说明，提及的 IP 地址都是 IPv4 版本。

IP 地址由 32 位二进制数表示，为方便书写和记忆，将 32 位二进制数分成 4 个字段，每个字段有 8 位二进制数。将 4 个字段的二进制数转换为十进制数，就是 IP 地址的点分十进制表示方法。因为 8 位二进制数转换为十进制数的范围是 0 到 255，所以，点分十进制表示的 IP 地址，其 4 个字段的范围都是 0 到 255（见表 1-5），超出该范围的 IP 地址是不合法的。

表 1-5　IP 地址的二进制格式与十进制格式对比

进　　制	第一个字段	第二个字段	第三个字段	第四个字段
二进制	10110000	10000000	00000000	11111111
十进制	176	128	0	255

比如，IP 地址 192.168.1.1 是合法的 IP 地址，而 192.168.1.256 是非法的 IP 地址。

IPv4 使用 32 位二进制数表示 IP 地址，其总数量为 2^{32}（约 43 亿）。IP 地址由国际组织互联网名称与数字地址分配机构（Internet Corporation for Assigned Names and Numbers，ICANN）统一分配。目前，在世界范围内，美国是分到的 IPv4 地址最多的国家，超过 IPv4 总数量的 40%；数量第二的是我国，占比超过 9%。在 2016 年，我国申请分到的 IP 地址数量超过 4000 万个，年度全世界第一，表明 2016 年度我国在互联网科技应用领域的发展速度领先于其他国家。目前，在全球 5G 的标准数量上，中国的必要专利数量占比超过 38%，居全球首位，成为世界通信行业的领航者。

1.2.5　有类编址

我们已经知道，IP 地址由 32 位二进制数组成，为便于记忆，人们把 IP 地址用点分十进制的形式表示。IP 地址被分成 4 个字段，每个字段的范围是 0 到 255。超出这个范围的 IP 地址是不合法的。一个 IP 地址分成网络地址和主机地址两部分：网络地址表示该 IP 地址属于哪一个网络，主机地址表示该 IP 地址属于某个网络中的某一设备的接口。

1. IP 地址分类

为有效管理这样庞大数量的 IP 地址，人们又把 IP 地址分成了 A、B、C、D、E 这 5 类。

（1）A 类 IP 地址的特点是，第一个字段的第一位是 0，第一个字段的 8 位二进制数表示网络地址（见图 1-48）。A 类的网络有多少个呢？因为表示网络地址的 8 位二进制数里，只有 7 位的取值可以变化，所以一共有 2^7=128 个 A 类网络。每一个 A 类网络里可以有多少台主机？每个 A 类网络里，有 24 位的二进制数表示主机地址，所以一个 A 类网络里，可以有 2^{24}=16777216（1600 多万）台主机。也就是每个 A 类网络里，可以有 1600 多万个 IP 地址供人们使用。

（2）B 类 IP 地址的特点是表示 B 类 IP 地址的 32 位二进制数，前两位必须是 10，前两个字段表示网络地址，后两个字段表示主机地址（见图 1-49）。

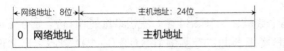 

图 1-48　A 类 IP 地址结构　　　　　图 1-49　B 类 IP 地址结构

B 类 IP 地址有 16 位网络地址和 16 位主机地址，16 位网络地址中，能够自由取值的有 14 位，所以，B 类网络个数是 2^{14}=16384 个。每个 B 类网络里最大主机数量为 2^{16}=65536。

（3）再来看 C 类 IP 地址：C 类 IP 地址的前 3 个字段表示网络地址；前 3 位必须是 110；最后一个字段表示主机地址，共 8 位二进制数（见图 1-50）。

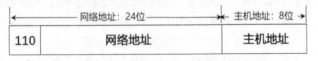

图 1-50　C 类 IP 地址结构

C 类 IP 地址的 24 位网络地址里，能够自由取值的有 21 位，所以 C 类网络的最大数量是 2^{21}=2097152 个。每个 C 类网络中的 IP 地址数量是 2^8=256 个。去掉主机地址全为 0 的 IP 地址和主机地址全为 1 的 IP 地址，每个 C 类网络中可使用的 IP 地址数量为 254 个。

（4）D 类和 E 类 IP 地址：D 类 IP 地址属于组播 IP 地址范畴，E 类 IP 地址专门用于特殊实验。这两类 IP 地址都不会分给用户使用，如图 1-51 所示。

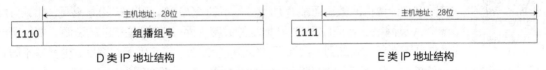

图 1-51　其他 IP 地址结构

2. IP 地址的组成

我们已经知道，IP 地址分为网络地址和主机地址两部分。网络地址用于表示主机接口所在的网络，而主机地址用于表示网络地址所定义的网络范围内某个特定的主机接口。我们把使用 A 类 IP 地址的网络称为 A 类网络，使用 B 类 IP 地址的网络称为 B 类网络，使用 C 类 IP 地址的网络称为 C 类网络。

A 类网络的个数很少，但每个 A 类网络中所允许的主机接口个数却非常多。相反，C 类网络的个数非常多，但每个 C 类网络中所允许的主机接口个数非常少。B 类网络的情况介于二者之间。3 类 IP 地址的结构差异如表 1-6 所示。

表 1-6　3 类 IP 地址的结构差异

	网络地址位数	网络个数	主机地址位数	每个网络下可分配的 IP 地址个数	地址范围
A 类	8	2^7=128	24	2^{24}-2=16777214	0.0.0.0~127.255.255.255
B 类	16	2^{14}=16384	16	2^{16}-2=65534	128.0.0.0~191.255.255.255
C 类	24	2^{21}=2097152	8	2^8-2=254	192.0.0.0~223.255.255.255

（1）A 类 IP 地址的网络地址是 8 位，网络个数是 2^7=128 个，主机地址是 24 位，每个 A 类网络下可分配的 IP 地址个数是 2^{24}-2=16777214 个，减 2 的原因是，主机地址全为 0 的 IP 地址是

网络地址，主机地址全为 1 的 IP 地址是广播地址，这两个 IP 地址都不会分给用户使用。A 类 IP 地址的范围是 0.0.0.0~ 127.255.255.255。

（2）B 类 IP 地址的网络地址是 16 位，网络个数是 2^{14}=16384 个，主机地址是 16 位，每个 B 类网络下可分配的 IP 地址个数为 2^{16}-2=65534 个。B 类 IP 地址的范围是 128.0.0.0~ 191.255.255.255。

（3）C 类 IP 地址的网络地址是 24 位，网络个数是 2^{21}=2097152 个，主机地址是 8 位，每个 C 类网络下可分配的 IP 地址个数为 2^8-2=254 个。C 类 IP 地址的范围是 192.0.0.0~223.255.255.255。

网络地址与主机地址的二分结构，使得 IP 地址的分配在一定程度上具有合理性和灵活性。我们常把一个网络地址所定义的网络范围称为一个网段。计算一个网段中可分配的 IP 地址的个数时，除了将主机地址的位数作为 2 的指数，还要减去主机地址全为 0 的网络地址和主机地址全为 1 的广播地址。

将 IP 地址划分为 5 类的做法在 IP 地址诞生初期看起来没有问题，但随着网络通信的迅猛发展，这种称为"有类编址"的地址划分方法暴露出明显的问题。比如，某公司需要建立一个规模较大的网络，需要 10 万个以上的 IP 地址，而此时，B 类网络已经被分配完毕，如果给该公司分配 A 类网络，会浪费掉太多 IP 地址。这样的例子数不胜数。有类编址的地址划分方法太过死板，划分颗粒度太大，使得拥有大量主机地址的 A 类和 B 类 IP 地址不能被充分利用起来，造成大量 IP 地址资源浪费。

1.2.6 无类编址

1.2.6 微课

无类编址

IPv4 的 IP 地址空间里，能够分给用户使用的只有 A、B、C 这 3 类 IP 地址。A 类网络的数量较少，但每个 A 类网络中的主机数很多。C 类网络的数量较多，但每个 C 类网络中的主机数较少，最多为 254 个。在现实生活中，很多较小的局域网中，计算机的数量可能有几十台，不到 100 台。对这样的局域网，如果分配一个 A 类网络，会造成很多 IP 地址的浪费。而 IP 地址是稀缺的资源，要尽可能地做到不浪费。能做到不浪费 IP 地址的方法之一是使用无类编址，也就是不限定网络地址和主机地址的位数，这能使得 IP 地址的分配更灵活，利用率也得到提高。

无类编址中，我们扩展网络地址的位数，减少主机地址的位数。使得该范围内的 IP 地址可以分配给更多的组织，同时减少 IP 地址的浪费。

1. 按网络数量划分

假设将 A 类网络 64.0.0.0 分成 4 个部分，分配给 4 个组织，则分配方案可以如表 1-7 所示。

表 1-7 有类编址和无类编址

	网络地址		主机地址的位数	可分配的 IP 地址个数
有类编址	0100 0000		24	2^{24}-2=16777214
无类编址	0100 0000	00	22	2^{22}-2=4194302
	0100 0000	01	22	2^{22}-2=4194302
	0100 0000	10	22	2^{22}-2=4194302
	0100 0000	11	22	2^{22}-2=4194302

使用有类编址时，A 类网络 64.0.0.0 的网络地址可转换为二进制数 01000000。可分配的 IP 地址数量是 1600 多万个。

该 A 类网络的网络地址为 01000000，主机地址为 24 位，使用无类编址时，网络地址可以不再是固定的 8 位，如果网络地址有 10 位，那么网络地址扩展了 2 位，主机地址减少了 2 位，所以主机地址由 24 位减少到 22 位。而且，扩展出的 2 位网络地址，可以有 2^2=4 种取值可能，使得新扩展的两位网络地址取值有 00、01、10、11 这 4 种情况。A 类网络 64.0.0.0 采用无类编址技术扩展两位网络地址，能划分出 4 个小型网络。

在表 1-7 中可以看到，保持原来的网络地址不变，从以前的主机地址中拿出前两位用于扩展网络地址，就可以将原来的网段分成 4 个新的网段，每个新网段内包含的 IP 地址数量都有所减少，但这些 IP 地址却可以分给 4 个不同的组织，每个组织都有自己的网络地址。

2. 按需要的主机数量划分

通常，规划和分配 IP 地址的方法是：假设一个组织所需要的 IP 地址数量是 M，计算公式为 $2^n \geq M+2$，n 就是主机地址的位数。

【例 1-5】X 公司申请到网络地址是 192.168.1.0 的 C 类网络，其网络地址是 24 位，主机地址是 8 位，可用 IP 地址的范围是 192.168.1.1~192.168.1.254。该公司拥有 3 个独立的部门——X_1、X_2、X_3，每个部门都需要建立自己的网络，并且要求不同部门网络使用不同的网络地址。3 个部门的网络需要的 IP 地址个数分别是 100 个、50 个、30 个。

（1）X_1 部门需要 100 个 IP 地址，大于或等于 102 的最小的 2 的幂是 128，是 2 的 7 次幂。

$$2^7 \geq 100+2$$

所以 X_1 部门的网络需要的主机地址是 7 位，网络地址是 32-7=25 位，省略固定的前 24 位网络地址，X_1 部门的第 25 位网络地址取值有 0 和 1 两种可能，此处取值假设为 0。剩余 7 位主机地址的范围是 0000000~1111111。所以 X_1 部门 IP 地址的最后一个字段范围是 0 0000000~0 1111111，转换为十进制是 0~127。IP 地址范围为 192.168.1.0~192.168.1.127，去掉主机地址全为 0 的 IP 地址 192.168.1.0 和主机地址全为 1 的 IP 地址 192.168.1.127，X_1 部门的可用 IP 地址范围是 192.168.1.1~ 192.168.1.126，数量为 $2^7-2=126$ 个。

（2）X_2 部门需要的 IP 地址数量为 50 个，大于或等于 52 的最小的 2 的幂是 64，为 2 的 6 次幂。

$$2^6 \geq 50+2$$

所以 X_2 部门的网络主机地址有 6 位，网络地址有 32-6=26 位，网络地址的第 25 位和第 26 位的取值为 10（或 11，此处取值假设为 10），因为在分配给 X_1 部门 IP 地址的时候，网络地址的第 25 位取值已经是 0，所以这里的第 25 位网络地址只能取值为 1。X_2 部门网络的最后一个字段，取值为 10 000000~10 111111，转换为十进制是 128~191，总数量是 $2^6-2=62$ 个。

（3）X_3 部门需要的 IP 地址数量为 30 个，大于或等于 32 的最小的 2 的幂是 32，为 2 的 5 次幂。

$$2^5 \geq 30+2$$

X_3 部门的网络主机地址有 5 位，网络地址有 32-5=27 位，因为第 25 位网络地址取值为 0 已经分给 X_1 部门，第 26 位网络地址取值为 0 已经分给 X_2 部门。所以，X_3 部门的第 25、26、27 位网络地址取值可以为 110 或 111，此处取值假设为 110。X_3 部门的网络的最后一个字段的范围是 110 00000 ~110 11111，转换为十进制是 192~223，可用 IP 地址的范围是 192.168.1.193~192.18.1.222，共计数量 $2^5-2=30$ 个。

使用有类编址方式时，比较容易知道关于一个 IP 地址的所有信息。比如 IP 地址 64.1.5.1，因为其第一个字段的值在 0~127 范围内，所以它是一个 A 类地址，64 是其所在网络的网络地址，其余 3 个字段为其主机地址。并且，64.0.0.0 是该网络的网络地址，64.255.255.255 是该网络的广播地址，64.1.5.0 是该网络中的一个主机接口地址。

使用无类编址方式时，同样是 IP 地址 64.1.5.1，它可能是网络地址为前两个字段 64.1 的网络中的一个主机接口地址，也可能是网络地址为前 3 个字段 64.1.5 的网络的网络地址，甚至有其他的可能。

使用无类编址方式时，如何判断一个 IP 地址所属网络的网络地址？要解决这个问题，需要用到子网掩码，这是下一节将要介绍的内容。

1.2.7　子网掩码

在使用无类编址方式管理 IP 地址的时候，不能根据 IP 地址第一个字段的值判断该 IP 地址所在的网络，因为此时没有 A 类网络、B 类网络、C 类网络的概念。那该怎样判断该 IP 地址所在的网络呢？回答这个问题要用到子网掩码。

子网掩码（Subnet Mask）由 32 位二进制数、共 4 个字节组成，通常用点分十进制形式来表示。子网掩码是由连续的 1 和后面连续的 0 组成的二进制数串，如图 1-52 所示。

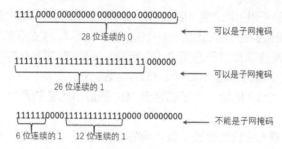

图 1-52　子网掩码

通常情况下，把子网掩码中的 1 的个数称为子网掩码的长度。比如由 4 个 1 和 28 个 0 组成的子网掩码，其长度为 4。

子网掩码与 IP 地址结合使用的时候，子网掩码中 1 的个数（也就是子网掩码的长度）表示这个 IP 地址的网络地址的位数，而 0 的个数表示这个 IP 地址的主机地址的位数。将一个子网掩码与一个 IP 地址进行逐位的"与"运算，所得到的结果就是该 IP 地址所在网络的网络地址。

比如 IP 地址 64.100.5.0，如果其子网掩码是 255.255.0.0，子网掩码的长度就是 16，IP 地址 64.100.5.0 的前 16 位表示网络地址，这 16 位网络地址转换为十进制就是 64.100.5.0 的前两个字段 64.100。所以 IP 地址 64.100.5.0 所在网络的网络地址为 64.100.0.0。如果 IP 地址 64.100.5.0 的子网掩码为 255.240.0.0，则其网络地址的计算过程如下。

将 IP 地址 64.100.5.0 转换为二进制：

64.100.5.0→01000000 .01100100 .00000101 .00000000

将子网掩码 255.240.0.0 转换为二进制：

255.240.0.0→11111111 .11110000 .00000000 .00000000

子网掩码由 12 个 1 和 20 个 0 组成，所以其长度是 12，把 IP 地址与子网掩码对应的二进制数串逐位进行"与"运算，如图 1-53 所示。

将 0100000.01100000.00000000.00000000 转换为十进制的 64.96.0.0，就是我们要求的网络地址。

01000000 . 01100100 . 00000101 . 00000000

逐位"与"运算

11111111 . 11110000 . 00000000 . 00000000

01000000 . 01100000 . 00000000 . 00000000

图 1-53　逐位"与"运算示例

子网掩码的引入使得无类编址方式可以完全后向兼容有类编址方式，即使用有类编址时，A 类网络的子网掩码总是 255.0.0.0；B 类网络的子网掩码总是 255.255.0.0；C 类网络的子网掩码总是 255.255.255.0。这样，所谓的有类编址便成了无类编址的特例。使用无类编址时，子网掩码的长度能根据需要灵活变化，此时的子网掩码也称为"可变长子网掩码"。

1.2.8 特殊 IP 地址

1.2.8 微课

特殊 IP 地址

在前面的内容中曾经提到过，IP 地址是由 ICANN 统一分配的，以保证任何一个 IP 地址在 Internet 上的唯一性。这里的 IP 地址是指公网 IP 地址。连接到 Internet 的网络设备必须具有 ICANN 分配的公网 IP 地址。

但实际上，有一些网络不需要连接到 Internet，比如一个大学的封闭实验室的网络。这样的网络中，网络设备不需要使用公网 IP 地址，只要同一网络中网络设备的 IP 地址不发生冲突即可。

1. 私有 IP 地址

在 IP 地址空间里，A、B、C 这 3 类 IP 地址中各预留了网段专门用于上述情况。这样的 IP 地址被称为私网 IP 地址或私有 IP 地址。

A 类私有 IP 地址的范围是：10.0.0.0~10.255.255.255。

B 类私有 IP 地址的范围是：172.16.0.0~172.31.255.255。

C 类私有 IP 地址的范围是：192.168.0.0~192.168.255.255。

在 Internet 上的网络设备都不会接收、发送或转发源 IP 地址或目的 IP 地址为上述私有 IP 地址的报文。这些 IP 地址只能用于私有网络，私有地址的使用使得网络可以得到更为自由的扩展，因为同一个私网 IP 地址可以在不同的私有网络中得到重复使用。

2. IP 地址 255.255.255.255

IP 地址空间中，还有一些其他的特殊 IP 地址，比如 255.255.255.255 称为有限广播地址，它可以作为一个 IP 包的目的 IP 地址使用。路由器接收到目的 IP 地址为有限广播地址的 IP 包后，会停止对该 IP 包的转发。

3. IP 地址 0.0.0.0

如果将 IP 地址 0.0.0.0 作为一个网络地址看待，它表示的是"任何网络"的网络地址。如果把这个地址作为一个主机接口地址看待，其含义是"这个主机接口在连接的网段内使用的 IP 地址"。比如，当一个主机接口在启动过程中尚未获得自己的 IP 地址时，就可以向网络发送目的 IP 地址为有限广播地址、源 IP 地址为 0.0.0.0 的 DHCP（Dynamic Host Configuration Protocol，动态主机配置协议）请求报文，希望 DHCP 服务器在收到自己的请求后，能够给自己分配一个可用的 IP 地址。

4. IP 地址 127.0.0.0/8

IP 地址 127.0.0.0/8 称为环回地址（Loopback Address）。环回地址可以作为一个 IP 包的目的 IP 地址使用。一个设备产生的、目的 IP 地址为环回地址的 IP 包是不可能离开这个设备本身的。环回地址通常用来测试设备自身的软件系统。

5. IP 地址 169.254.0.0/16

如果一个网络设备获取 IP 地址的方式被设置成自动获取方式，但是该设备在网络上又没有找到可用的 DHCP 服务器，那么该设备会使用 169.254.0.0/16 网段中的某个地址进行临时通信。

1.2.9 IP 转发原理

1.2.9 微课

IP 转发原理

路由器的工作内容分为两部分：通过运行路由协议来建立并维护自己的路由表；根据自己的路由表对 IP 报文进行转发。路由器对 IP 报文的转发也称为 IP 转发，或网络层转发、三层转发。

路由器上有多个转发数据的接口（Interface）。接口的行为也是由接口对应的网卡控制的。路由器的网卡的结构与交换机和计算机上的网卡的结构一样，包含 7 个功能模块。每个接口的网卡都有自己的 MAC 地址。

路由器接口的行为特点如下。

（1）当一个单播帧从传输介质上进入路由器的一个接口后，该接口会将该单播帧的目的 MAC 地址与自己的 MAC 地址比较。如果两者不同，该接口会将该单播帧丢掉。如果两 MAC 地址相同，接口会将该单播帧的数据载荷提取出来，并根据帧的类型字段值将数据载荷上传给路由器的网络层中的相应模块进行后续处理。

（2）当一个广播帧从传输介质上进入路由器的一个接口后，该接口会直接将该广播帧的数据载荷提取出来，并根据帧的类型字段值将数据载荷上传给路由器的网络层中的相应模块进行后续处理。

在描述 IP 转发原理内容时，我们先进行以下几点假设。

（1）路由器的每个接口都是以太网接口。

（2）从传输介质上进入路由器的某个接口的帧是一个单播帧，帧名为 X。

（3）X 帧的目的 MAC 地址与这个接口的 MAC 地址是相同的。

（4）X 帧的类型字段值是 0x0800，也就是说 X 帧的数据载荷是一个 IP 报文，为该 IP 报文取名为 P。

（5）P 是一个单播 IP 报文，即 P 的目的 IP 地址是一个单播 IP 地址。

接下来，将对 IP 转发及其前后过程进行整体性描述，深入分析 IP 转发原理。

（1）X 帧从传输介质上进入路由器的某个接口后，因为 X 帧的目的 MAC 地址与接口的 MAC 地址相同，所以该接口会将 P 提取出来，并将 P 上传给路由器的网络层中的 IP 转发模块进行处理（见图 1-54）。

（2）IP 转发模块收到 P 后，会根据 P 的目的 IP 地址查询自己的路由表，根据查询结果，有两种可能动作：直接将 P 丢弃、确定出 P 的出接口（也就是 P 应该从哪个接口离开路由器）和 P 的下一跳 IP 地址。

（3）IP 转发模块将 P 下发给出接口，同时将 P 的下一跳 IP 地址告知出接口。

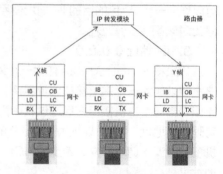

图 1-54　IP 转发过程

（4）出接口将 P 封装成单播帧 Y，帧的类型字段值为 0x0800，Y 帧的源 MAC 地址就是出接口的 MAC 地址，Y 帧的目的 MAC 地址是 P 的下一跳 IP 地址对应的 MAC 地址。如果路由器能从自己的 ARP（Address Resolution Protocol，地址解析协议）缓存表找到 P 的下一跳 IP 地址所对应的 MAC 地址，则直接将该 MAC 地址作为 Y 帧的目的 MAC 地址，否则，出接口会发出 ARP 请求，以获取 P 的下一跳 IP 地址对应的 MAC 地址。

（5）出接口将 Y 帧发送到传输介质上。

用实例对 IP 转发的原理进行分析和描述（见图 1-55）。

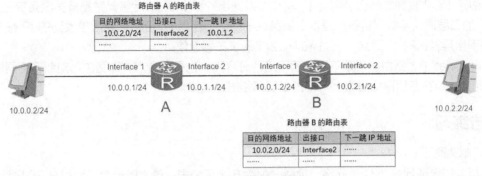

图 1-55　IP 转发原理分析

（1）假设 PC1（IP 地址为 10.0.0.2/24）需要发送一个单播 IP 报文给 PC2（IP 地址为 10.0.2.2/24）。该单播 IP 报文的源 IP 地址为 10.0.0.2/24，目的 IP 地址为 10.0.2.2/24。我们将该 IP 报文取名为 P。P 在 PC1 的网络层形成后，PC1 根据 P 的目的 IP 地址 10.0.2.2/24 查找自己的路由表。得知 P 的出接口是 PC1 的网口，P 的下一跳是路由器 A 的 Interface 1，地址为 10.0.0.1/24。

（2）PC1 的网口将 P 封装成单播帧，帧的类型字段值是 0x0800，帧的源 MAC 地址是 PC1 的 MAC 地址，帧的目的 MAC 地址是 10.0.0.1/24 对应的 MAC 地址。

（3）PC1 的网口将封装好的单播帧发送给企业的交换网络，企业的交换网络中的交换机将单播帧转发到路由器 A 的 Interface 1。该接口接收到单播帧后，将帧的数据载荷 P 提取出来，并根据帧的类型字段值 0x0800 将它上传给自己网络层的 IP 转发模块进行处理。

（4）路由器 A 的 IP 转发模块收到 P 后，根据 P 的目的 IP 地址 10.0.2.2/24 查询自己的路由表。匹配的路由条目是：目的 IP 地址为 10.0.2.0/24，下一跳 IP 地址为 10.0.1.2/24，出接口是 Interface 2。

（5）接下来，路由器 A 的 IP 转发模块将 P 下发给 Interface 2，Interface 2 将 P 封装成单播帧，帧的源 MAC 地址是 Interface 2 对应的 MAC 地址，帧的目的 MAC 地址是 10.0.1.2/24 对应的 MAC 地址。

（6）路由器 A 的 Interface 2 将封装好的单播帧发送出去。路由器 B 的 Interface 1 接收到单播帧后，将数据载荷 P 提取出来，并根据帧的类型字段值将其上传给网络层的 IP 转发模块进行处理。

（7）路由器 B 的 IP 转发模块收到 P 后，将根据 P 的目的 IP 地址 10.0.2.2/24 查询自己的路由表，发现与之匹配的路由条目是：目的 IP 地址为 10.0.2.0/24，下一跳不存在，出接口是 Interface 2。路由器 B 的 IP 转发模块将 P 下发给 Interface 2，Interface 2 将 P 封装成单播帧，帧的源 MAC 地址是 Interface 2 的 MAC 地址，帧的目的 MAC 地址是 P 的目的 IP 地址对应的 MAC 地址。路由器 B 的 Interface 2 将单播帧发送给企业的交换网络，企业的交换网络中的交换机将单播帧转发到 PC2 的网口。PC2 的网口将单播帧的数据载荷提取出来，上传给自己的网络层 IP 模块进行处理。

（8）至此，P 从 PC1 的网络层成功到达了 PC2 的网络层。P 的三层转发过程结束。

回顾上述过程，不难发现，PC1 发送出的单播帧的源 MAC 地址是 PC1 网口的 MAC 地址，目的 MAC 地址是路由器 A 的 Interface 1 的 MAC 地址。

路由器 A 发送的单播帧的源 MAC 地址是路由器 A 的 Interface 2 的 MAC 地址，目的 MAC 地址是路由器 B 的 Interface 1 的 MAC 地址。

路由器 B 发送的单播帧的源 MAC 地址是路由器 B 的 Interface 2 的 MAC 地址，目的 MAC 地址是 PC2 网口的 MAC 地址。

　　这说明，PC2 收到的帧已经完全不是 PC1 发送出的那个帧了，尽管其数据载荷没有变化。PC1 和 PC2 的二层通信（数据链路层通信）被路由器阻断。但是 PC2 的网络层接收到的 IP 报文还是 PC1 的网络层发送的 IP 报文，PC1 和 PC2 实现了三层通信。

　　在 Internet 中，路由器既是不同二层网络的分界点，也是结合点，即路由器阻断了不同网络间的二层通信，但在三层网络层面上对不同二层网络进行连接。

思考与练习

一、单选题

1. 某公司申请到一个 C 类网络，但要分配给 6 个子公司，最大的一个子公司有 26 台计算机。若不同的子公司必须在不同的网段中，则子网掩码应设为（　　　）。

A. 255.255.255.0　　　　　　　　　　　　B. 255.255.255.128

C. 255.255.255.192　　　　　　　　　　　D. 255.255.255.224

2. 若某 C 类网络的子网掩码为 255.255.255.248，则每个子网可用主机地址数是（　　　）。

A. 8　　　　　　　　B. 6　　　　　　　　C. 4　　　　　　　　D. 2

3. 现在有一个 C 类网络 192.168.19.0/24，需要将该网络划分出 9 个子网，每个子网最多有 16 台主机，下面子网掩码中合适的是（　　　）。

A. 255.255.240.0　　　　　　　　　　　　B. 255.255.255.224

C. 255.255.255.240　　　　　　　　　　　D. 没有合适的子网掩码

4. 在一个 C 类网络中要划分出 32 个子网，下面子网掩码中最合适的是（　　　）。

A. 255.255.255.224　　　　　　　　　　　B. 255.255.255.240

C. 255.255.255.192　　　　　　　　　　　D. 255.255.255.128

5. 某台主机的 IP 地址为 191.10.96.132，使用子网掩码 19，则 191.10.96.132 的网络地址为（　　　）。

A. 191.0.0.0　　　　B. 191.10.0.0　　　　C. 191.10.48.0　　　　D. 191.10.96.0

6. 已知某个网络的子网掩码是 255.255.248.0,那么下面 IP 地址中属于同一网段的是（　　　）。

A. 10.110.16.1 和 10.110.25.1　　　　　　B. 10.76.129.21 和 10.76.137.1

C. 10.52.57.34 和 10.52.62.2　　　　　　D. 10.33.23.2 和 10.33.31.1

7. 192.168.1.127/25 代表的是（　　　）地址。

A. 主机　　　　　　B. 网络　　　　　　C. 组播　　　　　　D. 广播

二、多选题

1. 网络 150.25.0.0 的子网掩码是 255.255.224.0，那么（　　　）是该网段中有效的主机地址。

A. 150.25.0.0　　　　　　　　　　　　　　B. 150.25.1.255

C. 150.25.2.24　　　　　　　　　　　　　D. 150.15.3.30

2. 以下 IP 地址中不能访问公网的有（　　　）。

A. 11.25.0.0　　　　　　　　　　　　　　B. 127.25.1.255

C. 172.16.2.24　　　　　　　　　　　　　D. 169.254.3.30

3. 现在有一个 C 类网络 192.168.19.0/24，需要为该网络划分子网，每个子网最多有 16 台主机，下面子网掩码中可以满足条件的有（　　　）。

A. 255.255.255.224　　　　　　　　　　　B. 255.255.255.192

C. 255.255.255.128　　　　　　　　　　　D. 没有合适的子网掩码

任务三　终端数据安全

学习重难点

1. 重点

（1）网络安全的重要性；　　　　　（2）服务器安全；

（3）个人计算机数据安全；　　　　（4）弱口令的防范。

2. 难点

（1）网络安全的维护措施；　　　　（2）弱口令的防范。

1.3.1　为什么网络安全如此重要

在现实生活中，我们经常会有图 1-56 所示的行为。

这些行为会导致什么样的后果？这些行为会导致我们的隐私被泄露。一旦我们的隐私被泄露出去，就有可能被不法分子利用，对我们实施诈骗。就拿同学们都喜欢的"朋友圈晒照"来说，就有可能导致很严重的后果。

图 1-56　不安全行为

1. 安全威胁不断增多

2018 年 1 月，英特尔处理器被曝出"Meltdown"（熔断）和"Spectre"（幽灵）两大新型漏洞（见图 1-57），包括 AMD、ARM、英特尔系统和处理器在内，几乎近 20 年发售的所有设备都受到影响，受影响的设备包括手机、计算机、服务器以及云计算产品。这些漏洞允许恶意程序从其他程序的内存空间中窃取信息，这意味着包括密码、账户信息、加密密钥乃至其他一切在理论上可存储于内存中的信息均可能因此外泄。

截至 2021 年 3 月 31 日，某银行因发生重要信息系统突发事件未报告、制卡数据违规明文留存、分行无线互联网络保护不当、数据安全管理较粗放、存在数据泄露风险、网络信息系统存在较多漏洞、互联网门户网站泄露敏感信息被中国银行保险监督管理委员会处以罚款 420 万元，所以，银行作为网络运营者也应该遵守《中华人民共和国网络安全法》的相关内容，如图 1-58 所示。

图 1-57　英特尔处理器漏洞　　　　　　图 1-58　《中华人民共和国网络安全法》

一个个事实告诉我们一个沉痛的道理，保护网络安全刻不容缓，防止隐私泄露迫在眉睫。

2. 安全措施

我国为了营造一个更好的网络环境，自 2014 年开始采取了一系列的措施，没有网络安全就没有国家安全。

对于网络安全，在国家层面上的规划主要分为 3 个大的步骤。

（1）2017 年 6 月 1 日开始实行《中华人民共和国网络安全法》。网络空间和现实社会一样，既要提倡自由，也要保持秩序。我们既要尊重网民交流思想、表达意愿的权利，也要依法构建良好的网络秩序，这有利于保障广大网民的合法权益。网络空间不是"法外之地"。网络空间是虚拟的，但运用网络空间的主体是现实的，大家都应该遵守法律，明确各方权利和义务。

（2）储备安全人才。2015 年 6 月，为实施国家安全战略，加快网络空间安全高层次人才培养，国务院学位委员会办公室决定在"工学"门类下增设"网络空间安全"一级学科。2017 年 9 月，中华人民共和国国家互联网信息办公室、中华人民共和国教育部公布了首批"一流网络安全学院建设示范项目"，共涉及 7 所高校。可以预见，开设网络空间安全课程的高校还会不断增加。

（3）等保 2.0（见表 1-8）。2019 年网络安全等级保护制度 2.0 国家标准的发布，标志着国家网络安全等级保护工作步入新时代。等保 2.0 是网络安全的一次重大升级，其对象范围在传统系统的基础上增加了云计算、移动互联网、物联网、大数据等，对等级保护制度提出了新的要求。在等保 2.0 的安全框架当中，明确提出了要态势感知，要具备对新型攻击进行分析的能力，要能够检测对重点节点进行入侵的行为，对各类安全事件进行识别报警和分析。

表 1-8　等保 2.0

等保 2.0 体系下定级要素与安全保护等级的关系			
受侵害的客体	对客体的侵害程度		
	一般损害	严重损害	特别严重损害
公民、法人和其他组织的合法利益	第一级	第二级	第三级
社会秩序、公共利益	第二级	第三级	第四级
国家安全	第三级	第四级	第五级

网络安全是一个关系国家安全、国家主权、社会稳定、民族文化的继承和发扬的关键问题，正随着全球信息化步伐的加快而变得越来越重要。"家门就是国门"，安全问题刻不容缓。

> **小贴士**　我们想要建设网络强国，必须要有自己的技术，要有过硬的技术；要有丰富、全面的信息服务，繁荣发展的网络文化；要有良好的信息基础设施；要有高素质的网络安全和信息化人才队伍。

1.3.2　网络系统安全隐患

1.3.2　微课

软件漏洞

随着网络规模的扩大、通信链路的延长，网络的安全问题也有所增加。计算机网络系统由于自身原因可能存在不同程度的脆弱性，为具有各种动机的攻击行为提供了入侵、骚扰或破坏系统的可利用的途径和方法。

漏洞是指每个网络和设备固有的薄弱环节，这些设备包括路由器、交换机、台式机、服务器甚至安全设备。漏洞也包括用户，即使基础设施和设备是安全的，员工也可能成为社会工程攻击的目标。

黑客是指利用技术手段有意寻找互联网上存在的安全弱点和漏洞的人，他们使用各种工具、脚本和程序对网络传输或者服务器、台式机等网络端点设备发起攻击。

漏洞主要包括 3 类，即技术缺陷、配置缺陷、安全策略缺陷，如图 1-59 所示。

（1）技术缺陷。TCP/IP 包括的 HTTP、FTP 和 ICMP 本身就是不安全的，TCP 是基于不安全结构设计的，简单网络管理协议（Simple Network Management Protocol，SNMP）、简单邮件传输协议（Simple Mail Transfer Protocol，SMTP）和同步段（Synchronization Segment，SYN）泛洪都受其影响。

图 1-59　漏洞分类

（2）配置缺陷。各种各样的操作系统（如 UNIX、Linux、macOS、Windows 等）都存在不可忽视的安全问题。

各种网络设备（如路由器、防火墙、交换机）都存在配置缺陷，必须认识到这些缺陷并进行防护，这些缺陷包括弱口令保护、无须进行身份验证、路由选择协议配置不当和防火墙漏洞等。

网络管理员和网络工程师必须清楚网络的配置缺陷，并通过正确配置来弥补这些缺陷。

例如，用户账户信息通过网络使用不安全的传输，用户名和密码很容易被窃取。系统账户的密码很容易被猜测到，这是用户密码选择不当导致的。Internet 服务的配置不正确能导致多种问题，常见的一种配置错误是在 Web 浏览器中启用了 JavaScript，导致访问不受信任的网站时遭受恶意 JavaScript 代码攻击。很多产品的默认设置是存在安全漏洞的。设备本身配置不正确将导致严重的安全问题。例如访问列表、路由选择协议或 SNMP 社区字符串配置不正确，都可能导致严重的安全问题。

（3）安全策略缺陷。如果用户不遵守安全策略，也将给网络带来安全风险。

如果企业没有严密的安全策略、成熟的信息管理制度，将无法得到长久有效的执行。密码选择不当、易于破解，甚至使用默认密码都可能导致网络遭受未经授权的访问。监控和审计力度不够，将导致攻击和未经授权的使用不断发生，浪费公司资源。在未经授权的情况下，修改网络拓扑或安装未经批准的应用程序将导致安全漏洞，如果没有灾难恢复计划，在遭受攻击时可能发生恐慌和混乱。

1.3.3　物理威胁

提到网络安全或计算机安全面临的威胁时，人们脑海中可能浮现的是攻击者利用软件漏洞发起攻击的画面。一种不太引人注意，却很严重的威胁是设备面临的物理威胁，如果这些资源遭到物理性攻击，攻击者便可拒绝他人使用网络资源。

1.3.3　微课

物理设施面临的威胁

1．物理威胁分类

物理威胁可以分为硬件威胁、环境威胁、电气威胁和维护威胁 4 类。

（1）硬件威胁指的是盗窃或破坏服务器、路由器、交换机、配线间和工作站等。

（2）环境威胁指的是极端的温度过热、过冷，或过湿、过干的环境等。

（3）电气威胁指的是电源电压过高、电压不足，不合格电源和断电等。

（4）维护威胁指的是错误地处理电子元件、没有重要的备用部件、布线混乱和标识不明等。

这些问题可以通过制定组织策略得到解决，而其他一些问题的解决与管理者良好的领导和管理能力分不开。如果物理安全措施不充分，自然灾害和其他灾害可能导致网络遭到严重破坏。

2. 应对措施

下面是一些防范物理威胁的方法。

（1）防范硬件威胁的方式是务必禁止无关人员接触基础设施和敏感设备，可以使用读卡器控制人员进入服务器机房。为了防范硬件威胁，请锁好配线间，只允许有权限的人员进入。防止通过其他非安全入口进入配线间，使用电子访问控制，并记录所有进入请求。使用安保摄像头监视设备。

（2）为防范环境威胁，可以通过温度控制、湿度控制、加强空气流通、远程环境报警以及记录和监视，营造合适的运行环境。

（3）为防范电气威胁，可安装 UPS（Uninterruptible Power Supply，不间断电源）系统和发电机组，遵守预防性维护计划，并安装冗余电源，还应实时远程监控。

（4）为防范维护威胁，应确保电缆布线整齐有序，标记重要电缆和组件，遵循静电放电规程，储存重要备件，并控制对控制台端口的访问。

1.3.4　网络安全面临的威胁

1.3.4　微课
网络面临的威胁

网络上的安全威胁一般可以分为两类：意外威胁和故意威胁。意外威胁是指无意识行为所引起的安全隐患或破坏；故意威胁是指有意识行为所引起的针对网络的安全攻击和破坏。

具体来说，常见的网络威胁有以下几种。

1. 非授权访问

未经过同意就使用网络或计算机资源，这种现象被称为非授权访问，如有意避开系统访问控制机制，对网络设备及资源进行非正常使用，或擅自扩大权限、越权访问信息等。

2. 信息泄露或丢失

信息泄露或丢失是指敏感数据在有意或无意中被泄露出去或丢失，它通常包括信息在传输中泄露或丢失；信息在存储介质中丢失或泄露；通过建立隐蔽通道等窃取敏感信息。

3. 破坏数据完整性

破坏数据完整性是指以非法手段对数据进行恶意修改，如对文件进行加密，导致大量文件无法使用，办公及实验设备使用均受影响。

4. 拒绝服务攻击

拒绝服务攻击是指不断对网络服务系统进行干扰，直至系统响应减慢甚至瘫痪，影响正常用户的使用，甚至使合法用户被排斥而不能进入计算机网络系统或不能得到相应的服务。

5. 利用网络传播病毒

2017 年，一种名为 WannaCry 的勒索病毒袭击全球 150 多个国家和地区，影响领域包括政府部门、医疗服务、公共交通、邮政、通信和汽车制造业等。2020 年 4 月，网络上出现了一种名为 WannaRen 的新型勒索病毒（见图 1-60），其行为与此前的 WannaCry 的行为类似，加密 Windows 系统中几乎所有文件，将扩展名修改

图 1-60　勒索病毒分布

为.WannaRen，并索取赎金。

中国国家互联网应急中心发布的《2020 年上半年中国互联网网络安全监测数据分析报告》显示，我国遭受来自境外的网络攻击持续增加。安全和发展是一体之两翼、驱动之双轮。安全是发展的保障，发展是安全的目的。网络安全是全球性挑战，没有哪个国家能够置身事外、独善其身，维护网络安全是国际社会的共同责任。

1.3.5　个人文件安全

1.3.5　微课

个人数据保护

在使用计算机的过程当中，很难保证计算机自始至终只有你一个人在使用，当你离开计算机的时候，或者当别人使用你的计算机的时候，有些文件可能涉及个人的隐私，你不想让他人查看，只想自己能查看和更改；或者一些公司的机密文档，为了避免信息泄露给公司和自己带来麻烦，就可以对文档进行加密。对文件夹进行加密的方式有很多。下面介绍一种简单的对文件夹进行加密的方式——利用压缩文件的方法给文件夹加密。

（1）选中要加密的文件夹，右击该文件夹，在弹出的快捷菜单中选择"添加到压缩文件（A）"命令（见图 1-61）。

（2）在弹出的对话框中，先选中压缩选项中的"压缩后删除原来的文件"选项，然后选择"添加密码"选项（见图 1-62）。

（3）为其设置密码，输入一个足够复杂的密码，再次输入密码以确认，单击"确认"按钮（见图 1-63）。

（4）这样就生成了一个压缩文件，并且原始的文件夹已经删除。

如果想要解压缩加密后的压缩文件，右击并选择解压缩文件，系统会要求我们输入密码，假设密码输入错误，就不能成功地解压缩。只有输入了正确的密码，才可以正确地解压缩我们所需要的文件内容（见图 1-63）。

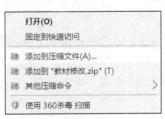

图 1-61　压缩文件

图 1-62　设置密码

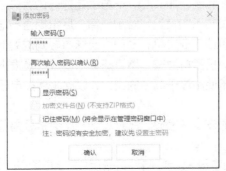

图 1-63　设置密码和解压缩加密文件

1.3.6 弱口令

1.3.6 微课

弱口令

此前，一则新闻引起了大家的关注，某市市民刘某前往一家银行申请开了一张新卡，在交易密码设置环节，刘某用自己的生日作为密码输入系统，系统提示其该密码为简单密码，请重新输入。银行工作人员解释，刘某直接用生日作为密码，过于简单，安全系数低，系统无法通过，建议其换一组密码再试。刘某拒绝，他坚持用自己的生日作为交易密码，最终开卡失败。刘某以银行侵犯了其自主选择权和公平交易权为由，将银行诉至该市某区人民法院，法院认定银行并未侵害刘某所主张的权利，并判决驳回原告刘某的全部诉讼请求。尽管法院支持了银行的操作，但还是有人心存疑问，银行是否有权要求客户修改密码？客户是否应该放弃选择权配合银行更改密码呢？

1. 弱口令定义

过于简单的密码在计算机科学中叫弱口令，如图 1-64 所示，常用的、有规律的、重复单一字符形式的密码都是弱口令。

图 1-64 弱口令

容易被破解的密码就是弱口令。因为它很容易被人猜测到，所以不安全。上面的案例中，银行的行为是为了保护刘某账户资金交易安全和客户隐私，强化银行卡信息的安全保密，同时避免给银行自身风控带来漏洞。保护银行平稳运行和维护社会利益的正确举措，肯定会得到法院的支持。

2. 弱口令的危害

使用弱口令会带来什么样的危害？弱口令的危害性非常大：银行卡被盗，弱口令被猜测到，损失大量的钱财；如果是社交工具的弱口令被猜测到，如 QQ，一方面是账号的丢失，另一方面是不法分子利用盗取的账号骗取钱财，甚至故意发布不实言论，触犯法律，后果简直不堪设想。又如，家用摄像头因弱口令被破译。对于个人计算机或工业主机，弱口令意味着轻则成为他们进行不法行为的跳板或"僵尸网络"的一部分，重则计算机资料泄露、感染病毒，造成严重损失。

正因如此，用户有义务配合银行工作，不使用过于简单的密码，以此来保护自己的账户安全。

3. 弱口令的应对措施

从网络安全的角度看，如何设置一个相对安全的密码，既好记，又不会被轻易猜测到或者被破解呢？

这没有标准的答案，但是一般建议密码由字母+数字+特殊符号组成，字母可以代表喜欢的明星、讨厌的食物，最好是只有自己知道的那种。而对于主机，除了口令设置要符合要求，也要在本地组策略设置账户锁定时间和阈值，即口令连续输错几次，账户就会被锁定几分钟，这样可以有效提高暴力破解的难度。同时，建议修改计算机主机的系统管理员账户，Administrator 和 Admin 是常用的，也是破解者最喜欢的账户类型，如果改为一个有含义的甚至是随便输入的值，可以大大提高被破译的难度。

思考与练习

一、单选题

1. 《中华人民共和国网络安全法》于（　　　）起实施。

A. 2016-11-17　　　　B. 2017-6-1　　　　C. 2017-12-3　　　　D. 2016-1-1

2. 以下哪项行为对个人主机数据是没有安全危害的？（　　　）

A. 插入借来的 U 盘　　　　　　　　　B. 从网站上下载数据

C. 自己建立的文档　　　　　　　　　D. 删除系统文件

3. 从风险分析的观点来看，计算机系统的最主要弱点是（　　　）。

A. 内部计算机处理　　　　　　　　　B. 系统输入输出

C. 通信和网络　　　　　　　　　　　D. 外部计算机处理

二、多选题

1. 网络安全涉及（　　　）学科。

A. 计算机科学　　　B. 通信技术　　　C. 加密技术　　　D. 网络技术

2. 我国当前的网络安全重点议题包括（　　　）。

A. 网站和系统安全　　　　　　　　　B. 关键基础设施安全

C. 机构数据安全　　　　　　　　　　D. 物联网安全

E. AI 安全

任务四　办公室网络搭建项目综合实践

学习重难点

1. 重点

（1）项目分析和规划；　　　（2）列设备清单；　　　（3）加密文件方法。

2. 难点

（1）项目实施与配置；　　　（2）设备故障排除。

相关知识

1.4.1　项目概述

办公室网络是常见的局域网形式，局域网内主机数量不多，对设备要求不高。办公室网络与家用局域网的不同之处在于交换机的安全需求和用户数据安全的需求，而且办公室网络多用有线连接，以无线连接为辅助。

1.4.2 项目设计

一间办公室划归财务部，里面 15 台固定工位的计算机会有同时上网需求，该办公室有一台共享打印机。要求每台设备具有固定 IP 地址，方便数据监管和故障定位。将暂时没有使用的交换机端口关闭，防止未经允许的计算机接入财务部的局域网。该公司内网分配地址网段为 192.168.11.0/24。请按照要求对办公室网络进行设计和搭建，保证内网主机能够互通。

1.4.3 项目分析

1. 办公室网络需要的设备和传输介质

（1）二层交换机。

（2）台式机或者笔记本式计算机。

（3）双绞线。

2. 搭建办公室网络需要的技术

（1）对计算机和终端设备设置 IP 地址、子网掩码和网关。

（2）制作 6 类双绞线。

3. 办公室网络对安全性的需求

（1）能对个人主机设置用户密码，密码为 HWwl521!（记忆点："华为网络我爱你!"，大、小写字母，数字和特殊符号）。

（2）对基本的文件进行加密设置。

（3）能关闭不需要的二层交换机的端口。

1.4.4 项目实施与配置

1. 网络拓扑分析

使用华为接入层交换机 S3700（见图 1-65），其有 22 个百兆口、2 个千兆口。将千兆口 G0/0/1 口作为上行接口，连接 PC 的端口按照 1/2/3 的顺序与主机 IP 地址相对应，便于后期对网络故障进行排除，在所使用的双绞线两端贴上标记，标记交换机端口和主机的对应关系。双绞线使用 6 类双绞线和水晶头，两端采用 T568B 接线标准。双绞线的制作参看 1.1.8 节。

2. 交换机配置

（1）将交换机不用的端口关闭。

对于当前 e0/0/16 到 e0/0/22 和 g0/0/2 端口关闭传输功能（对端口批量执行相同操作）。

图 1-65 网络拓扑

```
[Huawei]port-group 1
[Huawei-port-group-1]group-member g0/0/2 e0/0/16 to e0/0/22
[Huawei-port-group-1]shutdown
```

（2）交换机 LSW1 配置办公室设备网关。

```
[Huawei]inter vlan 1
[Huawei-Vlanif1]ip address 192.168.11.254 24
[Huawei-Vlanif1]quit
```

3. 对主机按照要求设置静态网络地址（以 Windows 11 为例）

（1）打开"开始"菜单，单击"设置"按钮，然后选择"网络和 Internet"命令（见图 1-66）。

图 1-66　选择"网络和 Internet"命令

（2）选择"以太网"选项，再选择"更改适配器选项"选项（见图 1-67）。

图 1-67　更改适配器选项

（3）右击"本地连接"，打开"本地连接"属性，在"网络"选项卡里勾选"Internet 协议版本 4（TCP/IPv4）"，再单击"属性"按钮（见图 1-68）。

（4）按照要求依次输入 IP 地址、子网掩码、默认网关、首选 DNS 服务器、备用 DNS 服务器，最后单击"确定"按钮（见图 1-69）。

图 1-68　选择 TCP/IP 版本　　　　　图 1-69　配置 IP 地址

4. 测试网络中主机的连通性

（1）在搜索框中输入"cmd"（见图 1-70），并按"Enter"键。

图 1-70　输入 cmd 命令

（2）ping 另外一台主机地址，丢包率为 0%，验证了网络连通性。

```
PC>ping 192.168.11.2
 ping 192.168.11.2: 32 data bytes, Press Ctrl C to break
 From 192.168.11.2: bytes=32 seq=1 ttl=128 time=47 ms
 From 192.168.11.2: bytes=32 seq=2 ttl=128 time=46 ms
 From 192.168.11.2: bytes=32 seq=3 ttl=128 time=47 ms
 From 192.168.11.2: bytes=32 seq=4 ttl=128 time=62 ms
 From 192.168.11.2: bytes=32 seq=5 ttl=128 time=47 ms
 --- 192.168.11.2 ping statistics ---
 5 packet(s) transmitted
 5 packet(s) received
 0.00% packetloss
 round-trip min/avg/max = 46/49/62 ms
```

5. 网络故障排除参考

如果网络丢包率为 100%，则需要检查网线是否通畅，或者主机地址设置是否正确、主机是否在同一个网段。如果主机显示当前网段内有 IP 地址冲突，则要排除当前网段内存在相同的主机地址。

6. 对主机添加用户密码（以 Windows 11 为例）

如图 1-71 所示，打开"开始"菜单，单击"设置"按钮，在"账户"界面选择"登录选项"选项，选择右边菜单中的用户登录加密形式，然后按照提示，录入"人脸""指纹"或"口令"等。

图 1-71　为主机设置用户密码

7. 对 word 文件加密（以 WPS 为例）

打开"文件"菜单，找到"文档加密"选项，出现下级菜单，找到"密码加密"，如图 1-72 所示。

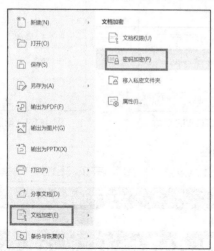

图 1-72　对 word 文件加密

小贴士　计算机网络的使用影响着每个人的日常生活，改变了人们的传统生活方式和思维方式。人们在依赖网络技术的同时，也要警惕网络不安全的一面。如果每个人都能养成维护信息安全的习惯，在当前日益成熟、强大的网络技术保护下，人们可以自由地享受网络带来的便利。

思考与练习

一、单选题

1. 在数据包的传递过程中，下列哪个内容在不同的网段中会发生改变？（　　　）

A. TCP　　　　　　　　B. IP 地址　　　　　　　C. MAC 地址　　　　　　D. DATA

2. 在 TCP/IP 模型中，我们习惯把网络层的数据单元称为（　　　）。

A. 数据帧　　　　　　　B. 比特　　　　　　　　C. 数据包　　　　　　　D. 数据段

3. 搭建千兆校园网使用的传输介质主要是（　　　）。

A. 超 6 类双绞线　　　　B. 超 5 类双绞线　　　　C. 6 类双绞线　　　　　D. 7 类双绞线

二、多选题

1. 搭建千兆校园网，会使用到的传输介质有（　　　）。

A. 无线传输　　　　　　B. 同轴电缆　　　　　　C. 6 类双绞线　　　　　D. 光纤

2. 搭建办公室网络的步骤有（　　　）。

A. 规划网络　　　　　　B. 采购千兆网线　　　　C. 采购路由器　　　　　D. 召开大型讨论会

3. 下面（　　　）密码规则是符合安全设置要求的。

A. 自己姓名+生日　　　　　　　　　　　B. 手机号码+自己网名

C. 最爱的歌名字母缩写+宠物生日　　　　D. 宠物的名字+收养日期

项目2
写字楼网络搭建

02

项目导读

与办公室网络和家庭网络相比，独栋、综合性建筑物中，网络系统变得庞大和复杂，对系统的安全性要求复杂多样。在综合性的写字楼内，因为人员职能和所属单位不同，需要对网络进行区域划分，以便隔离不断变大的广播域，减少垃圾流量的传播。而且核心网络承载的数据流量较大，如何维持网络的稳定性也至关重要。同时，要尽可能地对网络终端进行动态 IP 地址分配，防止产生 IP 地址冲突，减少网络管理员的工作量。这样大的综合网络在日常网络维护中难免出现网络故障，如何根据故障现象进行故障排除，这些都是要在本项目中解决的问题。

学习目标

- 能够根据用户职能进行合理的 VLAN 划分；
- 能对网络终端进行 DHCP 地址自动分配；
- 能对网络进行复杂的多层网络连接和设置；
- 能够对复杂网络进行故障排除。

项目 2 微课

写字楼网络搭建

素养目标

- 能对独立建筑物的网络进行设备选取和网络搭建；
- 能够根据网络现象确定故障位置，并且对故障进行排除。

项目分析

本项目前 6 个任务介绍 VLAN 通信配置、解决交换网络环路问题、链路聚合配置、网络设备管理、DHCP 初级应用、网络设备故障排除，最后一个任务介绍写字楼网络搭建综合实践。学习完本项目，学生能搭建一个多层的小型网络环境，并对网络进行运行、维护和管理。

任务一 VLAN 通信配置

学习重难点

1. 重点

（1）不同 VLAN 间的通信；　　　　　　（2）交换网络中数据的通信原理。

2. 难点

（1）单臂路由实现不同 VLAN 通信；　　　　（2）识别交换机接口类型；

（3）在交换机上设置 VLAN ID；　　　　（4）使用三层交换机实现不同 VLAN 通信。

相关知识

2.1.1 以太网

在计算机网络的发展历程中，网络有多种分类方式，按照网络的地理覆盖范围，网络可以分为局域网和广域网。其中局域网的地理覆盖范围在方圆几千米之内，安装比较便捷，成本较低，扩展也很方便，这些特征使得局域网应用广泛。局域网一般设置在一座建筑物内或覆盖较近的数座建筑物，比如家庭、办公室或工厂。局域网被广泛用于连接个人计算机和消费类电子设备，以方便人们共享资源和交换信息。

2.1.1　微课
以太网

自从 20 世纪 70 年代局域网技术提出以后，出现了各种实现局域网的技术，而随着行业的发展及技术演进，以太网（Ethernet）逐渐占据了局域网技术的主导地位，成为当今世界上最普遍、最广泛应用的计算机局域网技术。现如今，人们在生活中所见到的局域网几乎都是采用以太网技术来实现的。

国际组织 IEEE 的 IEEE 802.3 标准为以太网的技术标准，它规定了包括物理层的连线、电子信号和介质访问层协议的内容。

以太网有两类：经典以太网（见图 2-1）和交换式以太网（见图 2-2）。经典以太网是以太网的原始形式，传输速率为 3 Mbit/s~10 Mbit/s。交换式以太网使用一种称为交换机的设备连接不同的计算机。交换式以太网是广泛应用的以太网，可以实现 100 Mbit/s、1000 Mbit/s 和 10000Mbit/s 的高传输速率，分别以快速以太网、千兆以太网和万兆以太网的形式呈现。

以太网的标准拓扑结构为总线型拓扑，但目前的快速以太网（100BASE-T、1000BASE-T 标准）为了减少冲突，将能提高的网络速度和使用效率最大化，使用交换机来进行网络连接和组织。这样，以太网的拓扑结构就成了星形拓扑；但在逻辑上，以太网仍然使用总线型拓扑和 CSMA/CD（Carrier Sense Multiple Access with Collision Detection，带冲突检测的载波监听多路访问）的总线技术。

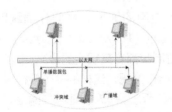

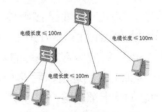

2.1.2　微课
MAC 地址

图 2-1　经典以太网　　　　图 2-2　交换式以太网

2.1.2　MAC 地址

1980 年 2 月，IEEE 召开了一次会议，会议的主题是启动一个庞大的技术标准化项目 IEEE 802。该项目旨在制定一系列关于局域网的标准，其中以太网标准是 IEEE 802.3。IEEE 802 标准规定，凡是符合 IEEE 802 标准的网卡（如以太网网卡、令牌环网卡等）都必须拥有一个 MAC 地址，MAC 地址就像人的身份证号码，是每个网卡标识自己的编码。

　　一个 MAC 地址由 48 位二进制数组成，为方便起见，通常用十六进制数的方式表示，每两位十六进制数（也就是 8 位二进制数）一组，共分为 6 组，中间使用短横线连接，或者将 4 位十六进制数成一组，共分成 3 组，中间使用短横线连接。

　　MAC 地址分为单播 MAC 地址、组播 MAC 地址和广播 MAC 地址。

　　（1）单播 MAC 地址的第一个字节的最低位是 0（见图 2-3）。单播 MAC 地址用于唯一地标识一台设备的某个接口。它又被称为硬件地址，因为它是被烧录在以太网网卡上的。每一个单播 MAC 地址都具有全球唯一性。

单播 MAC 地址	xxxxxxx0	xxxxxxxx	xxxxxxxx	xxxxxxxx	xxxxxxxx	xxxxxxxx
	00000000	00011110	00010000	11011101	11011101	00000010

00-1e-10-dd-dd-02	或	001e-10dd-dd02

图 2-3　单播 MAC 地址格式

　　（2）组播 MAC 地址用于标识一组设备（见图 2-4），这种 MAC 地址的第一个字节的最低位是 1。只有单播 MAC 地址才能分配给以太网接口，组播或广播 MAC 地址不能分配给任何以太网接口。这两种 MAC 地址只能作为目的 MAC 地址，不能作为数据帧的源 MAC 地址。

组播 MAC 地址	xxxxxxx1	xxxxxxxx	xxxxxxxx	xxxxxxxx	xxxxxxxx	xxxxxxxx
	00000001	10000000	11000010	00000000	00000000	00000001

01-80-c2-00-00-01	或	0180-c200-0001

图 2-4　组播 MAC 地址

　　（3）广播 MAC 地址是每个位都为 1 的 MAC 地址（见图 2-5），它是组播 MAC 地址的一个特例。广播 MAC 地址用于标识所有的以太网接口。所以当一个数据帧的目的 MAC 地址是广播 MAC 地址时，该数据帧是广播帧，所有收到该广播帧的网卡都要处理它。

广播 MAC 地址	11111111	11111111	11111111	11111111	11111111	11111111

ff-ff-ff-ff-ff-ff	或	ffff-ffff-ffff

图 2-5　广播 MAC 地址

　　在以太网技术中，MAC 地址是在媒体接入层上使用的地址，也叫作局域网地址（LAN Address）、以太网地址（Ethernet Address）或物理地址（Physical Address），由网络设备制造商生产时写在硬件内部。组成 MAC 地址的 48 位二进制数都有其规定的意义，前 24 位是由生产网卡的厂商向 IEEE 申请的厂商地址，后 24 位由厂商自行分配，这样的分配使得世界上任意一个拥有 48 位 MAC 地址的网卡都有唯一的标识，如图 2-6 所示。MAC 地址与网络无关，无论将带有这个地址的硬件（如网卡、集线器、路由器等）接入网络的何处，该硬件都有相同的 MAC 地址，所以 MAC 地址可以用来确认网络设备的位置。在 OSI 参考模型中，第三层的网络层负责管理 IP 地址，第二层数据链路层则负责管理 MAC 地址。

图 2-6　固化地址格式

2.1.3　交换机的工作原理

交换机的工作过程主要是交换机对从传输介质进入其端口的帧进行转发的过程。每台交换机中都有一个 MAC 地址表，它存放了 MAC 地址与交换机端口编号之间的映射关系。MAC 地址表在交换机的工作内存里。交换机刚上电时，MAC 地址表中没有任何内容，是一个空表。随着交换机不断地转发数据并进行地址学习，MAC 地址表的内容逐步丰富起来。当交换机断电或重启后，MAC 地址表的内容完全丢失。正常情况下，MAC 地址表内的内容默认保存 300s。所以，MAC 地址表是一个动态变化的表，增添新的 MAC 地址和端口编号的对应关系，删除掉老化的 MAC 地址和端口编号的对应关系。

2.1.3　微课
交换机的
工作原理

1. 转发操作类型

交换机对通过传输介质进入其端口的帧有 3 种操作，分别是泛洪（Flooding）、转发（Forwarding）、丢弃（Discarding）。

（1）泛洪：交换机把从某一端口进来的帧通过所有其他的端口转发出去，是一种点到多点的转发行为（见图 2-7）。

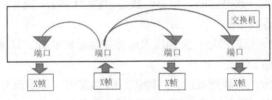

图 2-7　泛洪示例

（2）转发：交换机把从某一端口进来的帧通过另一个端口转发出去，是一种点到点的转发行为（见图 2-8）。

（3）丢弃：交换机把从某一端口进来的帧直接丢弃，其操作是不进行转发（见图 2-9）。

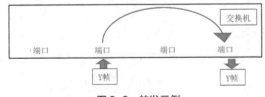
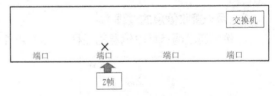

图 2-8　转发示例　　　　　　　　　图 2-9　丢弃示例

2. 交换机转发数据的过程

交换机转发数据的过程如下。

（1）如果从传输介质进入交换机的某个端口的帧是一个单播帧，则交换机会去 MAC 地址表中查找该单播帧的目的 MAC 地址。如果查不到目的 MAC 地址，则交换机将对该帧执行泛洪操作。如果查到了这个目的 MAC 地址，则交换机将比较该 MAC 地址在 MAC 地址表中对应的端口编号是不是该帧从传输介质进入交换机的端口的编号。如果不是，则交换机对该帧执行转发操作。如果是，则交换机将该帧丢弃。

（2）如果从传输介质进入交换机的某个端口的帧是一个广播帧，交换机不会去查 MAC 地址表，而是直接对该帧执行泛洪操作。

交换机具有 MAC 地址学习能力。当一个帧从传输介质进入交换机后，交换机会检查这个帧的源 MAC 地址，并将该帧的源 MAC 地址与这个帧进入交换机的端口的编号进行映射，将映射关系存放进 MAC 地址表。所以交换机的 MAC 地址表的学习原理是基于源 MAC 地址的学习、基于目的 MAC 地址的转发。

2.1.4　网卡的工作原理

2.1.4　微课
网卡的工作原理

网络接口控制器也被称为网络接口卡或网卡，被集成在了网络接口上。从逻辑上讲，网卡包含 7 个功能模块，分别为控制单元（Control Unit，CU）、输出缓存（Output Buffer，OB）、输入缓存（Input Buffer，IB）、线路编码器（Line Coder，LC）、线路解码器（Line Decoder，LD）、发射器（Transmitter,TX）、接收器（Receiver，RX），如图 2-10 所示。

1. 网卡发送数据的过程

计算机通过网卡发送数据的过程（见图 2-10）如下。

（1）计算机上的应用软件产生等待发送的原始数据，数据经过 TCP/IP 模型的应用层、传输层、网络层处理后，得到多个数据包。网络层将这些数据包逐个下发给网卡的 CU。

（2）CU 从网络层接收到数据包后，将每个数据包封装成帧，在以太网中传输的就是以太帧。CU 将封装好的帧逐个传递给 OB。

（3）OB 从 CU 接收到数据帧后，按照接收顺序将帧排成队列，并逐个传递给 LC，先从 CU 那里接收到的帧会先传递给 LC。

（4）LC 接收到 OB 传来的数据帧后，对帧进行线路编码。在逻辑上，帧就是长度有限的一串"0"和"1"。OB 中的"0"和"1"所对应的物理量（电平、电流、电荷等）只能保存在缓存里，不能在介质上传输。LC 将帧里的"0"和"1"对应的物理量转换成适合在线路上传输的物理信号（电流/电压波形等），并将物理信号传递给 TX。

（5）TX 将从 LC 接收到的物理信号进行功率等特征的调整，将调整后的物理信号通过线路发送出去。

2. 网卡接收信息的过程

计算机通过网卡接收信息的过程（见图 2-11）如下。

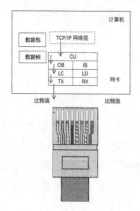

图 2-10　网卡的结构及网卡发送数据的过程

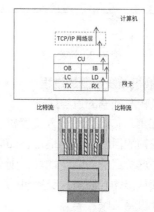

图 2-11　网卡接收数据的过程

（1）RX 从传输介质那里接收到物理信号（电流/电压波形等），对物理信号的功率等特性进行调整，并将调整后的物理信号传递给 LD。

（2）LD 对来自 RX 的物理信号进行线路解码，从物理信号中识别出逻辑上的"0"和"1"，并将这些"0"和"1"重新表达为适合保存在缓存中的物理量（电平、电流、电荷等），并以帧为单位逐个传递给 IB。

（3）IB 从 LD 接收到帧后，按照接收的顺序将帧排成队列，逐个将帧传递给 CU，先从 LD 接收到的帧先被传递给 CU。

（4）对帧进行分析和处理。处理结果有两种，直接丢掉和将帧的帧头、帧尾去掉，得到数据包，并将数据包上传给 TCP/IP 模型的网络层。

（5）从 CU 上传到网络层的数据包经过网络层、传输层、应用层逐层处理，处理后的数据送达应用软件。在整个传输过程中，数据可能在某一层的处理中被提前丢弃，无法送达应用软件。

2.1.5 单交换机的转发

4 台计算机分别通过双绞线与同一台交换机相连，交换机有 4 个端口，端口的编号分别是 Port1、Port2、Port3、Port4。双绞线连接计算机和交换机上的网卡。假设 4 台计算机网卡的 MAC 地址分别是 MAC1~MAC4，此时，交换机的 MAC 地址表为空。计算机之间发送和接收单播帧的过程如下。

2.1.5 微课

单交换机的转发

1. 泛洪转发

假设 PC1 已经知道 PC3 网卡的 MAC 地址，现在 PC1 要向 PC3 发送一个单播帧 X，此时，PC1 是源主机，PC3 是目的主机，如图 2-12 所示。

（1）PC1 的应用软件产生的数据经过 TCP/IP 模型的应用层、传输层、网络层处理后，得到数据包。数据包下发给 PC1 网卡的 CU 以后，CU 将其封装成帧。我们将封装的第一个帧取名为 X，CU 会将 MAC3 作为 X 帧的目的 MAC 地址，然后从自己的 ROM（Read-Only Memory，只读存储器）中读取 MAC1，并将 MAC1 作为 X 帧的源 MAC 地址。至此，X 帧在 PC1 网卡的 CU 中形成。

（2）X 帧接下来的运动轨迹是（见图 2-13）：PC1 网卡的 CU→PC1 网卡的 OB→PC1 网卡的 LC→PC1 网卡的 TX→双绞线→Port1 网卡的 RX→Port1 网卡的 LD→Port1 网卡的 IB→Port1 网卡的 CU。

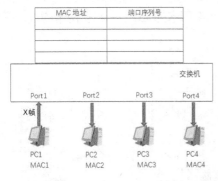

图 2-12　单交换机组网

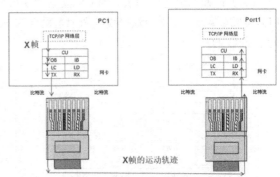

图 2-13　X 帧的运动轨迹

（3）X 帧到达 Port1 网卡的 CU 后，交换机会去 MAC 地址表中查找 X 帧的目的 MAC 地址 MAC3。由于此时 MAC 地址表是空表，所以在 MAC 地址表中查不到 MAC3。根据交换机的转发原理，交换机会对 X 帧执行泛洪操作后进行地址学习：因为 X 帧是从 Port1 进入交换机的，并且 X

帧的源 MAC 地址为 MAC1，所以，交换机会将 MAC1 映射到 Port1，并将这一映射关系作为一个条目写进 MAC 地址表。

（4）X 帧被执行泛洪操作后，Port2、Port3、Port4 网卡的 CU 都会从 Port1 网卡的 CU 获得一个 X 帧的副本。然后，这些副本（i=2,3,4）的运动轨迹如下（见图 2-14）: Port/ 网卡的 CU→ Port/ 网卡的 OB→Port/ 网卡的 LC→Port/ 网卡的 TX →双绞线→PC/ 网卡的 RX→PC/ 网卡的 LD→PC/ 网卡的 IB→PC/ 网卡的 CU。

（5）PC2 网卡的 CU 收到 X 帧后，检查 X 帧的目的 MAC 地址是不是自己的 MAC 地址。发现其目的 MAC 地址不是自己的 MAC 地址后，X 帧在 PC2 网卡的 CU 中直接被丢弃。PC4 接收到 X 帧后，也是直接将 X 帧丢弃。

（6）PC3 网卡的 CU 收到 X 帧后，检查 X 帧的目的 MAC 地址，发现与自己的 MAC 地址相同。PC3 网

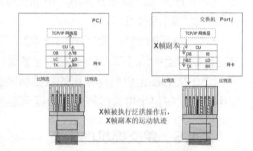

图 2-14 X 帧副本的运动轨迹

卡的 CU 就将 X 帧中的数据包提取出来。根据 X 帧类型字段的值将数据包上送至 TCP/IP 模型网络层的相应处理模块，最后，数据经过网络层、传输层、应用层的处理后，到达相应的应用软件。

此时，X 帧已经成功地从源主机 PC1 送达目的主机 PC3，虽然非目的主机 PC2 和 PC4 也收到了 X 帧，但都将其丢弃。X 帧在 PC2 和 PC4 的双绞线上产生的流量没有实际的用处，属于垃圾流量。垃圾流量产生的原因是交换机对 X 帧执行了泛洪操作。

2. 点到点转发

在图 2-15 所示的网络状态下，假设 PC4 已经知道了 PC1 网卡的 MAC 地址，现在要向 PC1 发送一个单播帧 Y。PC4 是源主机，PC1 是目的主机。下面描述单播帧 Y 运动到 PC1 的全过程。

（1）PC4 的应用软件产生的数据经过 TCP/IP 模型的应用层、传输层、网络层处理后，得到数据包。数据包下发给 PC4 网卡的 CU 后，CU 将之封装成帧，我们将封装成的第一个帧命名为 Y。PC4 网卡的 CU 会将 MAC1 作为 Y 帧的目的 MAC 地址，将 MAC4 作为 Y 帧的源地址。此时，Y 帧在 PC4 网卡的 CU 中形成。

（2）Y 帧后续的运动轨迹为（见图 2-16）: PC4 网卡的 CU→PC4 网卡的 OB→PC4 网卡的 LC→PC4 网卡的 TX→双绞线→Port4 网卡的 RX→Port4 网卡的 LD→Port4 网卡的 IB→Port4 网卡的 CU。

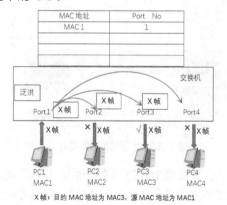

X 帧: 目的 MAC 地址为 MAC3，源 MAC 地址为 MAC1

图 2-15 PC1 向 PC3 发送一个单播帧

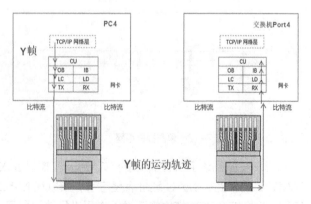

图 2-16 Y 帧的运动轨迹 1

（3）Y 帧到达 Port4 网卡的 CU 后，交换机从 MAC 地址表中查找 Y 帧的目的 MAC 地址 MAC1。查找的结果是 MAC1 对应 Port1，而 Port1 不是 Y 帧的入端口。根据交换机的转发原理，交换机对 Y 帧执行点到点转发操作。将 Y 帧送至 Port1 网卡的 CU。然后，交换机进行地址学习：因为 Y 帧从 Port4 进入交换机，并且 Y 帧的源 MAC 地址为 MAC4，所以交换机将 MAC4 映射到 Port4，并将映射关系新条目写进 MAC 地址表。

（4）Y 帧到达 Port1 网卡的 CU 后，其运动轨迹是（见图 2-17）：Port1 网卡的 CU→Port1 网卡的 OB→Port1 网卡的 TX→Port1 网卡的 LC→Port1 网卡的 TX→双绞线→PC1 网卡的 RX→PC1 网卡的 LD→PC1 网卡的 IB→PC1 网卡的 CU。

（5）PC1 的网卡收到 Y 帧后，检查其目的 MAC 地址，发现其目的 MAC 地址和自己的 MAC 地址一致。PC1 网卡将 Y 帧的数据包提取出来，根据其类型字段的值将数据包上送至 TCP/IP 模型的网络层相应处理模块。数据经过网络层、传输层、应用层处理，到达相应的应用软件。至此，Y 帧成功从源主机 PC4 送达目的主机 PC1，没有产生垃圾流量，交换机对 Y 帧执行的是点到点转发操作。此时的网络状态如图 2-18 所示。

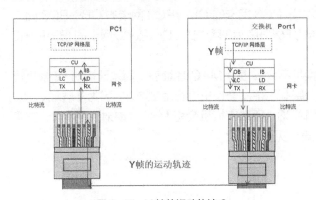

图 2-17　Y 帧的运动轨迹 2

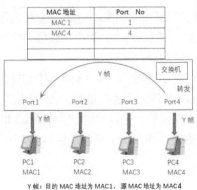

图 2-18　PC 4 向 PC 1 发送一个单播帧

3. 丢弃操作

在图 2-18 所示的网络状态下，假设 PC1 将发送一个单播帧 Z。因某种原因，PC1 网卡的 CU 中形成的 Z 帧的目的 MAC 地址是 MAC1，源 MAC 地址是 MAC5，则 Z 帧的运动轨迹如下（见图 2-19）：PC1 网卡的 CU→PC1 网卡的 OB→PC1 网卡的 LC→PC1 网卡的 TX→双绞线→Port1 网卡的 RX→Port1 网卡的 LD→Port1 网卡的 IB→Port1 网卡的 CU。

Z 帧到达 Port1 网卡的 CU 后，交换机去 MAC 地址表中查找 Z 帧的目的 MAC 地址 MAC1。查询的结果是 MAC1 对应 Port1，而 Port1 正是 Z 帧的入端口，根据交换机转发原理，交换机对 Z 帧执行丢弃操作。随后交换机进行地址学习：因为 Z 帧从 Port1 进入交换机，并且 Z 帧的源 MAC 地址为 MAC5，所以交换机会将 MAC5 映射到 Port1，并将该映射关系作为新的条目写进 MAC 地址表（见图 2-20）。

图 2-15、图 2-18、图 2-20 分别说明了交换机对计算机发送的单播帧执行泛洪操作、转发操作、丢弃操作的过程。

4. 广播转发

假定当前的网络状态如图 2-20 所示，PC3 将要发送一个广播帧 W，以下是 W 帧的运动轨迹。

（1）PC3 希望把应用软件所产生的数据同时发送给所有其他的计算机，这些数据经过 TCP/IP 模型的应用层、传输层、网络层处理后，得到数据包。数据包下发给 PC3 网卡的 CU 后，

CU 将其封装成广播帧，假设封装的第一个帧叫 W 帧，CU 会将广播 MAC 地址作为 W 帧的目的 MAC 地址，并将自己的固化地址 MAC3 作为 W 帧的源 MAC 地址。W 帧在 PC3 的 CU 中形成。

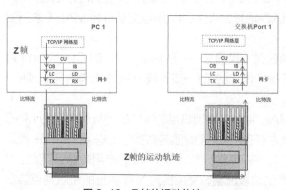

图 2-19　Z 帧的运动轨迹

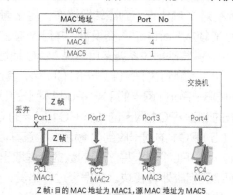

图 2-20　交换机将 Z 帧丢弃

（2）W 帧接下来的运动轨迹为（见图 2-21）：PC3 网卡的 CU→PC3 网卡的 OB→PC3 网卡的 LC→PC3 网卡的 TX→双绞线→Port3 网卡的 RX→Port3 网卡的 LD→Port3 网卡的 IB→Port3 网卡的 CU。

（3）W 帧到达 Port3 网卡的 CU 后，交换机不会去查看 MAC 地址表，而是直接对 W 帧执行泛洪操作，因为交换机能判断出 W 帧是一个广播帧。然后，交换机进行地址学习：因为 W 帧从 Port3 进入交换机，并且 W 帧的源 MAC 地址为 MAC3，所以交换机会将 MAC3 映射到 Port3，并将该映射关系作为一个新的条目写进 MAC 地址表（见图 2-22）。

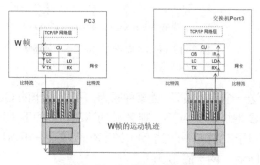

图 2-21　W 帧的运动轨迹

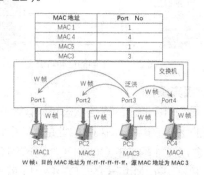

图 2-22　交换机进行地址学习

（4）W 帧被泛洪后，Port1、Port2、Port4 网卡的 CU 都会接收到 W 帧的副本，接下来，这些副本的运动轨迹是：交换机端口网卡的 CU→交换机端口网卡的 OB→交换机端口网卡的 LC→交换机端口网卡的 TX→双绞线→PC 网卡的 RX→PC 网卡的 LD→PC 网卡的 IB→PC 网卡的 CU（见图 2-23）。

（5）各个 PC 的 CU 收到 W 帧后，判断 W 帧是一个广播帧，会将帧中的数据包提取出来，然后数据包经过网络层、传输层、应用层的处理后，到达相应的应用软件。

至此，PC1、PC2、PC4 的应用软件都收到了同

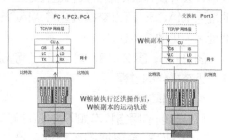

图 2-23　W 帧副本的运动轨迹

样的、来自 PC3 应用软件的数据。以上就是交换机对单播帧和广播帧进行转发的详细过程。

　　计算机的网卡收到单播帧时，会将单播帧的目的 MAC 地址与自己的 MAC 地址比较。若两者相同，网卡会根据单播帧的类型字段的值将单播帧的数据载荷上送至网络层的处理模块。若两者不相同，网卡会将单播帧丢弃。

　　当计算机的网卡收到广播帧时，会直接根据广播帧的类型字段的值将数据载荷上送至网络层的相应处理模块。

　　当交换机的网卡收到单播帧时，交换机会直接查看 MAC 地址表，根据查表结果对该单播帧执行相应操作。

　　当交换机的网卡收到广播帧时，交换机会直接对该广播帧执行泛洪操作。

2.1.6　多交换机的转发

　　3 台交换机通过双绞线与 4 台计算机相连，形成了一个相对复杂的网络（见图 2-24）。假设交换机的 MAC 地址表此刻都为空。下面通过一些实例来介绍帧在整个网络中的转发过程。

2.1.6　微课

多交换机的转发

1. 丢弃

　　PC1 已经知道 PC3 网卡的 MAC 地址，现在 PC1 向 PC3 发送一个单播帧 X，X 帧的运动轨迹如下（见图 2-25）。

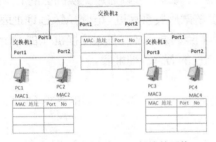

图 2-24　交换机与 PC 相连的网络

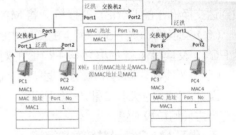

图 2-25　PC1 向 PC3 发送一个单播帧 X

　　（1）PC1 网卡的 CU 完成对 X 帧的封装，X 帧的目的 MAC 地址为 MAC3，源 MAC 地址为 MAC1。X 帧的运动轨迹是：PC1 网卡的 CU→交换机 1 的 Port1 网卡的 CU。

　　（2）交换机 1 对 Port1 网卡的 CU 中的 X 帧执行泛洪操作，一路通过交换机 1 的 Port3 到达交换机 2 的 Port1，另一路通过交换机 1 的 Port2 到达 PC2。交换机 1 将 MAC1 与 Port1 的对应关系写进自己的 MAC 地址表。

　　（3）交换机 2 对 Port1 网卡的 CU 中的 X 帧执行泛洪操作，X 帧通过交换机 2 的 Port2 到达交换机 3 的 Port 1。交换机 2 将 MAC1 与 Port1 的对应关系写进自己 MAC 地址表。

　　（4）交换机 3 对 Port1 网卡的 CU 中的 X 帧执行泛洪操作，一路通过交换机 3 的 Port3 到达 PC3，另一路通过交换机 3 的 Port2 到达 PC4。交换机 3 将 MAC1 与 Port1 的对应关系写进自己的 MAC 地址表。

　　（5）PC2 和 PC4 的网卡将收到的 X 帧丢弃，PC3 将 X 帧的数据载荷上送至网络层。

　　（6）至此，X 帧成功地从源主机 PC1 送达目的主机 PC3，非目的主机 PC2 和 PC4 也收到了 X 帧，但将其丢弃。

2. 转发

　　假设 PC4 已经知道 PC1 网卡的 MAC 地址为 MAC1，现在 PC4 要向 PC1 发送一个单播帧

Y，Y 帧的运动轨迹如下（见图 2-26）。

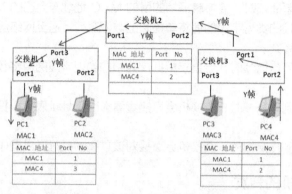

图 2-26　PC4 要向 PC1 发送一个单播帧

（1）PC4 的 CU 完成对 Y 帧的封装，Y 帧的目的 MAC 地址为 MAC1，源 MAC 地址为 MAC4。

（2）Y 帧后续的运动轨迹为：PC4 网卡的 CU→交换机 3 的 Port 2 网卡的 CU。

（3）交换机 3 对 Port2 网卡的 CU 中的 Y 帧执行点到点转发，Y 帧通过交换机 3 的 Port 1 端口到达交换机 2 的 Port 2，交换机 3 将 MAC4 与 Port2 的对应关系写进自己的 MAC 地址表。

（4）交换机 2 对 Port2 网卡的 CU 中的 Y 帧执行点到点转发，Y 帧通过交换机 2 的 Port 1 端口到达交换机 1 的 Port3。交换机 2 将 MAC4 与 Port 2 的对应关系写进自己的 MAC 地址表。

（5）交换机 1 对 Port3 网卡的 CU 中的 Y 帧执行点到点转发，Y 帧通过交换机 1 的 Port1 到达 PC1。交换机 1 将 MAC4 与 Port3 的对应关系写进自己的 MAC 地址表。

（6）PC1 将收到的 Y 帧的数据载荷上送给网络层。

至此，网络的状态如图 2-26 所示，Y 帧已经成功地从源主机 PC4 送达目的主机 PC1，并且没有产生任何垃圾流量。

3. 学习 MAC 地址并转发数据帧

PC2 已经知道 PC1 网卡的 MAC 地址为 MAC1，PC2 需要向 PC1 发送一个单播帧 Z。此时交换机 1 的 MAC 地址表中没有关于 MAC1 的条目，但交换机 2 的 MAC 地址表中存在关于 MAC1 的条目。

Z 帧从 PC2 运动到 PC1 的全过程如下（见图 2-27）。

（1）PC2 网卡的 CU 完成对 Z 帧的封装，Z 帧的目的 MAC 地址为 MAC1，源 MAC 地址为 MAC2。

（2）Z 帧后续的运动轨迹是：PC2 网卡的 CU→交换机 1 的 Port2 网卡的 CU。

（3）交换机 1 对 Port2 网卡的 CU 中的 Z 帧执行泛洪操作（因为此时 MAC 地址表中查不到 MAC1）。Z 帧一路通过交换机 1 的 Port1 到达 PC1，另一路通过交换机 1 的 Port3 到达交换机 2 的 Port1。交换机 1 将 MAC2 与 Port2 的对应关系写进自己的 MAC 地址表。

（4）交换机 2 将 Port1 网卡的 CU 中的 Z 帧丢弃（因为在 MAC 地址表中，MAC1 对应的是 Port1，而 Z 帧正是从 Port1 进来的）。随后，交换机 2 将 MAC2 与 Port1 的对应关系写进自己的 MAC 地址表。

（5）PC1 将收到的 Z 帧的数据载荷上送给网络层。

（6）Z 帧成功地从源主机 PC2 运动到目的主机 PC1。

4．发送广播帧

假定目前网络的状态如图 2-28 所示，PC3 将要发送一个广播帧 W，W 帧的运动轨迹如下。

（1）PC3 网卡的 CU 完成对 W 帧的封装，W 帧的目的 MAC 地址是广播地址 ff-ff-ff-ff-ff-ff，源 MAC 地址是 MAC3。

（2）W 帧接下来的运动轨迹为：PC3 网卡的 CU→交换机 3 的 Port3 网卡的 CU。

（3）交换机 3 对 Port3 网卡的 CU 中的 W 帧执行泛洪操作，W 帧一路通过交换机 3 的 Port1 到达交换机 2 的 Port2，另一路通过交换机 3 的 Port2 到达 PC4。然后，交换机 3 将 MAC 3 与 Port3 的对应关系写进自己的 MAC 地址表。

（4）交换机 2 对 Port2 网卡的 CU 中的 W 帧执行泛洪操作，W 帧通过交换机 2 的 Port1 到达交换机 1 的 Port3。然后，交换机 2 将 MAC3 与 Port2 的对应关系写进自己的 MAC 地址表。

（5）交换机 1 对 Port3 网卡的 CU 中的 W 帧执行泛洪操作，W 帧通过交换机 1 的 Port1 和 Port 2 分别到达 PC1 和 PC2。然后，交换机 1 将 MAC3 与 Port3 的对应关系写进自己的 MAC 地址表。

（6）PC1、PC2、PC4 网卡在收到 W 帧后，将 W 帧的数据载荷上送到网络层。

至此，PC1、PC2、PC4 都收到了来自 PC3 的广播帧 W。网络状态如图 2-28 所示。

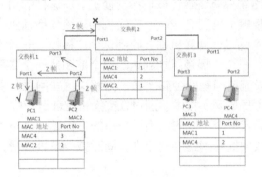

图 2-27　PC2 向 PC1 发送一个单播帧 Z

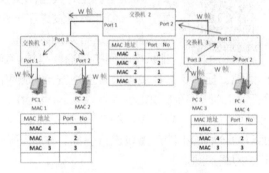

图 2-28　PC3 发送一个广播帧

2.1.7　MAC 地址表

交换机的 MAC 地址表也称为 MAC 地址映射表，其中一个条目是一个地址表项，地址表项反映了 MAC 地址与端口的映射关系。

在现实中，交换机或计算机在网络中的位置可能会发生变化，当交换机或计算机的地址发生变化后，交换机的 MAC 地址表中某些原来的地址表项很可能会错误地反映当前 MAC 地址与端口的映射关系。

2.1.7　微课

MAC 地址表

另外，MAC 地址表中的地址表项如果太多，交换机查询 MAC 地址表需要的时间就会比较长。因为交换机为了决定对单播帧执行何种转发操作，需要在 MAC 地址表中查找该单播帧的目的 MAC 地址，所以交换机的转发速度会受到影响。基于以上两个原因，人们对 MAC 地址设计了一种老化机制。

我们以 X 表示任何一个源 MAC 地址为 MACX 的帧，并假设交换机的 N 个端口为 Port1、Port2、Port3、Port4、……、PortN。则 MAC 地址表的老化机制可以描述为以下两条原则。

（1）当 X 从 PortK 进入交换机时，如果 MAC 地址表中不存在关于 MACX 的表项，则建立一条新的内容为 MAC*X*—Port*K* 的表项，同时将该表项的倒数计时器的值设置为默认初始值 300s。如果 MAC 地址表中存在一条关于 MAC*X* 的表项，则将该表项的内容更新为 MAC*X*—Port*K*，并将该表项的倒数计时器的值重置为默认初始值 300s。

（2）对于 MAC 地址表中的任何一个表项，一旦其倒数计时器的值降为零，该表项立即被删除，也就是该表项已经老化。

从上可知，MAC 地址表的每一个地址表项都有一个与之对应的倒数计时器，MAC 地址表的内容是动态的，新的表项不断被建立，老化的表项不断被更新或者删除。显然，倒数计时器的初始值越小，MAC 地址表的动态性就越强。标准规定的倒数计时器的默认初始值为 300s。但该初始值是可以通过配置命令进行修改的。在现实中，一台低档交换机的 MAC 地址表通常可以存放数千条地址表项，中档交换机的 MAC 地址表可以存放数万条地址表项，高档交换机的 MAC 地址表通常可以存放几十万条地址表项。

2.1.8　VLAN 的作用

2.1.8　微课

VLAN 的作用

如同将多根火柴连成一排，有一根燃烧了，就能把挨着的其他火柴也点燃。阻止火焰继续点燃其他火柴的方法之一是将已经着火的火柴隔离。同样，在计算机网络世界里，典型的交换网络中只有终端计算机和交换机。在这样的网络里，某一台计算机发送了一个广播帧（见图 2-29），交换机会对该广播帧执行泛洪操作。这导致的结果是，所有的其他计算机都会收到这个广播帧。非目的主机接收到的广播帧是垃圾流量。一个广播帧所能到达的整个范围是一个二层广播域。显然，广播域越大，上述安全问题和垃圾流量问题就会越严重。为解决这些问题，引入了 VLAN（Virtual Local Area Network，虚拟局域网）技术。通过在交换机上部署 VLAN 机制可以将一个规模较大的广播域在逻辑上划分成若干个不同的、规模较小的广播域，在技术上对划分后的小的广播域进行隔离，由此可以有效地提升网络的安全性，同时减少垃圾流量，节约网络资源。

在 VLAN 技术中，通常把划分前的规模较大的广播域称为 LAN。而把划分后规模较小的广播域称为一个 Virtual LAN 或者 VLAN。例如，当我们说把一个规模较大的广播域划分成了 4 个规模较小的广播域，就可以说把一个 LAN 划分成了 4 个 VLAN。

在一个广播域内，任意两台终端计算机之间都可以进行二层通信，即数据链路层的通信，所谓二层通信，是指通信的双方以直接交换帧的方式来传递信息。也就是说，目的主机所接收到的帧与源主机发出的帧是一模一样的，帧的目的 MAC 地址、源 MAC 地址、类型字段的值、数据载荷、CRC（Cyclic Redundancy Check，循环冗余校验）等内容都没有发生任何变化。二层通信方式中，源主机发送的帧可能会通过交换机进行二层转发，但一定不会通过路由器进行三层转发。

源主机在向目的主机传递信息时，如果源主机发出的帧经过了路由器的转发（见图 2-30），那么目的主机接收到的帧一定不再是源主机发出的帧，至少目的主机接收到的帧的目的 MAC 地址和源 MAC 地址一定不同于源主机发出的帧的目的 MAC 地址和源 MAC 地址。在这样的情况下，源主机与目的主机之间的通信，只能称为三层通信。一个 VLAN 就是一个广播域，在同一个 VLAN 内部，主机之间的通信也是二层通信，如果源主机与目的主机位于不同的 VLAN 中，那么它们之间只能进行三层通信来传递信息。

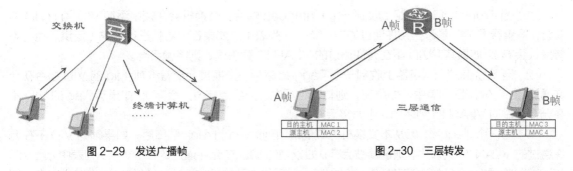

图 2-29　发送广播帧　　　　　图 2-30　三层转发

2.1.9　VLAN 端口的类型

2.1.9　微课

VLAN 端口的类型

IEEE 802.1Q 定义了关于支持 VLAN 特性的交换机的标准规范。如没有特别的说明，我们所提到的交换机都是指能够支持 VLAN 特性的、遵从 IEEE 802.1Q 标准的交换机。

交换机在识别一个帧属于哪一个 VLAN 的时候，可以根据这个帧是从哪个端口进入交换机的来进行判定，也可能需要根据别的信息来进行判定，通常交换机识别出某个帧属于哪个 VLAN 后，会在这个帧的特定位置上添加一个标记（Tag）。这个 Tag 明确表示该帧属于哪个 VLAN，这样一来，其他的交换机收到该帧后，能直接识别该帧属于哪个 VLAN。满足 IEEE 802.1Q 标准定义格式的帧称为 IEEE 802.1Q 帧。

一个 VLAN 帧可能带有 Tag（称为 Tagged 帧），也可能不带 Tag（称为 Untagged 帧）。如果一个帧被交换机划分到 VLAN i，我们简称该帧是 VLAN i 帧。i 是帧 Tag 中 VID 字段的取值。交换机能够根据 VID 的值判定出帧属于哪个 VLAN。对于没有 Tag 的 VLAN 帧，交换机需要根据某种原则，比如这个帧是从哪个端口进入交换机的来断定和划分它属于哪个 VLAN。

在一个支持 VLAN 特性的交换网络中，交换机和终端计算机直接相连的链路称为 Access 链路（Access Link），Access 链路上交换机一侧的端口是 Access 端口（Access Port）。交换机之间直接相连的链路是 Trunk 链路（Trunk Link），Trunk 链路两侧的端口称为 Trunk 端口（Trunk Port）。在一条 Access 链路上运动的帧只能是 Untagged 帧，这样的帧只能属于某个特定的 VLAN。在一条 Trunk 链路上运动的帧除 PVID（Port VLAN ID，Trunk 链路上的称为本征 VLAN）之外，其他 VLAN 必定带着 Tagged 帧，并且这些帧可以属于不同的 VLAN。一个 Access 端口只能属于某个特定的 VLAN，并且只能让属于这个特定的 VLAN 的帧通过。一个 Trunk 端口可以同时属于多个 VLAN，且可以让属于不同 VLAN 的帧通过。

每一个交换机的端口（Access 端口或 Trunk 端口）都应该配置一个 PVID（Port VLAN ID，基于端口的 VLAN ID），到达该端口的 Untagged 帧将被交换机划分到 PVID 所指定的 VLAN。如果交换机的某一个端口的 PVID 是 5，则所有达到这个端口的 Untagged 帧都被认定为属于 VLAN 5 的帧。默认情况下，PVID 为 1。

1. Access 端口

当交换机的 Access 端口从链路上收到一个 Untagged 帧时，交换机会在帧中添加 VID 是 PVID 的 Tag，并对该帧执行转发操作。当 Access 端口从链路上收到一个 Tagged 帧后，交换机检查该帧的 VID 是否与 PVID 相同，若相同，对帧执行转发操作，否则将帧丢弃。

2. Trunk 端口

对于每一个 Trunk 端口，除了要配置 PVID 外，还必须配置允许通过的 VLAN ID 列表。

（1）当 Trunk 端口从链路上收到一个 Untagged 帧后，交换机会在帧中添加 VID 为 PVID 的 Tag，再查看 PVID 是否在允许通过的 VLAN ID 列表中。如果在，对帧进行转发（泛洪、点到点转发、丢弃）；如果其 PVID 不在允许通过的 VLAN ID 列表里，则将帧丢弃。

（2）当 Trunk 端口从链路上收到一个 Tagged 帧后，交换机会查看该帧 Tag 的 VID 是否在允许通过的 VLAN ID 列表中。如果在，则转发（泛洪、点到点转发、丢弃）；如果其 Tag 的 VID 不在允许通过的 VLAN ID 列表中，则直接丢弃该帧。

（3）当一个 Tagged 帧从本交换机的其他端口到达一个 Trunk 端口后，如果帧的 VID 不在允许通过的 VLAN ID 列表中，则该帧被丢弃。如果帧的 VID 在允许通过的 VLAN ID 列表中，且 VID 与 PVID 相同，交换机会将该帧的 Tag 剥离，然后将得到的 Untagged 帧从链路上发送出去。如果帧的 VID 在允许通过的 VLAN ID 列表中，但 VID 与 PVID 不相同，交换机将不剥离该帧的 Tag，直接将其从链路上发送出去。

3. Hybrid 端口

在实际的 VLAN 技术实现中，还常常配置另一种类型的端口：Hybrid 端口。交换机与终端计算机连接端口和交换机与交换机相连的端口都能配置为 Hybrid 端口。

Hybrid 端口需要配置 PVID，还需要配置一个 Untagged VLAN ID 列表和一个 Tagged VLAN ID 列表。两个 VLAN ID 列表中所有的 VLAN 的帧都允许通过这个 Hybrid 端口。

（1）当 Hybrid 端口从链路上收到一个 Untagged 帧后，交换机就在该 Untagged 帧中添加 VID 是 PVID 的 Tag，得到一个 Tagged 帧。然后查看添加的 PVID 是否在两个 VLAN ID（Untagged VLAN ID 和 Tagged VLAN ID）列表中。如果在，则对得到的 Tagged 帧进行转发；如果不在，则丢弃帧。如果 Hybrid 端口收到一个 Tagged 帧，交换机就查看帧的 VID 在不在两个 VLAN ID 列表中。如果在，就转发帧；如果不在，就丢弃帧。

（2）当一个 Tagged 帧从本交换机的其他端口到达一个 Hybrid 端口时，如果帧的 Tag 中的 VID 不在两个 VLAN ID 列表中，则该 Tagged 帧直接被丢弃。如果帧的 Tag 中的 VID 在 Untagged VLAN ID 列表中，交换机会剥离该 Tagged 帧的 Tag，把得到的 Untagged 帧从链路上发送出去。如果帧的 Tag 中的 VID 在 Tagged VLAN ID 列表中，交换机就直接把该 Tagged 帧从链路上发送出去。

2.1.10 VLAN 的转发

2.1.10 微课

VLAN 的转发

1. 发送广播帧

如图 2-31 所示，假定交换机 1 的 Port1 和 Port2 以及交换机 2 的 Port1 的 PVID 是 VLAN 2，交换机 1 和交换机 2 的 Port4 是中继端口。假定交换机 1 的 Port3 以及交换机 2 的 Port2 和 Port3 的 PVID 是 VLAN 3。假定所有的 Trunk 端口的 PVID 是 VLAN 1，假定所有 Trunk 端口都允许 VLAN 2 和 VLAN 3 的帧通过。假设 PC1 发送一个 Untagged 广播帧 X，那么 X 帧从交换机 1 的 Port1 进入交换机 1 后，交换机 1 会给 X 帧打上 VID 为 VLAN 2 的 Tag，然后向 Port2 和 Port4 进行泛洪；交换机 1 的 Port2 收到来自 Port1 的 Tagged X 帧后，会剥去 Tag，然后将 Untagged X 帧发送给 PC2；交换机 1 的 Port4 收到来自 Port1 的 Tagged X 帧后，会直接将其发送给交换机 3 的 Port1。交换机 3 会把从 Port1 进入的 Tagged X 帧直接向 Port2 泛洪，交换机 3 的 Port2 会直接将来自 Port1 的 Tagged X 帧发送给交换机 2 的 Port4 。交换机 2 会将从 Port4 进入的 Tagged X 帧直接向 Port1 泛洪；交换机 2 的 Port1 收到来自 Port4 的 Tagged X 帧后，会剥去 Tag，然后将 Untagged X 帧发送给 PC4。最后 PC2 和 PC4 都会接收到不带 Tag 的 X 帧。

2. 发送相同 VLAN 的单播帧

如图 2-31 所示,假定交换机 1 的 Port1 和 Port2 以及交换机 2 的 Port1 的 PVID 是 VLAN 2,假定交换机 1 的 Port3 以及交换机 2 的 Port2 和 Port3 的 PVID 是 VLAN 3,假定所有的 Trunk 端口的 PVID 是 VLAN 1,假定所有 Trunk 端口都允许 VLAN 2 和 VLAN 3 的帧通过,假定所有交换机的 VLAN 2 的 MAC 地址表中都存在关于 PC4 的 MAC 地址的表项。假设 PC1 向 PC4 发送一个 Untagged 单播帧 Y,那么 Y 帧从交换机 1 的 Port1 进入交换机 1 后,交换机 1 给 Y 帧打上 VID 是 VLAN 2 的 Tag。交换机 1 在查询了自己的 VLAN 2 的 MAC 地址表后,会将 Tagged Y 帧点到点地向 Port4 进行转发。交换机 3 从其 Port1 收到 Tagged Y 帧后,查询自己的 VLAN 2 的 MAC 地址表,然后将 Tagged Y 帧点到点地向 Port2 进行转发;交换机 3 的 Port2 会直接将来自 Port1 的 Tagged Y 帧发送给交换机 2 的 Port4。交换机 2 从其 Port4 收到 Tagged Y 帧后,查询自己的 VLAN 2 的 MAC 地址表,然后将 Tagged Y 帧点到点地向 Port1 进行转发;交换机 2 的 Port1 收到来自 Port4 的 Tagged Y 帧后,会剥去 Tag,然后将 Untagged Y 帧发送给 PC4。PC4 接收到不带 Tag 的 Y 帧。

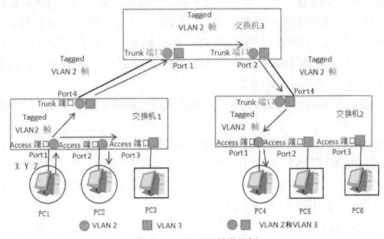

图 2-31 VLAN 转发示例

3. 发送不同 VLAN 的单播帧

如图 2-31 所示,假定交换机 1 和交换机 2 的三个端口的 PVID、所有交换机的 Trunk 端口的设置如上文所述。所有交换机的 VLAN 2 的 MAC 地址表中在正常情况下不存在关于 PC6 的 MAC 地址的表项。假设 PC1 向 PC6 发送一个 Untagged 单播帧 Z。

Z 帧从交换机 1 的 Port1 进入交换机 1 后,交换机 1 给 Z 帧打上 VID 为 VLAN 2 的 Tag。交换机 1 在自己的 VLAN 2 的 MAC 地址表中查不到关于 PC6 的 MAC 地址的表项,所以交换机 1 会向 Port2 和 Port4 泛洪 Tagged Z 帧。交换机 1 的 Port2 收到来自 Port1 的 Tagged Z 帧后,会剥去 Tag,然后将 Untagged Z 帧发送给 PC2。交换机 1 的 Port4 收到来自 Port1 的 Tagged Z 帧后,会直接将其发送给交换机 3 的 Port1。交换机 3 从其 Port1 收到 Tagged Z 帧后,在自己的 VLAN 2 的 MAC 地址表中查不到关于 PC6 的 MAC 地址的表项,所以交换机 3 会向 Port2 泛洪 Tagged Z 帧。交换机 3 的 Port2 会直接将来自 Port1 的 Tagged Z 帧发送给交换机 2 的 Port4。交换机 2 从其 Port4 收到 Tagged Z 帧后,在自己的 VLAN 2 的 MAC 地址表中查不到关于 PC6 的 MAC 地址的表项,所以交换机 2 会向 Port1 泛洪 Tagged Z 帧。交换机 2 的 Port1 收到来自 Port4 的 Tagged Z 帧后,会剥去 Tag,然后将 Untagged Z 帧发送给 PC4。最后,PC2 和 PC4

都会收到不带 Tag 的 Z 帧，但都会将之丢弃。PC6 并不能接收到 PC1 发送给自己的 Z 帧，交换机阻断了 PC1 和 PC6 之间的二层通信。

2.1.11 单臂路由实现 VLAN 通信

2.1.11 微课

单臂路由实现
VLAN 三层
通信

以太网中，通常会使用 VLAN 技术隔离二层广播域来减少广播的影响，增强网络的安全性和可管理性。其缺点是同时也严格地隔离了不同 VLAN 之间的任何二层流量，分属于不同 VLAN 的用户不能直接互相通信。在现实中，经常会出现某些用户需要跨越 VLAN 实现通信的情况。单臂路由技术就是实现 VLAN 间通信的一种方法。

单臂路由的原理是通过一台路由器，使 VLAN 间互通数据，通过路由器进行三层通信。如果在路由器上为每个 VLAN 分配一个单独的路由器物理接口，随着 VLAN 数量的增加，必然需要更多的接口。路由器能够提供的接口数量比较有限。

所以在路由器的一个物理接口上，通过配置子接口也就是逻辑接口的方式来实现以一当多的功能是一种非常好的方法。路由器同一物理接口的不同子接口作为不同 VLAN 的默认网关，这些子接口的 MAC 地址均为"衍生"出它们的物理接口的 MAC 地址，但各子接口的 IP 地址各不相同。当不同 VLAN 间的用户主机需要通信时，只需要将数据包发送给网关，网关处理后再发送至目的主机所在的 VLAN，就能实现 VLAN 间的通信。

因为在拓扑上看，交换机和路由器之间的数据仅通过一条物理链路传输，所以被形象地称为单臂路由。

路由器 R 的物理接口 G1/0/0 被划分成了两个子接口 G1/0/0.1 和 G1/0/0.2，分别对应 VLAN 10 和 VLAN 20。其对应的 IP 地址 192.168.100.1/24 和 192.168.200.1/24 分别是 VLAN 10 和 VLAN 20 的默认网关地址。两个子接口的 MAC 地址都是物理接口 G1/0/0 的 MAC 地址。

如图 2-32 所示，交换机的 Access 端口有 S2 的 D1 和 D2，S3 的 D1 和 D2。交换机的 Trunk 端口有 S2 的 D3，S3 的 D3，S1 的 D3、D2 和 D1。属于 VLAN 10 的帧和属于 VLAN 20 的帧都需要被允许通过 S1 的 D1 端口。S1 与路由器 R 间的链路是 Trunk 链路，在该链路上运动的帧必须带有 VLAN Tag。所以，子接口 G1/0/0.1 和 G1/0/0.2 向外发送的帧也必须带有 VLAN Tag。

下面，我们通过分析一个通信过程来说明单臂路由是怎样实现不同 VLAN 间的三层通信的（见图 2-33）。

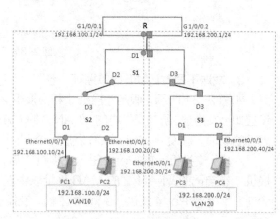

图 2-32　单臂路由拓扑

（1）我们想要实现 PC1 和 PC4 的通信。首先，在 PC1 的网络层形成 IP 报文 P，P 的目的 IP 地址为 192.168.200.40，源 IP 地址为 192.168.100.10。根据 P 的目的 IP 地址，PC1 对 IP 路由表进行查询，发现 P 的目的 IP 地址 192.168.200.40 只能匹配 IP 路由表中的默认路由。默认路由的出接口是 PC1 的 E0/0/1，下一跳 IP 地址是路由器 R 的子接口 G1/0/0.1 的 IP 地址。

（2）根据默认路由的指示，P 被下发至 PC1 的 E0/0/1 接口，并被封装成 X 帧，此时，X 帧是不带 VLAN Tag 的帧。PC1 将 Untagged X 帧发送出去，Untagged X 帧从 S2 的 D1 端口进入 S2 后，被添加上 VLAN 10 的 Tag，再被 S1 和 S2 转发至路由器的物理接口 G1/0/0。路由器的 G1/0/0 接口发现该帧属于 VLAN 10，就将帧交给子接口 G1/0/0.1 处理。子接口 G1/0/0.1 发现 X 帧的目的 MAC 地址和自己的 MAC 地址相同，于是根据帧的类型字段的值将数据载荷 P 上送给路由器的三层 IP 模块。IP 模块根据 P 的目的 IP 地址 192.168.200.40 查询自己的路由表，发现该 IP 地址与路由表的第二条路由相匹配。该路由的出接口是 G1/0/0.2，下一跳 IP 地址是 G1/0/0.2 的 IP 地址。根据该条路由的指示，P 被下发至路由器的 G1/0/0.2 子接口，并被封装成 Y 帧。此时，Y 帧带有 VLAN 20 的 Tag。

（3）路由器将 Tagged Y 帧从子接口 G1/0/0.2 发送出去，Y 帧到达交换机 S3 的 D2 端口。S3 会将 Y 帧的 Tag 去掉，并从自己的 D2 端口转发出去。PC4 收到 S3 转发来的 Untagged Y 帧后，将其目的 MAC 地址与自己的 MAC 地址比较，发现两者相同，所以 PC4 的接口根据帧的类型字段的值将数据载荷上送给三层 IP 模块。

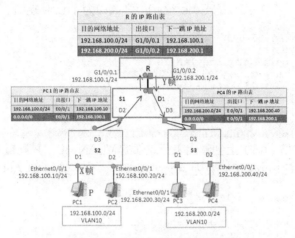

图 2-33　PC1 与 PC4 之间的通信

至此，源于 PC1 三层 IP 模块的 IP 报文成功到达了 PC4 的三层 IP 模块，属于 VLAN 10 的 PC1 和属于 VLAN 20 的 PC4 成功完成一次三层通信。

2.1.12　单臂路由实现 VLAN 通信配置

我们用实验模拟公司网络拓扑（见图 2-34）。路由器 R1 是公司的出口网关，员工的 PC 通过接入层交换机接入公司网络，接入层交换机又通过汇聚层交换机 LSW1 与路由器 R1 相连。公司内部网络通过划分不同的 VLAN 隔离了不同部门之间的二层通信，保证各部门的信息安全。但是由于业务的需要，人事部、市场部和行政部之间需要能实现跨越 VLAN 的通信，网络管理员决定借助路由器的三层通信功能，通过配置单臂路由来实现上述需求。

2.1.12　微课

三层交换机实现 VLAN 通信

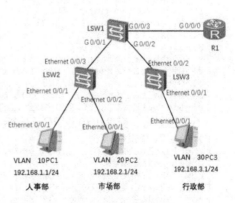

图 2-34　公司网络拓扑

公司为保障各部门的信息安全，需要保证隔离不同部门之间的二层通信，规划各部门的终端属于不同的 VLAN，并为 PC 配置相应的 IP 地址。

（1）在交换机 LSW1（s1）上创建 VLAN 10、VLAN 20、VLAN 30，并配置 S1 的 G0/0/1、G0/0/2、G0/0/3 端口为 Trunk 端口，允许通过所有 VLAN 的数据。

```
[s1]vlan batch 10 20 30
[s1]interface GigabitEthernet0/0/1
[s1-GigabitEthernet0/0/1]port link-type trunk
[s1-GigabitEthernet0/0/1]port trunk allow-pass vlan all
[s1-GigabitEthernet0/0/1]interface GigabitEthernet0/0/2
[s1-GigabitEthernet0/0/2]port link-type trunk
[s1-GigabitEthernet0/0/2]port trunk allow-pass vlan all
[s1-GigabitEthernet0/0/2]interface GigabitEthernet0/0/3
[s1-GigabitEthernet0/0/3]port link-type trunk
[s1-GigabitEthernet0/0/3]port trunk allow-pass vlan all
```

（2）在交换机 LSW2（s2）上创建代表人事部的 VLAN 10 和代表市场部的 VLAN 20。配置分别属于 VLAN 10 和 VLAN 20 的 Ethernet0/0/1 端口、Ethernet0/0/2 端口为 Access 端口。配置能通过 VLAN 10 和 VLAN 20 的 Ethernet0/0/3 端口为 Trunk 端口。

```
[s2]vlan batch 10 20
[s2]interface Ethernet0/0/1
[s2-Ethernet0/0/1]port link-type access
[s2-Ethernet0/0/1]port default vlan 10
[s2-Ethernet0/0/1]interface Ethernet0/0/2
[s2-Ethernet0/0/2]port link-type access
[s2-Ethernet0/0/2]port default vlan 20
[s2-Ethernet0/0/2]interface Ethernet0/0/3
[s2-Ethernet0/0/3]port link-type trunk
[s2-Ethernet0/0/3]port trunk allow-pass vlan 10 20
```

（3）在交换机 LSW3（s3）上创建代表行政部的 VLAN 30，并配置端口 Ethernet0/0/1 为 Trunk 端口。配置端口 Ethernet0/0/2 为 Access 端口，允许通过 VLAN 30 的数据。

```
[s3]vlan 30
[s3-vlan30]interface e0/0/1
[s3-Ethernet0/0/1]port link-type trunk
[s3-Ethernet0/0/1]port trunk allow-pass vlan all
[s3-Ethernet0/0/1]interface e0/0/2
[s3-Ethernet0/0/2]port link-type access
[s3-Ethernet0/0/2]port default vlan 30
```

（4）在路由器上创建子接口 G0/0/0.1、G0/0/0.2 和 G0/0/0.3，它们分别是 VLAN 10 、VLAN 20 和 VLAN 30 的网关接口，为其配置相应的 IP 地址等信息。

```
[r1]inter g0/0/0.1
[r1-GigabitEthernet0/0/0.1]ip add 192.168.1.254 24
[r1-GigabitEthernet0/0/0.1]dot1q termination vid 10
[r1-GigabitEthernet0/0/0.1]arp broadcast enable
[r1-GigabitEthernet0/0/0.1]inter g0/0/0.2
[r1-GigabitEthernet0/0/0.3]arp broadcast enable
[r1-GigabitEthernet0/0/0.2]ip add 192.168.2.254 24
[r1-GigabitEthernet0/0/0.2]dot1q termination vid 20
[r1-GigabitEthernet0/0/0.2]arp broadcast enable
[r1-GigabitEthernet0/0/0.2]inter g0/0/0.3
[r1-GigabitEthernet0/0/0.3]ip add 192.168.3.254 24
[r1-GigabitEthernet0/0/0.3]dot1q termination vid 30
[r1-GigabitEthernet0/0/0.2]inter g0/0/0.3
```

（5）路由器、交换机和各 PC 配置完毕，在 PC1 上使用 ping 命令验证配置。

```
PC>ping 192.168.2.2
ping 192.168.2.2: 32 data bytes, Press Ctrl C to break
Request timeout!
From 192.168.2.2: bytes=32 seq=2 ttl=127 time=110 ms
From 192.168.2.2: bytes=32 seq=3 ttl=127 time=140 ms
From 192.168.2.2: bytes=32 seq=4 ttl=127 time=141 ms
From 192.168.2.2: bytes=32 seq=5 ttl=127 time=125 ms
```

```
--- 192.168.2.2 ping statistics ---
  5 packet(s) transmitted
  4 packet(s) received
  20.00% packet loss
  round-trip min/avg/max = 0/129/141 ms
```

对测试结果的说明:

通过使用 PC1 去 ping PC2,我们可以看到,属于不同 VLAN 的两台计算机通过单臂路由的方式已经可以正常通信。

小贴士 华为模拟器的配置命令除了"命名"操作,一般不区分大小写字母,并且很长的英文单词如 gigabitEthernet 0/0/1 可以简化为 g0/0/1,ethernet0/0/1 可以简化为 e0/0/1,这主要是为了简化配置命令。在接下来的命令中都会出现这样的应用。

2.1.13 使用三层交换机实现 VLAN 间通信

VLAN 间的三层通信可以通过多臂路由器或单臂路由器来实现。通过单臂路由器来实现的时候,还可以节约路由器的物理接口资源。但是,如果 VLAN 数量众多,VLAN 间的通信流量很大,单臂链路能提供的带宽将很难满足 VLAN 间通信的需求。一旦单臂链路中断,所有 VLAN 间的通信都会中断。为此,人们引入了三层交换机,通过三层交换机能够更经济、快速、可靠地实现 VLAN 间的三层通信。在讲解三层交换机之前,我们必须解释一下二层端口和三层端口的概念。

2.1.13 微课
三层交换机转发
实现通信

1. 二层端口和三层端口

通常,交换机上的端口称为二层端口或二层口,它只有 MAC 地址,没有 IP 地址。路由器和计算机上的端口称为三层端口或三层口,它既有 MAC 地址,也有 IP 地址。

(1)设备的二层口接收到广播帧后,会将广播帧从设备的其他二层口泛洪出去。

(2)设备的三层口接收到广播帧后,会根据广播帧类型字段的值将广播帧的数据载荷上送至设备的第三层的相应模块去处理。

(3)设备的二层口接收到单播帧后,会在自己的 MAC 地址表中查找该帧的目的 MAC 地址。如果找不到,设备会将该数据帧从其他所有二层口泛洪出去。如果查到了该帧的目的 MAC 地址,则比较 MAC 地址表项所指示的二层口是不是该帧进入设备时所通过的二层口。如果是,设备就将帧丢弃,否则,设备会把帧从 MAC 地址表项所指示的二层口转发出去。

(4)设备的三层口接到一个单播帧后,会比较帧的目的 MAC 地址是不是该三层口的 MAC 地址。如果不是,就将帧丢弃;如果是,就根据帧的类型字段的值将帧的数据载荷上送到设备的第三层的相应模块。

2. 路由器和交换机的端口

二层端口和三层端口行为特征的差异,引出了交换机与路由器的差异。

(1)交换机的端口都是二层口,一台交换机的不同二层口之间只存在二层转发通道,没有三层转发通道。交换机内部存在 MAC 地址表,不存在 IP 路由表。

(2)路由器的端口都是三层口,一台路由器的不同三层口之间只存在三层转发通道,没有二层转发通道。路由器内部存在 IP 路由表,不存在 MAC 地址表。

(3)三层交换机是二层交换机与路由器的一种集合形式,拥有一些二层口特征,也拥有一些混合端口。混合端口有二层口的行为特征,也有三层口的行为特征。一台三层交换机上,不同的混合端口之间同时存在二层转发通道和三层转发通道。不同的二层口之间和二层口与混合端口之间,只有二层转发通道。

3. 三层交换机通信

如图 2-35 所示，PC1 和 PC3 被划分进了 VLAN 10，PC2 和 PC4 被划分进了 VLAN 20。S1 是一台三层交换机，S2 和 S3 是二层交换机。为了能支持 VLAN 10 与 VLAN 20 之间的三层通信，我们要在 S1 上配置两个逻辑意义上的 VLAN 接口，这两个逻辑意义上的 VLAN 接口分别称为 VLANIF 10 和 VLANIF 20。两个逻辑接口具有三层口的行为特征，并拥有自己的 IP 地址。将 VLANIF 10 和 VLANIF 20 的 IP 地址分别配置为 192.168.100.1/24 和 192.168.200.1/24。两个 IP 地址分别是两个 VLAN 的默认网关。这样，S1 上的端口 G1/0/0 和 G2/0/0 都成了混合端口，两个混合端口同时具有二层口和三层口的行为特征。

在拓扑中，交换机的 Access 端口有 S2 的 D1 端口和 D2 端口，S3 的 D1 端口和 D2 端口。交换机的 Trunk 端口有 S2 的 D3 端口，S3 的 D3 端口，S1 的 G1/0/0 端口和 G2/0/0 端口。

（1）三层交换机上的二层通信。

PC1 发送一个 ARP 请求以询问 PC3 的 MAC 地址，下面介绍 ARP 请求是如何到达 PC3 的（见图 2-36）。

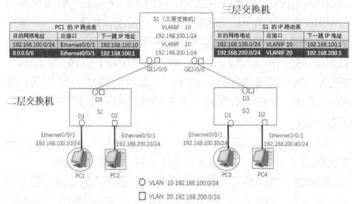

图 2-35　三层交换网络

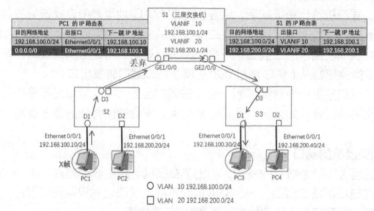

图 2-36　ARP 请求路径

① PC1 的数据链路层（二层）准备一个广播帧 X，X 帧的目的 MAC 地址是 ff-ff-ff-ff-ff-ff，源 MAC 地址是 PC1 的 MAC 地址，X 帧的类型字段的值为 0x0806，其数据载荷是一个 ARP 请求报文，该请求报文的作用是请求得到 IP 地址 192.168.100.30 对应的 MAC 地址。此时，X 帧是不带 VLAN Tag 的。

② PC1 发出 Untagged X 帧后，X 帧从 S2 的 D1 端口进入 S2，并被 S2 添加 VLAN 10 的 Tag。然后，Tagged X 帧到达 S1 的混合端口 G1/0/0。

因为 S1 的 G1/0/0 端口具有三层口的行为特征，所以该端口会根据收到的 Tagged X 帧的类型字段的值 0x0806，将 X 帧的数据载荷上送给三层的 ARP 模块处理。ARP 模块发现该报文请求 IP 地址 192.168.100.30 对应的 MAC 地址，而自己的 IP 地址是 192.168.100.1，所以对报文的请求不予回答，直接将其丢弃。

③ S1 的 G1/0/0 端口还具有二层口的行为特征，该端口接收到的 Tagged X 帧又是一个广播帧，所以，G1/0/0 端口会将 X 帧从 G2/0/0 端口泛洪出去。接下来，Tagged X 帧会运送到 S3 的 D1 端口。S3 的 D1 端口去掉 X 帧的 Tag，将 Untagged X 帧发送给 PC3。

PC3 的 Ethernet0/0/1 接口是一个三层口，而 Untagged X 帧是广播帧，PC3 的该接口将根据帧的类型字段的值将帧的数据载荷上送给三层的 ARP 模块处理。三层的 ARP 模块发现该报文在请求 192.168.100.30 所对应的 MAC 地址，而自己的 IP 地址就是 192.168.100.30，所以会对此请求做出 ARP 应答。

至此，同属于 VLAN 10 的 PC1 和 PC3 成功进行了一次 VLAN 内的二层通信。该次通信利用了 S1 的两个混合端口 G1/0/0 和 G2/0/0 之间的二层转发通道。

（2）三层交换机上的三层通信（见图 2-37）。

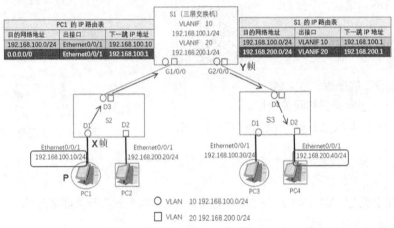

图 2-37　三层交换机上的三层通信

① 数据包 P 在 PC1 的网络层形成，其目的 IP 地址为 192.168.200.40，源 IP 地址为 192.168.100.10。根据 P 的目的 IP 地址，PC1 对路由表进行查询，PC1 的路由表里有两条路由，P 能匹配其中的默认路由，该路由的出接口是 PC1 的端口，下一跳 IP 地址是 S1 的属于 VLANIF 10 的 IP 地址 192.168.100.1。根据默认路由的指示，P 被下发至 PC1 的端口，并被封装成单播帧 X。单播帧 X 的数据载荷是 P，类型字段的值为 0x0800，X 帧的源 MAC 地址为 PC1 端口的 MAC 地址，目的 MAC 地址为 VLANIF 10 的 IP 地址对应的 MAC 地址，此时，X 帧没有 VLAN Tag。

② PC1 从端口将 Untagged X 帧发送出去。Untagged X 帧从 S2 的 D1 端口进入 S2 后，会被添加上 VLAN 10 的 Tag，S2 将该 Tagged X 帧送至 S1 的 G1/0/0 端口。因为 S1 的 G1/0/0 端口具有三层口的行为特征，并且该端口收到的 Tagged X 帧是一个单播帧，所以，G1/0/0 端口会将帧的目的 MAC 地址与自己的 MAC 地址比较，发现两者相同，G1/0/0 端口将根据帧的类型字段的值 0x0800 把数据载荷 P 上送给三层 IP 模块处理。

③ S1 的 IP 模块接收到 P 后，会根据 P 的目的 IP 地址 192.168.200.40 查询自己的 IP 路由

表。发现 192.18.200.40 只与 IP 路由表的第二条路由匹配，该路由的出接口是 VLANIF 20，下一跳 IP 地址是 VLANIF 20 的 IP 地址。

根据路由指示，P 被下发至 VLANIF 20 接口，并被封装成 Y 帧，其数据载荷是 P，类型字段的值为 0x0800。Y 帧的目的 MAC 地址是 P 的目的 IP 地址 192.168.200.40 对应的 MAC 地址。Y 帧的源 MAC 地址是 G2/0/0 端口的 MAC 地址。并且 Y 帧带有 VLAN 20 的 Tag。S1 将 Tagged Y 帧从 G2/0/0 端口发送出去，该 Tagged Y 帧会到达交换机 S3 的 D2 端口。S3 将 Tagged Y 帧的 Tag 去掉，再将其从自己的 D2 端口转发出去。

④ PC4 的 Ethernet0/0/1 接口收到 S3 转发来的 Untagged Y 帧后，将该帧的目的 MAC 地址与自己的 MAC 地址比较，两者相同，所以 PC4 的 Ethernet0/0/1 接口根据帧的类型字段的值将帧的数据载荷上送给 PC4 的三层 IP 模块。

至此，源于 PC1 的三层 IP 模块的 IP 报文 P 成功地到达了 PC4 的三层 IP 模块，分别属于 VLAN 10 和 VLAN 20 的 PC1 和 PC4 成功完成了一次三层通信。

2.1.14 使用三层交换机实现 VLAN 间通信配置

如图 2-38 所示，在 3 台交换机和 4 台 PC 组成的网络里，4 台 PC 分别属于两个不同的 VLAN，我们要在 3 台交换机上配置代码，实现不同 VLAN 间的通信。

（1）完成各 PC 的配置：为 4 台 PC 配置 IP 地址、子网掩码和网关地址。

（2）在 3 台交换机上分别创建 VLAN 10 和 VLAN 20。

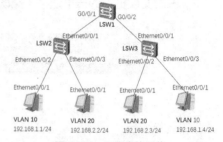

图 2-38　三层交换网络

```
[s1]vlan batch 10 20
[s2]vlan batch 10 20
[s3]vlan batch 10 20
```

（3）配置交换机 LSW1（s1）的端口：交换机 s1 的两个端口都需要通过两个 VLAN 的数据，所以两个端口均是 Trunk 端口。

```
[s1]interface  GigabitEthernet0/0/1
[s1-GigabitEthernet0/0/1]port link-type trunk
[s1-GigabitEthernet0/0/1]port trunk allow-pass vlan 10 20
[s1-GigabitEthernet0/0/1]interface  GigabitEthernet0/0/2
[s1-GigabitEthernet0/0/2]port link-type  trunk
[s1-GigabitEthernet0/0/2]port trunk allow-pass vlan  10 20
```

（4）配置交换机 LSW2（s2）和 LSW3（s3）的端口，与 PC 相连的端口是 Access 端口，与三层交换机 s1 相连的端口是 Trunk 端口。

```
[s2]interface  ethernet0/0/1
[s2-Ethernet0/0/1]port link-type trunk
[s2-Ethernet0/0/1]port trunk allow-pass vlan 10 20
[s2-Ethernet0/0/1]interface  ethernet0/0/2
[s2-Ethernet0/0/2]port link-type access
[s2-Ethernet0/0/2]port default vlan 10
[s2-Ethernet0/0/3]interface  ethernet0/0/3
[s2-Ethernet0/0/3]port link-type access
[s2-Ethernet0/0/3]port default vlan 20
[s3]interface  ethernet 0/0/1
[s3-Ethernet0/0/1]port link-type trunk
[s3-Ethernet0/0/1]port trunk allow-pass vlan 10 20
[s3-Ethernet0/0/1]interface  ethernet 0/0/2
```

```
[s3-Ethernet0/0/2]port link-type access
[s3-Ethernet0/0/2]port default vlan 20
[s3-Ethernet0/0/2]interface ethernet 0/0/3
[s3-Ethernet0/0/3]port link-type access
[s3-Ethernet0/0/3]port default vlan 10
```

（5）在三层交换机 s1 上创建 VLANIF 接口并配置 IP 地址。

```
[s1]interface vlanif 10
[s1-Vlanif10]ip address 192.168.100.254 24
[s1-Vlanif10]interface vlanif 20
[s1-Vlanif20]ip address 192.168.200.254 24
```

（6）在 PC1 上使用 ping 命令 ping PC3 的 IP 地址 192.168.2.3，如有返回数据，并且丢包率为 0%，则验证三层通信畅通。

```
PC>ping 192.168.2.3
ping 192.168.2.3: 32 data bytes, Press Ctrl C to break
Request timeout!
From 192.168.2.3: bytes=32 seq=2 ttl=127 time=110 ms
From 192.168.2.3: bytes=32 seq=3 ttl=127 time=140 ms
From 192.168.2.3: bytes=32 seq=4 ttl=127 time=141 ms
From 192.168.2.3: bytes=32 seq=5 ttl=127 time=125 ms
--- 192.168.2.3 ping statistics ---
  5 packet(s) transmitted
  4 packet(s) received
  20.00% packet loss
  round-trip min/avg/max = 0/129/141 ms
```

思考与练习

一、单选题

1. MAC 地址表中存放的是（　　）。

A. IP 地址与端口编号之间的对应关系

B. MAC 地址与 IP 地址之间的对应关系

C. MAC 地址与端口编号之间的对应关系

D. IP 地址、端口编号与 MAC 地址三者之间的对应关系

2. ARP 缓存表中存放的是（　　）。

A. IP 地址与端口编号之间的对应关系

B. MAC 地址与 IP 地址之间的对应关系

C. MAC 地址与端口编号之间的对应关系

D. IP 地址、端口编号与 MAC 地址三者之间的对应关系

3. 使用单臂路由实现 VLAN 间通信时，通常的做法是采用子接口，而不是直接采用物理接口，这是因为（　　）。

A. 物理接口不能封装 IEEE 802.1Q 数据帧

B. 子接口转发速度更快

C. 用子接口能节约物理接口

D. 子接口可以配置为 Access 端口或 Trunk 端口

4. 使用单臂路由实现 VLAN 间通信的缺点是（　　）。

A. 不支持含有 VLAN ID 的数据包

B. 比传统 VLAN 间路由要使用更多的物理接口

C. 需要将配置的多个路由器接口用作接入链路

D. VLAN 数量增多时网络性能会下降

二、多选题

1. 下列描述正确的有（　　　）。

A. ARP 的作用是根据已知的 MAC 地址信息获取相应的 IP 地址信息

B. ARP 的作用是根据已知的 IP 地址信息获取相应的 MAC 地址信息

C. ARP 是一个数据链路层协议

D. ARP 是一个网络层协议

2. 下列描述正确的有（　　　）。

A. MAC 地址表的作用是建立数据源 MAC 地址和转发端口的关系

B. 路由器上有 MAC 地址表

C. MAC 地址表学习数据包的源 MAC 地址

D. MAC 地址表学习数据包的目的 MAC 地址

3. 对交换机的端口类型描述正确的有（　　　）。

A. Trunk 端口只允许一个 VLAN 通过　　　　　B. Trunk 端口可以允许多个 VLAN 通过

C. Access 端口只允许一个 VLAN 通过　　　　D. Access 端口可以允许多个 VLAN 通过

4. VLAN 的接口类型有（　　　）。

A. Access 端口　　　　　B. Trunk 端口　　　　　C. Hybrid 端口　　　　D. 协议端口

任务二　解决交换网络环路问题

学习重难点

1. 重点

（1）STP/MSTP 原理；　　　（2）STP/MSTP 配置。

2. 难点

（1）STP 选举规则；　　　（2）STP 端口状态转换。

相关知识

2.2.1　STP 环路问题

2.2.1　微课

STP 环路问题

　　STP（Spanning Tree Protocol，生成树协议）一般用来解决二层网络的环路问题。众所周知，随着局域网规模的不断扩大，越来越多的交换机被用来实现主机之间的互连。如果交换机之间仅使用一条链路互连，则可能会出现单点故障，导致业务中断。为了解决此类问题，交换机在互连时一般都会使用冗余链路来实现备份。

　　使用冗余链路虽然增强了网络的可靠性，但是会产生环路。而环路会带来一系列的问题，继而导致通信质量下降和通信业务中断等问题。

　　根据交换机的转发原则，如果交换机从一个端口上接收到的是一个广播帧，或者是一个目的 MAC 地址未知的单播帧，则会将这个帧向除源端口之外的所有其他端口转发。如果交换网络中有环路，则这个帧会被无限转发，此时便会形成广播风暴，网络中也会充斥着重复的数据帧。

1. 广播风暴

如图 2-39 所示，主机 A 向外发送了一个广播帧，此广播帧的目的 MAC 地址是 ff-ff-ff-ff-ff-ff，在网络中所有交换机都基于源 MAC 地址进行学习来更新自己的 MAC 地址表，基于目的 MAC 地址进行转发。SWB 接收到此帧后，将其转发到 SWA 和 SWC，SWA 和 SWC 也会将此帧转发到除了接收此帧的其他所有端口，结果此帧又会被再次转发给 SWB，这种循环会一直持续，于是便产生了广播风暴。交换机性能会因此急速下降，并会导致业务中断。

2. MAC 地址表翻摆

交换机根据所接收到的数据帧的源 MAC 地址和接收端口生成 MAC 地址表项。如图 2-40 所示，主机 A 向外发送一个单播帧，假设此单播帧的目的 MAC 地址在网络中所有交换机的 MAC 地址表中都暂时不存在（例如交换机刚刚上电或者两台主机在一段时间内并没有通信）。SWB 收到此数据帧之后，在 MAC 地址表中生成一个 MAC 地址表项 00-05-06-07-08-AA，对应端口为 G0/0/3，并将此帧从 G0/0/1 和 G0/0/2 端口转发。在此，仅以 SWB 从 G0/0/1 端口转发此帧为例进行说明。SWA 接收到该帧后，由于 MAC 地址表中没有对应此帧目的 MAC 地址的表项，因此 SWA 会将该帧从 G0/0/2 转发。SWC 收到此帧后，因为没有对应此帧目的 MAC 地址的表项，所以 SWC 会将此帧从 G0/0/2 端口发送回 SWB，也会发给主机 B。SWB 从 G0/0/2 端口接收到此数据帧之后，会在 MAC 地址表中删除原有的相关表项生成一个新的表项 00-05-06-07-08-AA，对应端口为 G0/0/2。另一个 SWB 从 G0/0/2 转发的帧也会逆向传输，此过程会不断地在 SWB 的 G0/0/1 和 G0/0/2 之间重复，导致 MAC 地址表翻摆。如果主机 A 发送一个广播帧，也会出现该状况。

图 2-39　广播风暴　　　　　　　　　　图 2-40　MAC 地址表翻摆

3. 多帧复制

如图 2-41 所示，主机 A 向主机 B 发送了一个单播帧 Y，并且假设 SWB 的 MAC 地址表中不存在关于主机 B 的 MAC 地址的表项，SWC 的 MAC 地址表中存在表项"主机 B 的 MAC 地址←→G0/0/3"，SWA 的 MAC 地址表中存在表项"主机 B 的 MAC 地址←→G0/0/2"。显然，SWB 会对 Y 帧执行泛洪操作，SWA 和 SWC 都会对 Y 帧执行点到点转发操作。最后的结果是，主机 B 会收到两个 Y 帧的副本。这种现象称为多帧复制。

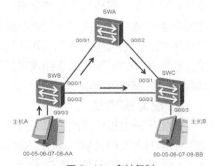

图 2-41　多帧复制

环路的存在，会导致广播风暴、MAC 地址表翻摆、多帧复制等我们不希望发生的现象。那么，环路能带来一些我们希望得到的东西吗？答案是肯定的。环路能提高网络连接的可靠性。因为有环路的存在，即使某两台交换机之间的链路因故障而中断，整个网络仍然会保持其连通性，而这在无环网络中是无法做到的。

2.2.2 STP 端口类型

STP 中定义了 3 种端口类型：指定端口、根端口和备用端口（见图 2-42）。

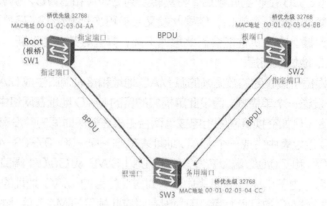

图 2-42 STP 端口类型

（1）指定端口是交换机向所连二层交换机转发配置网桥协议数据单元（Bridge Protocol Data Unit，BPDU）的端口，每个连接线路之间有且只能有一个指定端口。一般情况下，根桥的每个端口总是指定端口。

（2）根端口是非根桥去往根桥路径最优的端口。在一个运行 STP 的交换机上最多只有一个根端口，但根桥上没有根端口。

（3）如果一个端口既不是指定端口也不是根端口，则此端口为备用端口。备用端口将被阻塞。

2.2.3 STP 报文格式

STP 的基本原理是，通过在交换机之间传递一种特殊的协议报文——BPDV 来确定网络的拓扑结构。

1. STP 的基本思想

STP 的基本思想是按照"树"的结构构造网络的拓扑。树的根是一个称为根桥的桥设备，根桥的确立是由交换机或网桥的 B ID（Bridge ID）确定的，B ID 最小的设备称为二层网络中的根桥。B ID 又是由网桥优先级和 MAC 地址构成的，不同厂商设备的网桥优先级的字节数可能不同。BPDU 有两种：配置 BPDU（Configuration BPDU）和拓扑更改通知 BPDU（Topology Change Notification BPDU，TCN BPDU）。前者用于计算无环生成树，后者用于在二层网络拓扑发生变化时向上游发送拓扑变化通知，直到根节点。所有交换机在收到 TCN BPDU 后将临时把原来 300s 的 MAC 地址老化时间改为 15s，从而缩短 MAC 地址表项的刷新时间。

2. 配置 BPDU

网络拓扑由根桥开始，逐级形成一棵"树"，根桥定时发送配置 BPDU，非根桥接收配置 BPDU，刷新最佳 BPDU 并转发。这里的最佳 BPDU 指的是当前根桥所发送的 BPDU。如果接收到了下级 BPDU（新接入的设备会发送 BPDU，但该设备的 B ID 比当前根桥的大），设备将会向新接入的设备发送自己存储的最佳 BPDU，以告知其当前网络中的根桥；如果接收到的 BPDU 更优，将会重新计算生成树拓扑。

3. TCN BPDU

当非根桥在离上一次接收到最佳 BPDU 最大寿命（Max Age，默认为 20s）后还没有接收到最佳 BPDU 的时候，该端口将进入监听状态，该设备将产生 TCN BPDU，并将其从根端口转发出去，从指定端口接收到 TCN BPDU 的上级设备将发送确认，然后向上级设备发送 TCN BPDU，此过程持续到根桥为止。最后根桥在其后发送的配置 BPDU 中将携带标记表明拓扑已发生变化，网络中的所有设备接收到配置 BPDU 后将 MAC 地址表项的刷新时间从 300s 缩短为 15s。整个收敛的时间为 50s 左右。

在一个交换网络中，STP 能够正常工作的基本前提是 BPDU 的正常交互。两种 BPDU 各有各的用途。BPDU 载荷被直接封装在以太网数据帧中，数据帧的目的 MAC 地址是组播 MAC 地址：0180-c200-0000。

（1）配置 BPDU

配置 BPDU 是 STP 进行拓扑计算的关键。在交换网络的初始化过程中，每台交换机都从自己激活了 STP 的端口向外发送配置 BPDU。当 STP 收敛完成后，只有根桥才会周期性地发送配置 BPDU（默认以 2s 为周期发送配置 BPDU，可以在设备的系统视图下使用 stp timer hello 命令修改发送周期），而非根桥则会在自己的根端口上收到上游发送过来的配置 BPDU，并立即被触发而产生自己的配置 BPDU，然后从自己的指定端口发送出去。这一过程看起来就像是根桥发出的配置 BPDU 逐跳地"经过"了其他的交换机。表 2-1 所示为 BPDU 的报文格式。

表 2-1　BPDU 的报文格式

字节数	字　　段	描　　述
2	协议 ID（Protocol Identifier）	对 STP 而言，该字段的值总为 0
1	协议版本 ID（Protocol Version Identifier）	对 STP 而言，该字段的值总为 0
1	BPDU 类型（BPDU Type）	指示本 BPDU 的类型，若值为 0x00，则表示本报文为配置 BPDU；若值为 0x80，则表示本报文为 TCN BPDU
1	标志（Flag）	对 STP 而言，该字段（共 8 位）是网络拓扑变化标志。STP 只使用该字段的最高及最低两个位，最低位是 TC（Topology Change，拓扑变更）标志，最高位是 TCA（Topology Change Acknowledgment，拓扑变更确认）标志
8	根桥 ID（Root Identifier）	根桥的 B ID
4	根路径开销（Root Path Cost，RPC）	到达根桥的 STP 路径开销
8	网桥 ID（Bridge Identifier）	发送本 BPDU 的交换机的 B ID
2	端口 ID（Port Identifier）	发送本 BPDU 的端口的端口 ID
2	消息寿命（Message Age）	本 BPDU 的寿命。实际上这并不是一个时间值。在根桥所发送的 BPDU 中，该字段的值为 0，此后 BPDU 每经过一个交换设备，该字段的值增加 1，因此实际上这个字段指示的是 BPDU 所经过的交换设备的个数
2	最大寿命（Max Age）	BPDU 的最大存活时间，也被称为老化时间，默认为 20s
2	Hello 时间（Hello Time）	BPDU 的发送时间间隔，默认为 2s
2	转发延迟（Forward Delay）	接口在侦听和学习状态所停留的时间，默认为 15s

（2）配置 TCN BPDU

TCN BPDU 的格式非常简单，只有表 2-1 所示的协议 ID、协议版本 ID 和 BPDU 类型 3 个字段，并且 BPDU 类型字段的值为 0x80。TCN BPDU 用于在网络拓扑发生变化时向根桥通知变化的发生。

对 STP 而言，当拓扑发生变更时，远离变更点的交换机无法直接感知到变化的发生，此时它们的 MAC 地址表项还是老旧的，如果依然通过这些 MAC 地址表项来指导数据转发，便有可能出现问题。因此 STP 需要一种机制，用于在网络中发生拓扑变更时促使全网的交换机尽快老化自己的 MAC 地址表项，以便适应新的网络拓扑。当拓扑稳定时，网络中只会出现配置 BPDU；而当拓扑发生变更时，STP 会使用 TCN BPDU，以及两种特殊的配置 BPDU。

①TCN BPDU

正如上文所说，TCN BPDU 用于在网络拓扑发生变化时向根桥通知变化的发生。TCN BPDU 需要从发现拓扑变更的交换机传递到根桥，而该交换机与根桥之间可能隔着多台交换机，感知到拓扑变化的交换机会从其根端口发送 TCN BPDU，也就是朝着根桥的方向发送 TCN BPDU，该报文会一跳一跳（每一跳就是一台上游交换机）地向上游传递，直至抵达根桥。

②"标志"字段中 TCA 位被设置为 1 的配置 BPDU

STP 要求 TCN BPDU 从发现拓扑变更的交换机传递到根桥的过程是可靠的，因此当一台交换机收到下游发送上来的 TCN BPDU 后，需使用"标志"字段中 TCA 位被设置为 1 的配置 BPDU 回应对方并向自己的上游发送 TCN BPDU。这个过程将一直持续，直到根桥收到该 TCN BPDU。

③"标志"字段中 TC 位被设置为 1 的配置 BPDU

根桥收到 TCN BPDU 后，也就意识到了拓扑变化的发生，接下来它要将该变化通知到全网，它将向网络中泛洪"标志"字段中 TC 位被设置为 1 的配置 BPDU，网络中的交换机收到该配置 BPDU 后，会立即将其 MAC 地址表的老化时间从原有的值调整为一个较小的值（该值等于转发延迟时间），使 MAC 地址表能够尽快刷新，以便适应新的网络拓扑。

2.2.4　STP 选举过程

2.2.4　微课

STP 选举过程

在二层形成的环路中，对于同样的端口，断开哪些端口是由设备本身的性能决定的，还是可以人为设定？哪些因素可以影响设备在环路中的作用？接下来我们一起看一下由环路变为生成树是如何形成的。

1. 生成树的术语及其概念

在运行 STP 时，有一些专业术语，比如 B ID、根桥、开销（Cost）与根路径开销、端口 ID 等。

（1）B ID

早期的交换机被称为桥（Bridge）或者网桥，受限于当时的技术，早期交换机的端口数量少得可怜，通常只有两个端口，交换机仅能实现数据帧在这两个端口之间的交换，这也是桥这一称呼的由来。生成树技术在"网桥时代"就已经被提出并且被应用，随着网络的发展，交换机能够支持的端口数量越来越多，因此上述称呼逐渐不再被使用。然而在生成树等技术领域中，桥或网桥的称呼却一直被沿用下来，直至今日我们在生成树中依然会用它们来称呼交换机。

每一台运行 STP 的交换机都拥有一个唯一的 B ID，如图 2-43 所示。B ID 一共 8 个字节，包含 16 位的桥优先级（Bridge Priority）和 48 位的桥 MAC 地址，其中桥优先级占据 B ID 的高 16 位，而 MAC 地址占据其余的 48 位。

图 2-43　交换机的 B ID

（2）根桥

STP 的主要作用之一是在整个交换网络中计算出一棵无环的树（生成树），这棵树一旦形成，网络中的无环拓扑也就形成了。对这棵"树"而言,"树根"是非常重要的,"树根"一旦明确了,"树枝"才能沿着网络拓扑进行延展。STP 的根桥就是这棵"树"的"树根",它的角色至关重要,STP 的一系列计算均以根桥为参考点。当 STP 开始工作后,第一件事情就是在网络中选举出根桥。在一个交换网络中,根桥只有一个。

网络中拥有最小 B ID 的交换机将成为根桥。在比较 B ID 时,首先比较的是桥优先级,桥优先级的值最小的交换机将成为根桥,如果桥优先级相等,那么 MAC 地址最小的交换机将成为根桥,如图 2-44 所示。

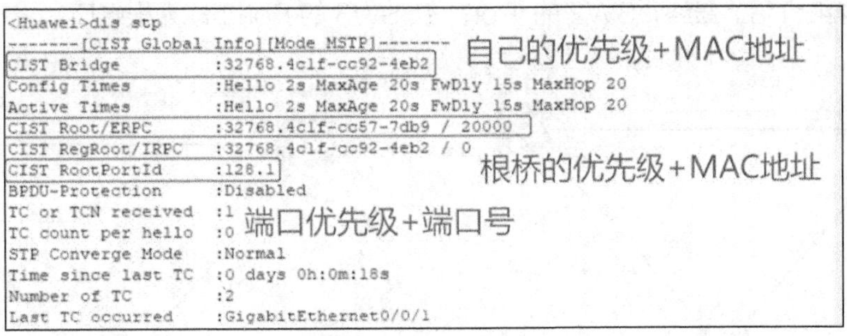

```
<Huawei>dis stp
-------[CIST Global Info][Mode MSTP]-------        自己的优先级+MAC地址
CIST Bridge          :32768.4c1f-cc92-4eb2
Config Times         :Hello 2s MaxAge 20s FwDly 15s MaxHop 20
Active Times         :Hello 2s MaxAge 20s FwDly 15s MaxHop 20
CIST Root/ERPC       :32768.4c1f-cc57-7db9 / 20000
CIST RegRoot/IRPC    :32768.4c1f-cc92-4eb2 / 0
CIST RootPortId      :128.1                          根桥的优先级+MAC地址
BPDU-Protection      :Disabled
TC or TCN received   :1  端口优先级+端口号
TC count per hello   :0
STP Converge Mode    :Normal
Time since last TC   :0 days 0h:0m:18s
Number of TC         :2
Last TC occurred     :GigabitEthernet0/0/1
```

图 2-44　端口的优先级

(3)开销与根路径开销

每一个激活了 STP 的端口都维护着一个 Cost,端口的 Cost 主要用于计算 RPC,也就是计算到达根的开销。

(4)端口 ID

运行 STP 的交换机使用端口 ID 来标识每个端口,端口 ID 主要用于在特定场景下选举指定端口。端口 ID 长度为 16 位,由两部分组成,其中高 4 位是端口优先级,低 12 位是端口编号。以华为 S5700 交换机为例,默认端口优先级为 128,可在端口视图下使用 stp port priority 命令修改,优先级的取值范围是 0~240,并且必须是 16 的倍数,例如 0、16、32 等。

2. STP 的基本操作过程

STP 通过 4 个步骤来保证网络中不存在二层环路。

(1)在交换网络中选举一个根桥

关于根桥的概念,上文已经阐述过了,STP 的计算需要一个参考点,而根桥就是这个参考点,它是 STP 经计算得到的这棵无环的"树"的"树根"。B ID 最小的交换机将成为根桥。对一个交换网络而言,正常情况下只会存在一个根桥。

以图 2-45 所示的网络为例,SW1、SW2 及 SW3 的桥优先级都是 32768,因此 MAC 地址最小的 SW1 成为网络中的根桥。STP 的正常工作依赖于该协议所使用的报文的正常交互,这种报文就是 BPDU,BPDU 中包含着几个重要的数据,这些数据是 STP 进行无环拓扑计算的关键。

值得注意的是,根桥的地位是具有可抢占性的。在 STP 完成收敛后,如果网络中接入了一台新的交换机,而且这台新增的交换机的桥优先级为 4096,比现有根桥 SW1 的桥优先级更高,那么该新增的交换机将成为网络中的新根桥。与此同时,STP 将重新收敛、重新计算网络拓扑,在这个过程中有可能引发网络震荡,从而对业务流量的正常转发造成影响,可见根桥角色的稳定性十分重要。

(2)在每个非根桥上选举一个根端口

在一个交换网络中,除了根桥之外,其他交换机都是非根桥,STP 将为每个非根桥选举一个根端口。所谓根端口,实际上是非根桥上所有端口中收到最优 BPDU 的端口,可以简单地将其理解为交换机在生成树上"朝向"根桥的端口。非根桥可能会有一个或多个端口接入同一个交换网络，STP将在这些端口之中选举出一个（而且只会选一个）根端口。

在 STP 收敛完成之后，根桥依然会周期性地向网络中发送 BPDU，而非根桥则会周期性地在自己的根端口上收到 BPDU，并沿着生成树向下游转发。

如图 2-46 所示，SW2 及 SW3 均为非根桥，以 SW3 为例，在 STP 收敛过程中，它在自己的 Port1 及 Port2 端口上都会收到 BPDU，SW3 会将这两个 BPDU 进行比较，收到最优 BPDU 的端口 Port1 将成为根端口。所谓的 BPDU 优劣，是通过一套比较规则计算得出的结果，这部分内容将在后文详细介绍。最终，SW2 的 Port1 及 SW3 的 Port1 成为根端口。

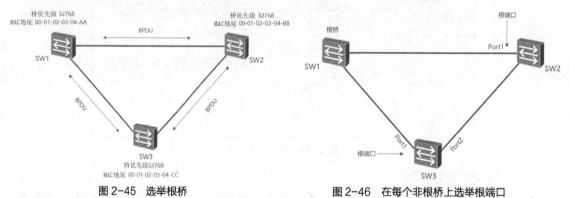

图 2-45　选举根桥　　　　　　　　图 2-46　在每个非根桥上选举根端口

（3）选举指定端口

STP 将在每个网段中选举一个指定端口，这个端口是该网段内所有端口中到达根桥的最优端口。此外，指定端口还负责向该网段发送 BPDU。

对非根桥而言，其所有端口中收到最优 BPDU 的端口将成为该设备的根端口，随后该非根桥使用自己接收的最优 BPDU 为本设备上的其他端口各计算一个 BPDU，然后使用计算出的 BPDU 与端口上所维护的 BPDU（端口自身也会从网络中收到 BPDU，并将 BPDU 保存起来）进行比较，如果前者更优，那么该端口将成为指定端口，并且其所保存的 BPDU 也被前者替代，交换机将替代后的 BPDU 从该指定端口转发给下游交换机；如果后者更优，那么该端口将成为备用端口（既不是根端口，又不是指定端口的端口）。

综上所述，对非根桥而言，根端口的选举过程是非根桥将自己所收到的所有 BPDU 进行比较，而指定端口的选举过程则是非根桥用自己计算出的 BPDU 与别的设备发过来的 BPDU 进行比较。

如图 2-47 所示，在 SW1 与 SW2 之间的网段中，SW1 的 Port1 被选举为指定端口；在 SW1 与 SW3 之间的网段中，SW1 的 Port2 被选举为指定端口。一般而言，根桥的所有端口都是指定端口。另外，STP 还会在 SW2 及 SW3 之间的网段中选举一个指定端口，根据 SW2 和 SW3 的 B ID 比较，小的胜出，最终 SW2 的 Port2 端口胜出，成为该网段的指定端口。

（4）阻塞备用端口，打破二层环路

经 STP 计算后，如果交换机的某个（或者某些）端口既不是根端口又不是指定端口（我们将这种端口称为备用端口），那么该端口将会被 STP 阻塞，如此一来网络中的二层环路也就被打破了。如图 2-48 所示，SW3 的 Port2 由于既不是根端口，又不是指定端口，因此被阻塞。被阻塞的端口既不会接收也不会转发业务数据（业务数据有别于 BPDU，可以简单地理解为网络设备发送的应用数据）。另外该端口不会发送 BPDU，但是会持续侦听 BPDU，以便感知网络拓扑的变更情况。

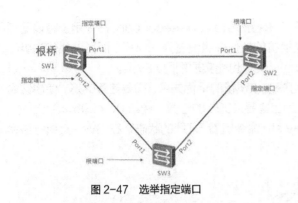

图 2-47　选举指定端口

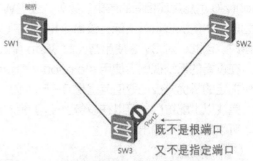

图 2-48　阻塞备用端口，打破二层环路

2.2.5　STP 配置

如图 2-49 所示，3 台交换机构成了一个简单的交换网络，而且网络中存在二层环路。为了实现该交换网络的破坏，网络中的交换机将部署 STP。

2.2.5　微课

STP 配置

SW1 的配置如下。

```
[SW1]stp mode stp
[SW1]stp enable
```

SW2 的配置如下。

```
[SW2]stp mode stp
[SW2]stp enable
```

SW3 的配置如下。

```
[SW3]stp mode stp
[SW3]stp enable
```

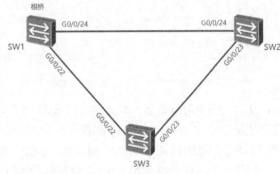

图 2-49　STP 基础配置

在以上配置中，stp mode 命令用于修改交换机的工作模式（或者说协议类型）。以华为 S5700 系列交换机为例，默认设备的生成树工作模式为 MSTP，stp mode stp 命令用于将工作模式修改为 STP。另外，stp enable 命令用于在设备上激活生成树（省略时，生成树已经处于激活状态，因此该命令为可选命令）。

在网络初始化过程中，STP 会选举根桥、根端口及指定端口。在 3 台交换机中，B ID 最小的交换机将成为根桥。当然，所有的交换机默认的桥优先级均为 32768，这样一来拥有最小 MAC 地址的交换机将成为网络中的根桥。这显然带有一定的随机性，在实际的网络部署中，我们往往会通过修改某台设备（通常情况下是网络中处于关键位置且性能较高的设备）的桥优先级，确保它成为该网络的根桥，从而保证 STP 的稳定性。例如，可以将 SW1 规划为网络中的主根桥（Primary Root Bridge），将 SW2 规划为它的备份，也就是次根桥（Secondary Root Bridge）。

为 SW1 增加如下配置。

```
[SW1]stp root primary
```

为 SW2 增加如下配置。

```
[SW2]stp root secondary
```

在 SW1 上执行的 stp root primary 命令将使得它成为网络中的主根桥，实际上该命令是把当前交换机的桥优先级设置为最小值 0，而且该桥优先级不能修改。因此，对 SW1 使用替代命令 stp priority 0 也能实现相同的效果。另外，在 SW2 上执行的 stp root secondary 命令用于将设备指定为网络中的次根桥，实际上该命令是把当前交换机的桥优先级设置为 4096，而且该桥优先级不能修改。因此，对 SW2 使用替代命令 stp priority 4096 也能实现相同的效果。

在设备的系统视图下使用 stp priority 命令可修改该设备的桥优先级。需要注意的是，使用该命令所指定的桥优先级的取值范围是 0～61440，而且需是 4096 的倍数，例如 0、4096、8192 等。

完成以上配置后，可以在设备上使用 display stp 命令查看 STP 的状态。在 SW1 上执行该命令，可以看到如下输出。

```
<SW1>display stp
-----[CIST Global Info][Mode STPJ---—-
CIST Bridge               :0    .4c1f-ccc1-3333
Config Times              :Hello 2s MaxAge 20s FwDly 15s MaxHop 20
Active Times              :Hello 2s MaxAge 20s FwDly 15s MaxHop 20
CIST Root/ERPC            :0.4c1f-ccc1-3333/0
CIST RegRoot/IRPC         :0.4clf-ccc1-3333/0
CIST RootPortId           :0.0
BPDU-Protection           :Disabled
CIST Root Type            :Primary root
TC or TCN received        :6
TC count per hello        :0
STP Converge Mode         :Normal
Time since last TC        :0 days 0h: 1m:33s
Number of TC              :3
Last TC occurred          :GigabitEthernet0/0/22
......
```

从以上信息可以看出，本交换机的 B ID 为 0.4c1f-ccc1-3333，其中 0 为交换机的桥优先级，这显然是命令 stp root primary 的作用；4c1f-ccc1-3333 是本设备的 MAC 地址。而且当前的根桥的 MAC 地址也是 4c1f-ccc1-3333，这就表明，本交换机就是根桥。

另外，使用 display stp brief 命令能查看端口的 STP 状态，在 SW1 上执行该命令可看到如下输出。

```
<SW1>display stp brief
MSTD    Port                    Role      STP State       Protection
0       GigabitEthernet0/0/22   DESI      FORWARDING      NONE
0       GigabitEthernet0/0/24   DESI      FORWARDING      NONE
```

由于 SW1 是根桥，因此它的所有端口均是指定端口，通常情况下，根桥的所有端口都将处于转发状态。

在本网络中 SW3 的 G0/0/23 端口将会被阻塞。

为什么网络中被 STP 阻塞的端口是 SW3 的 G0/0/23 端口？道理非常简单：SW3 的 G0/0/22 端口是其根端口，它在该端口上收到的 BPDU 是最优的，此后它会根据该最优 BPDU，为 G0/0/23 端口计算 BPDU，并且将其与该端口收到的 BPDU 进行比较，由于 SW3 的 G0/0/23 端口所收到的 BPDU 比它为该端口计算出的 BPDU 更优，因此该端口被阻塞。如果我们此时希望 SW3 被阻塞的不是 G0/0/23 端口，而是 G0/0/22 端口，那么可以设法让 G0/0/23 成为 SW3 的根端口，例如将 G0/0/22 端口的 Cost 调大，使得 SW3 从该端口到达根桥的 RPC 比另一条路径的更大。

为 SW3 增加如下配置。

```
[SW3]interface GigabitEthernet0/0/22
[SW3-GigabitEthernet0/0/22]stp cost 50000
```

完成以上配置后，再观察一下 SW3 的端口状态。

```
<SW3>display stp brief
MSTD    Port                    Role      STP State       Protection
0       GigabitEthernet0/0/22   ALTE      DISCARDING      NONE
0       GigabitEthernet0/0/23   ROOT      FORWARDING      NONE
```

2.2.6　MSTP 原理

大家都知道，STP 是一个相对老旧的标准，快速生成树协议（Rapid Spanning Tree Protocol，RSTP）虽然在 STP 的基础上进行了一定程度的优化，但是依然与 STP 一样存在一个较大的短板，那就是当它们被部署在交换网络中时，所有的 VLAN 共用一棵生成树。这个短板将使得网络中的流量无法在所有可用链路上实现负载分担，导致链路带宽利用率、设备资源利用率较低。在网络中，如果 SW1、SW2 及 SW3 都运行 STP，或者都运行 RSTP，那么无论网络中存在多少个 VLAN，这些 VLAN 都使用一棵相同的生成树，也就是说，STP、RSTP 并不会针对不同的 VLAN 执行单独的生成树计算。如图 2-50 所示，SW1 被配置为全网的主根桥，而 SW2 被配置为次根桥，那么 SW3 的 G0/0/23 端口将会被阻塞。如此一来，SW3 所连接的所有 VLAN 中的设备与外部网络进行通信时，业务流量都始终只走 SW1-SW3 这一侧的链路，而 SW2-SW3 这一侧的链路则几乎不承载业务流量，SW2 也就相当于闲置在此，无法得到有效的利用，从资源利用率的角度考虑，这是难以接受的。

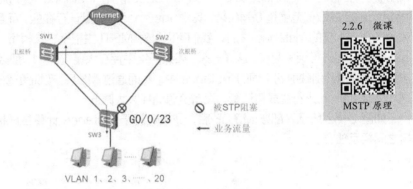

图 2-50　STP 的短板

现在换一种思路，如果存在这样一种生成树协议，它基于 VLAN 进行生成树的计算，那么这种技术存在什么优缺点呢？其优点自然是不言而喻的，当交换机运行这种生成树协议后，它会针对每一个 VLAN 单独计算一棵生成树。如图 2-51 所示，网络管理员可以针对每个 VLAN 的生成树独立配置根桥，当然，也可以通过相应的配置，使得不同 VLAN 的生成树阻塞不同的接口，对 VLAN 1 而言，该 VLAN 的生成树阻塞的是 SW3 的 G0/0/23 端口，因此该 VLAN 内的 PC 与外部网络通信的流量可以通过 SW1-SW3 这一侧的链路转发；而对 VLAN 2 而言，该 VLAN 的生成树阻塞的是 SW3 的 G0/0/22 端口，因此该 VLAN 内的 PC 与外部网络通信的流量可以通过另一侧链路进行转发——业务流量实现了负载分担；其他 VLAN 同理。

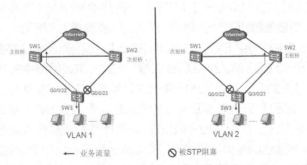

图 2-51　针对每一个 VLAN 单独计算一棵生成树

使用基于 VLAN 的生成树协议，自然可以将生成树的可操控性发挥得很好，然而这种技术也是存在一定短板的。设想一下，如果网络中 VLAN 的数量特别大，那么所有的交换机将不得不为每个 VLAN 都计算一棵生成树，设备的资源消耗将变得非常大，为了进行大规模的生成树计算，设备将变得不堪重负，甚至有可能影响到正常业务流量的处理。

IEEE 发布的 IEEE 802.1s 标准解决了上述问题，它定义了一种新的生成树协议——多实例生成树协议（Multiple Instances Spanning Tree Protocol，MSTP），MSTP 能够兼容 STP 及 RSTP，在该协议中，生成树不是基于 VLAN 计算的，而是基于 Instance（实例）计算的。Instance 是一个或多个 VLAN 的集合。网络管理员可以将一个或多个 VLAN 映射到一个 Instance，然后 MSTP 基于该 Instance 计算生成树。基于 Instance 的生成树被称为多生成树实例（Multiple Spanning Tree Instance，MSTI），MSTP 为每个 Instance 维护独立的 MSTI，映射到同一个 Instance 的 VLAN 将共享同一棵生成树。网络管理员可根据实际需要，在交换机上创建多个 Instance，然后将特定的 VLAN 映射到相应的 Instance。需要注意的是，一个 Instance 可以包含多个 VLAN，但是一个 VLAN 只能被映射到一个 Instance。MSTP 对 Instance 使用 Instance ID 进行标识，在华为交换机上，Instance ID 的取值范围是 0~4094，其中 Instance 0 是默认存在的，而且默认时，交换机上所有的 VLAN 在加入新的 instance 之后，我们可以针对 MSTI 主根桥、次根桥、接口优先级或都映射到了 Instance 0 等进行相关配置。这样一来，如果网络中存在大量 VLAN，那么我们便可以将这些 VLAN 按照一定规律分别映射到不同的 Instance 中，从而通过 MSTP 实现负载分担，而且交换机仅需针对这几个 Instance 进行生成树计算，设备资源消耗大大降低。

如图 2-52 所示，部署 MSTP 后，交换机基于 Instance 计算生成树，不同 Instance 的生成树之间相互独立。

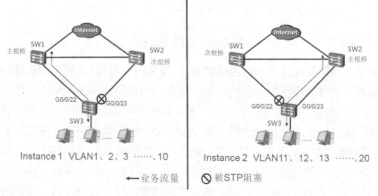

图 2-52　MSTP 分担

在图 2-52 中，网络中的交换机都部署了 MSTP，该网络中 VLAN 1 至 10 被映射到了 Instance 1，而 VLAN 11 至 20 则被映射到了 Instance 2，SW1 被配置为 MSTI1（Instance 1 的生成树实例）的主根桥，并且在该生成树中 SW3 的 G0/0/23 端口被阻塞；SW2 被配置为 MSTI2 的主根桥，并且在该生成树中 SW3 的 G0/0/22 端口被阻塞。如此一来，网络中的交换机只需维护两棵生成树，而且这两组 VLAN 内的 PC 与外部网络通信的业务流量实现了负载分担。此外，当网络中的设备或链路发生故障时，MSTP 还能够实现网络的冗余性。例如当 SW1 与 SW3 之间的互联链路发生故障时，MSTP 会将 SW3 的 G0/0/23 端口在 MSTI1 上切换到转发状态，如此一来 VLAN 1 至 10 内的 PC 与外部网络通信的业务流量就可以在 SW2 与 SW3 之间的链路上传输。

MSTP 引入了域（Region）的概念，我们可以将一个大型的交换网络划分成多个 MST 域

（Multiple Spanning Tree Region，多生成树域），一个 MST 域内可以包含一台或多台交换机，同属一个 MST 域的交换机必须配置相同的域名（Region Name）、相同的修订级别（Revision Level），以及相同的 VLAN 与 Instance 的映射关系。当然，对一些小型网络而言，全网的交换设备属于一个域也未尝不可。

2.2.7 MSTP 单实例

如图 2-53 所示，3 台交换机构成了一个三角形的二层环路，通过部署 MSTP 可实现网络的无环化。由于网络的规模较小，因此我们计划部署单个 MST 域（域名为 HUAWEI），并且所有的 VLAN 均映射到默认的 Instance 0 中。SW1 及 SW2 是两台关键设备，因此分别将其规划为网络中的主根桥及次根桥。

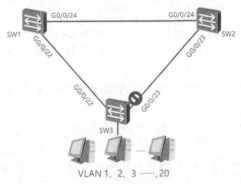

图 2-53　MSTP 单实例基础配置

MSTP 单实例基础配置如下。

MST 域内存在一棵内部生成树（Internal Spanning Tree，IST），默认情况下，交换机上的所有 VLAN 都属于 Instance 0，而 IST 则是 MST 域内的交换机针对 Instance 0 计算出的一棵生成树。

（1）SW1 的配置如下。

```
[SW1]stp region-configuration
[SW1-mst-region]region-name HUAWEI
[SW1-mst-region]revision-level 1
[SW1-mst-region]active region-configuration
[SW1-mst-region]quit
[SW1]stp mode mstp
[sw1]stp root primary
[SW1]stp enable
```

在以上配置中，stp region-configuration 命令用于进入设备的 MST 域视图，针对 MST 域的相关配置需在该视图下进行。region-name HUAWEI 命令用于将 MST 域名修改为 HUAWEI，默认情况下，MST 域名是交换设备主控板上管理网口的 MAC 地址。revision-level 1 命令用于将 MST 域的修订级别修改为 1，默认情况下，MST 域的修订级别为 0，该条命令为可选配置，但是需要注意的是，同属一个 MST 域的交换机必须配置相同的修订级别。在 MST 域视图下执行上述命令后，需执行 active region-configuration 命令来进行激活，否则这些命令并不生效。另外，stp root primary 命令等效于 stp instance 0 root primary，即将 SW1 指定为 MSTI 0 的主根桥。

（2）SW2 的配置如下。

```
[SW2]stp region-configuration
[SW2-mst-region]region-name HUAWEI
[SW2-mst-region]revision-level 1
[SW2-mst-region]active region-configuration
[SW2-mst-region]quit
```

```
[SW2]stp mode mstp
[SW2]stp enable
[SW2]stp root secondary
```

在以上配置中，stp root secondary 命令等效于 stp instance 0 root secondary，即将 SW2 指定为 MSTI 0 的次根桥。

（3）SW3 的配置如下。

```
[SW3]stp region-configuration
[SW3-mst-region]region-name HUAWEI
[SW3-mst-region]revision-level 1
[SW3-mst-region]active region-configuration
[SW3-mst-region]quit
[SW3]stp mode mstp
[SW3]stp enable
```

完成上述配置后，查看一下 SW3 的端口状态。

```
<SW3>display stp brief
MSTID     Port                  Role      STP State     Protection
0         GigabitEthernet0/0/22 ROOT      FORWARDING    NONE
0         GigabitEthernet0/0/23 ALTE      DISCARDING    NONE
```

可以看到，在 MSTI 0 中，SW3 的 G0/0/23 端口为替代端口，而且状态为阻塞，这是符合我们预期的。

执行 display stp region-configuration 命令可查看当前生效的 MST 域配置信息，以 SW3 为例。

```
<SW3>display stp region-configuration
Oper configuration
Format selector        :0
Region name            :HUAWEI
Revision level         :1
Instance    VLANs  Mapped
0        1  to 4094
```

2.2.8 MSTP 多实例

2.2.8 微课

MSTP 多实例

对于图 2-54 所示的交换网络，客户要求 VLAN 2 至 10 内的 PC 与外部网络互通的业务流量能够在 SW1-SW3 一侧的链路传输，而 VLAN 11 至 20 内的 PC 与外部网络互通的业务流量能够在 SW2-SW3 一侧的链路传输。我们计划部署单域 MSTP（域名为 HUAWEI），并创建两个新的实例——Instance 1 及 Instance 2，将 VLAN 2 至 10 映射到 Instance 1，将 VLAN 11 至 20 映射到 Instance 2，其余 VLAN 则映射到默认的 Instance 0。

为了使得 VLAN 2 至 10 的业务流量能够在 SW1-SW3 一侧的链路传输，可将 SW1 规划为 MSTI 1 的主根桥，将 SW2 规划为次根桥。同理，为了使得 VLAN 11 至 20 的业务流量能够在 SW2-SW3 一侧的链路传输，可将 SW2 规划为 MSTI 2 的主根桥，将 SW1 规划为次根桥。Instance 0 不赘述。

（1）SW1 的配置如下。

```
[SW1]stp region-configuration
[SW1-mst-region] region-name HUAWEI
[SW1-mst-region] instance 1 vlan 2 to 10
[SW1-mst-region] instance 2 vlan 11 to 20
[SW1-mst-region] active region-configuration
[SW1-mst-region] quit
[SW1] stp mode mstp
[SW1] stp instance 0 root primary
[SW1] stp instance 1 root primary
[SW1] stp instance 2 root secondary
[SW1] stp enable
```

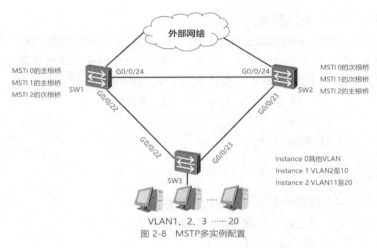

图 2-54　MSTP 多实例配置

（2）SW2 的配置如下。

```
[SW2] stp region-configuration
[SW2-mst-region] region-name HUAWEI
[SW2-mst-region] instance 1 vlan 2 to 10
[SW2-mst-region] instance 2 vlan 11 to 20
[SW2-mst-region] active region-configuration
[SW2-mst-region] quit
[SW2]stp mode mstp
[SW2]stp instance 0 root secondary
[SW2]stp instance 1 root secondary
[SW2]stp instance 2 root primary
[SW2]stp enable
```

（3）SW3 的配置如下。

```
[SW3]stp region-configuration
[SW3-mst-region]region-name HUAWEI
[SW3-mst-region]instance 1 vlan 2 to 10
[SW3-mst-region]instance 2 vlan 11 to 20
[SW3-mst-region]active region-configuration
[SW3-mst-region]quit
[SW3]stp mode mstp
[SW3]stp enable
```

（4）完成上述配置后，可检查一下 SW3 的端口状态。

```
<SW3>display stp brief
MSTID  Port                    Role     STP State      Protection
0      GigabitEthernet0/0/22   ROOT     FORWARDING     NONE
0      GigabitEthernet0/0/23   ALTE     DISCARDING     NONE
1      GigabitEthernet0/0/22   ROOT     FORWARDING     NONE
1      GigabitEthernet0/0/23   ALTE     DISCARDING     NONE
2      GigabitEthernet0/0/22   ALTE     DISCARDING     NONE
2      GigabitEthernet0/0/23   ROOT     FORWARDING     NONE
```

思考与练习

一、单选题

1. 关于 STP，下列描述正确的是（　　　）。

A. STP 是数据链路层协议　　　　　　　　B. STP 是网络层协议

C. STP 是传输层协议　　　　　　　　　　D. STP 是形成环路的协议

2. 关于 STP，下列描述正确的是（　　　）。

A. STP 生成树的收敛过程通常需要几十分钟　　　B. STP 生成树的收敛过程通常需要几十秒钟

C. STP 是传输层协议　　　　　　　　　　　　　D. STP 生成树的收敛需要几秒钟

3. 华为交换机运行 STP/MSTP 时，默认情况下交换机的优先级为（　　　）。

A. 4096　　　　　　　　B. 8192　　　　　　　　C. 16384　　　　　　　　D. 32768

二、多选题

1. 关于 STP，下列描述正确的是（　　　）。

A. 根桥上不存在指定端口

B. 根桥上不存在根端口

C. 一个非根桥上可能存在一个根端口和多个指定端口

D. 一个非根桥上可能存在多个根端口和一个指定端口

2. 关于 STP，下列描述正确的是（　　　）。

A. 根桥不可能发送 TCN BPDU

B. 非根桥不可能发送 TC 位为 1 的配置 BPDU

C. STP 帧是单播帧

D. STP 帧是组播帧

3. 关于 MSTP，下列描述正确的是（　　　）。

A. MSTP 是基于 VLAN 转发的　　　　　　　　B. MSTP 是基于实例转发的

C. MSTP 引入域的概念　　　　　　　　　　　　D. MSTP 可以实现负载均衡

任务三　链路聚合配置

学习重难点

1. 重点

（1）链路聚合基本概念；　　　　　　　　（2）链路聚合使用场景。

2. 难点

（1）链路聚合基本配置；　　　　　　　　（2）链路聚合故障排除。

相关知识

2.3.1　链路聚合基本概念

2.3.1　微课

链路聚合基本
概念

　　　首先，我们来澄清一些常见的说法。我们可能经常听到这样一些说法，例如标准以太口、FE 端口、百兆口、GE 端口、千兆口等。那么，这些说法究竟是什么意思呢？

　　　其实，这些说法都跟以太网技术的规范有关，特别是跟以太网的信息传输速率规范有关。IEEE 在制定关于以太网的信息传输速率的规范时，信息传输速率几乎总是按照十倍关系来递增的。目前，规范化的以太网的信息传输速率主要有 10Mbit/s、100Mbit/s、1000Mbit/s（1Gbit/s）、10Gbit/s、100Gbit/s。这种按十倍关系递增的方式既能很好地匹配微电子技术及光学技术的发展，又能控制以太网信息传输速率规范的散乱性。试想一下，如果 IEEE 今天推出一个信息传输速率为 415Mbit/s 的规范，明天又推出一个信息传输速率为 624Mbit/s 的规范，那么以太网网卡的生产厂商必定会苦不堪言。并且，在实际搭建以太网的时候，以太网链路两端的端口速率匹配问题也会变得非常复杂。

下面是对一些常见说法的澄清。

（1）发送/接收速率为 10Mbit/s 的以太网端口常被称为标准以太网端口，或标准以太口，或 10 兆以太网端口，或 10 兆以太口，或 10M 以太网端口，或 10M 以太口，或 10M 口。

（2）发送/接收速率为 100Mbit/s 的以太网端口常被称为快速以太网端口，或快速以太口，或 100 兆以太网端口，或 100 兆以太口，或 100M 以太网端口，或 100M 以太口，或 FE（Fast Ethernet，快速以太网）端口，或 FE 口。

（3）发送/接收速率为 1000Mbit/s 的以太网端口常被称为千兆以太网端口，或千兆以太口，或千兆口，或吉比特端口，或吉比特口，或 GE（Gigabit Ethernet，吉比特以太网）端口，或 GE 口。

（4）发送/接收速率为 10Gbit/s 的以太网端口常被称为万兆以太网端口，或万兆以太口，或万兆口，或 10GE 端口，或 10GE 口。

（5）发送/接收速率为 100Gbit/s 的以太网端口常被称为 100GE 端口，或 100GE 口。

以太网链路的说法是与以太网端口的说法相对应的。例如，如果一条链路两端的端口是 GE 口，则这条链路就称为一条 GE 链路；如果一条链路两端的端口是 FE 口，则这条链路就称为一条 FE 链路；等等。

1. 链路聚合技术

如图 2-55 所示，在某公司的网络中，交换机 S1 接入了 10 个用户，每个用户都通过一条 FE 链路与 S1 相连，S1 与核心交换机 S2 之间的链路是一条 GE 链路。显然，在这种情况下，S1 与 S2 之间的 GE 链路是不会发生流量拥塞的。但是，当网络扩建后，S1 接入的用户数增加为 20，如果 S1 与 S2 之间仍然只采用一条 GE 链路，则这条 GE 链路上就可能会出现流量拥塞的情况（因为现在用户带宽的总需求是 2G，但一条 GE 链路只能提供最多 1G 的带宽）。

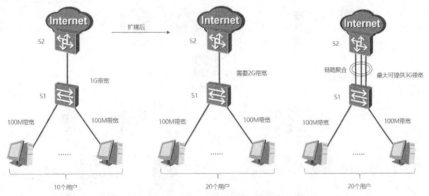

图 2-55　链路聚合技术

想要解决这个问题，我们可以将 S1 与 S2 之间的链路更换为一条 10GE 链路，但这需要 S1 和 S2 上都有 10GE 端口。如果 S1 或 S2 上没有 10GE 端口，或者根本不支持 10GE 端口，那么需要更换交换机。总的来说，这种方法的成本较大，并且 10Gbit/s 的带宽相对 2Gbit/s 的需求来说，实在是富余太多，在一定程度上造成了带宽的浪费。还有就是，S1 与 S2 之间如果只有一条链路存在，网络的可靠性也会面临很大的威胁。一旦这条链路发生了中断，则所有的用户将完全无法访问 Internet。

针对上面的问题，一个既能满足带宽需求，又能节省成本，还能提高 S1 与 S2 连接可靠性的方法便是采用链路聚合技术。如图 2-55 所示，我们可以在 S1 和 S2 之间使用 3 条 GE 链路（当然，S1 和 S2 上都至少需要有 3 个 GE 端口），然后通过链路聚合技术，将这 3 条 GE 链路整合（这里的整合是指逻辑意义上的整合）成为一条最大带宽可达 3Gbit/s 的逻辑链路（相应地，交换机上的 3 个 GE 端口也被整合成为一个逻辑端口）。一方面，这条逻辑链路可以满足 2Gbit/s 的带宽需求；另一方面，当某条 GE 链路发生故障而中断之后，这条逻辑链路仍然存在，只是能够提供的带宽有所下降，但不会导致所有用户完全不能访问 Internet 的糟糕情况发生。

2. 链路聚合技术的优点

（1）能够根据需要灵活地增加网络设备之间的带宽。

（2）增强网络设备之间连接的可靠性。

（3）节约成本。

2.3.2 链路聚合使用场景

2.3.2 微课

链路聚合使用
场景（字幕版）

链路聚合也称为链路绑定，英文的说法有 Link Aggregation、Link Trunking、Link Bonding。需要说明的是，这里所说的链路聚合技术，针对的都是以太网链路。

在 2.3.1 节里提到的例子中，我们将链路聚合技术应用在了两台交换机之间。事实上，链路聚合技术还可以应用在交换机与路由器之间、路由器与路由器之间、交换机与服务器之间、路由器与服务器之间、服务器与服务器之间，如图 2-56 所示。注意，从理论上讲，在 PC 上也是可以实现链路聚合的，但实际上考虑到成本等因素，没人会在现实中去真正实现。另外，从原理性角度来看，服务器不过是高性能的计算机。但从网络应用的角度来看，服务器是非常重要的，我们必须保证服务器与其他设备之间的连接具有非常高的可靠性。因此，在服务器上经常需要用到链路聚合技术。

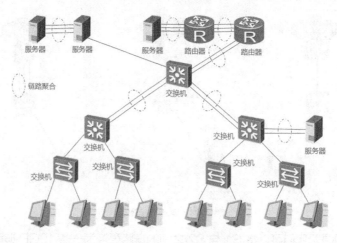

图 2-56　链路聚合

但是链路聚合技术也是一个暂时的替代技术，更换更大传输速率的交换设备也是可以的。如果设备接口是百兆口，还有 GE 口，就可以使用 GE 口连接，而不需要用 3 个百兆口做链路聚合，如图 2-57 所示。

图 2-57　多接口类型的交换机

2.3.3　链路聚合配置实例

如图 2-58 所示，交换机 S1 下接入了 20 个用户，每条接入链路都是 FE 链路。交换机 S2 与
S1 通过 3 条 GE 链路直接相连，现在需要将这 3 条 GE 链路绑定成为一条 Eth-Trunk 链路。

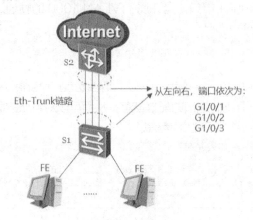

2.3.3　微课

链路聚合配置
实例（字幕版）

图 2-58　链路聚合

1. 配置思路

（1）创建 Eth-Trunk 端口。

（2）配置链路聚合模式（可选）。

（3）将物理端口加入 Eth-Trunk 端口。

（4）配置二层链路的连通性（如 VLAN 配置等）。

2. 配置步骤

（1）在 S1 上创建编号为 1 的 Eth-Trunk 端口（Eth-Trunk1）。

```
[S1]interface Eth-Trunk1
```

（2）在 S2 上创建编号为 1 的 Eth-Trunk 端口（Eth-Trunk1）。注意，Eth-Trunk 端口的编
号在两端的设备上需保持一致。

```
[S2]interface Eth-Trunk1
```

（3）在 S1 上配置 Eth-Trunk1 端口的工作模式为手动负载分担模式（可选）。

```
[S1-Eth-Trunk1]mode manual load-balance
```

（4）在 S2 上配置 Eth-Trunk1 端口的工作模式为手动负载分担模式（可选）。

```
[S2-Eth-Trunk1]mode manual load-balance
```

Eth-Trunk 端口的工作模式分为手动负载分担模式和链路聚合控制协议（Link Aggregation
Control Protocol，LACP）模式两种，可以使用命令 mode lacp|manual load-balance 来进行配
置。默认情况下，Eth-Trunk 端口的工作模式为手动负载分担模式。配置时需要注意，Eth-Trunk

端口的工作模式在两端的设备上必须保持一致。在将任何成员端口加入 Eth-Trunk 端口之前，必须配置好 Eth-Trunk 端口的工作模式。

（5）在 S1 上，将物理端口 G1/0/1、G1/0/2、G1/0/3 加入 Eth-Trunk1 端口。

```
[S1-Eth-Trunk1]trunkport gigabitethernet 1/0/1 to 1/0/3
[S1-Eth-Trunk1]quit
```

（6）在 S2 上，将物理端口 G1/0/1、G1/0/2、G1/0/3 加入 Eth-Trunk1 端口。

```
[S2-Eth-Trunk1]trunkport gigabitethernet 1/0/1 to 1/0/3
[S2-Eth-Trunk1]quit
```

将物理端口加入 Eth-Trunk 端口时还需要注意，加入同一个 Eth-Trunk 端口的物理端口必须是同一类型的端口，并且其属性需要保持完全一致（例如，这些端口都属于同一个 VLAN）。

（7）配置 S1 的 Eth-Trunk1 端口，允许属于 VLAN 1000 的帧通过。

```
[S1]interface Eth-Trunk1
[S1-Eth-Trunk1]port link-type trunk
[S1-Eth-Trunk1]port trunk allow-pass vlan 1000
```

（8）配置 S2 的 Eth-Trunk1 端口，允许属于 VLAN 1000 的帧通过。

```
[S2]interface Eth-Trunk1
[S2-Eth-Trunk1]port link-type trunk
[S2-Eth-Trunk1]port trunk allow-pass vlan 1000
```

（9）查看配置。

我们可以使用 display eth-trunk [trunk-id [interface interface-type interface-number |verbose]]命令来查看 Eth-Trunk 端口的配置信息，从而可以对所做的配置进行验证。

在 S1 上查看 Eth-Trunk1 端口的配置信息。

```
[S1] display eth-trunk 1 verbose
Eth-TrunkT's state information is :
WorkingMode:     NORMAL    Hash arithmetic: According to SIP-XOR-DIP
Least Active-linknumber: 1  Max Bandwidth-affected-linknumber : 8
Operate status : up        Number Of Up Port In Trunk : 0
--------------------------------------------------------------
PortName             Status         Weight
GigabitEthermet1/0/1     Up             1
GigabitEthernet1/0/2     Up             1
GigabitEthernet1/0/3     Up             1
```

在上面的回显信息中，"WorkingMode: NORMAL"表示 Eth-Trunk1 端口的工作模式为 NORMAL，即手动负载分担模式（如果显示 LACP，则表示工作模式为 LACP 模式）。"Least Active-linknumber: 1"表示处于 Up 状态的成员链路的下限阈值为 1。"Operate status : up"表示 Eth-Trunk1 端口的状态为 Up。从下面的信息可以看出，Eth-Trunk1 端口包含 3 个成员端口，分别是 G1/0/1、G1/0/2、G1/0/3，其中每个端口均转发了一定的流量，而 Eth-Trunk1 端口总的转发量正是各个成员端口的转发量的总和。

思考与练习

一、单选题

1. 链路聚合（Link Aggregation）是将一组（   ）捆绑在一起作为一个逻辑接口来增加带宽的一种方法。

A. 逻辑接口   B. 环回接口

C. 子接口   D. 物理接口

2. 下列关于静态配置链路聚合理解正确的是（   ）。

A. 静态配置链路聚合不需要在聚合组的每个聚合端口中进行配置

B. 静态配置链路聚合两端的端口带宽必须一致

C. 静态配置链路聚合不能进行负载均衡

D. 静态配置链路聚合不需要配置聚合组号

3. 以下属于华为的链路聚合的是（　　）。

A. Aggregate-port

B. Eth-trunk

C. Port-Group

D. Group-Port

二、多选题

1. 以下关于链路聚合的相关配置命令，描述正确的是（　　）。

A. [Interface Eth-Trunk 10]命令用来创建并进入 Eth-Trunk 端口，指定 Eth-Trunk 端口的编号为 10

B. [Trunkport Gigabitethernet G0/0/1 to G0/0/3]命令用来把端口 G0/0/1 和 G0/0/3 作为成员端口添加到 Eth-Trunk 中

C. [port link-type trunk]命令用来设置端口的链路类型为 Trunk

D. [port trunk allow-pass vlan all]命令用来允许这个 Trunk 链路转发所有 VLAN 的流量

2. 下列关于链路聚合说法正确的是（　　）。

A. 链路两端的端口类型可以不同

B. 有二层链路聚合，也有三层链路聚合

C. 在配置链路聚合时物理端口类型应一致

D. 在聚合端口中若有一条链路是 Up 状态，则聚合口是 Up 状态

3. 网络管理员通常会在企业网络中使用链路聚合技术。下列描述中哪些是链路聚合的优点？（　　）

A. 实现负载分担

B. 增加带宽

C. 提高可靠性

D. 提高安全性

4. 链路聚合的优势有（　　）。

A. 提高连接的带宽

B. 防止链路上出现环路

C. 为连接动态地提供备用链路

D. 提升连接的可扩展性且降低成本

任务四　网络设备管理

学习重难点

1. 重点

（1）GVRP 的 VLAN 属性注册过程；　　（2）GVRP 的 VLAN 属性注销过程；

（3）Telnet 的数据传输原理。

2. 难点

（1）GVRP 配置；　　（2）通过 Console 登录设备；　　（3）通过 Telnet 登录设备。

相关知识

2.4.1 GVRP 的原理

在写字楼这样的建筑实体里，一般需要每层设置一台交换机，将各层之间的交换机互连，如图 2-59 所示。根据所处的网络位置和分配区域不同，通常会在交换机上划分 VLAN。要想保持网络的通畅，必须在所有的交换机设备中建立 VLAN，并且允许当前 VLAN 通过，这个工作量是非常大的。

2.4.1 微课

GVRP 的原理

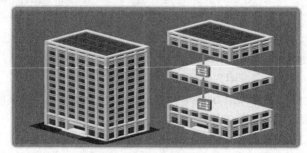

图 2-59　写字楼交换机布局

在对交换机进行 VLAN 配置的时候，需要在交换机上手动建立相应的 VLAN。如果没有建立 VLAN，在把端口改为 Access 端口并添加到相应的 VLAN 时，系统会提示错误。但是如果配置 Trunk 端口，并允许相应的 VLAN 通过，则系统没有任何提示。这样就会很容易在配置过程中遗漏建立相应的 VLAN，而且重新在已经使用的交换机上补足命令耗时耗力。

在大中型网络中，如果管理员手动配置和维护每台交换机，只这几点弊端，也会给工作带来非常大的麻烦。

有没有一种更好的协议来帮助我们实现统一的 VLAN 注册呢？为此，IEEE 制定了一个名为 GARP（Generic Attribute Registration Protocol，通用属性注册协议）的框架协议。该框架协议包含两个具体的协议，分别为组播注册协议（GARP Multicast Registration Protocol，GMRP）和 VLAN 注册协议（GARP VLAN Registration Protocol，GVRP）。通过 GVRP，一台交换机上的 VLAN 信息会迅速传播到整个交换网络。GVRP 实现了 LAN 属性的动态分发、注册和传播，也能保证 VLAN 配置的正确性。GVRP 的应用可以大大降低 VLAN 配置过程中的手动工作量。

我们通常称在交换机上手动创建的 VLAN 为静态 VLAN，而将交换机利用 GVRP 自动创建的 VLAN 称为动态 VLAN。GVRP 提供了一种在交换机之间传递 VLAN 属性的机制，其主要作用是自动实现 VLAN 信息在交换机上的动态注册过程和注销过程。在交换机上部署了 GVRP 以后，用户只需要对少量的交换机进行静态 VLAN 配置，便可将这些 VLAN 信息传递并应用到其他的交换机上。

1. VLAN 属性的动态注册过程

（1）如图 2-60 所示，PC1 和 PC2 都被划分到 VLAN 10，因此所有的交换机上都要进行针对 VLAN 10 的配置。假设交换机 S1、S2、S3、S4 都已经全局开启了 GVRP 功能，并且相关的端口（S1 的 G0/0/1、S2 的 G0/0/1 和 G0/0/2、S3 的 G0/0/1 和 G0/0/2、S4 的 G0/0/1）也都开启了 GVRP 功能，那么当用户在交换机 S1 上手动创建静态 VLAN 10，并且配置 S1 的 G0/0/1 端口允许属于 VLAN 10 的帧通过之后，S1 的 G0/0/1 端口便会向外发送 VLAN 属性的注册报文。

（2）S2 通过其 G0/0/1 端口接收到 S1 发送过来的 VLAN 属性注册报文后，会自动创建动态 VLAN 10，并将自己的 G0/0/1 端口注册到（加入）动态 VLAN 10 中。然后 S2 会通过其 G0/0/2 端口向外发送 VLAN 属性注册报文。需要注意的是，只有从链路上接收到 VLAN 属性注册报文的端口才会注册到相应的 VLAN 中，所以 S2 的 G0/0/2 端口现在并未注册到动态 VLAN 10 中。

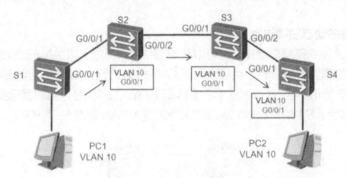

图 2-60　VLAN 属性的正向注册

（3）S3 通过其 G0/0/1 端口接收到 S2 发送过来的 VLAN 属性注册报文后，会自动创建动态 VLAN 10，并将自己的 G0/0/1 端口注册到动态 VLAN 10 中。然后，S3 会通过其 G0/0/2 端口向外发送 VLAN 属性注册报文。需要注意的是，S3 的 G0/0/2 端口现在并未注册到动态 VLAN 10 中。

（4）S4 通过其 G0/0/1 端口接收到 S3 发送过来的 VLAN 属性注册报文后，会自动创建动态 VLAN 10，并将自己的 G0/0/1 端口注册到动态 VLAN 10 中。

在上述由 S1 向 S4 传递关于 VLAN 10 的信息过程中，S2、S3、S4 上自动创建了动态 VLAN 10，并且 S2 的 G0/0/1 端口、S3 的 G0/0/1 端口、S4 的 G0/0/1 端口已经注册到 VLAN 10 中。但是，到目前为止，S2 的 G0/0/2 端口和 S3 的 G0/0/2 端口还未注册到 VLAN 10 中，所以，用户还必须在 S4 上手动创建静态 VLAN 10，并配置 S4 的 G0/0/1 端口允许通过属于 VLAN 10 的帧。

（5）如图 2-61 所示，在 S4 上手动创建静态 VLAN 10，并配置 S4 的 G0/0/1 端口允许通过属于 VLAN 10 的帧。注意，所配置的静态 VLAN 10 的信息会替换掉 S4 上的动态 VLAN 10 的信息。然后，S4 的 G0/0/1 端口会向外发送 VLAN 属性的注册报文。

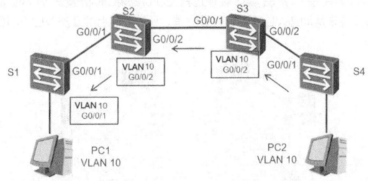

图 2-61　VLAN 属性的反向注册

（6）S3 通过其 G0/0/2 端口接收到 S4 发送过来的 VLAN 属性注册报文后，会将自己的 G0/0/2 端口注册到已经被创建了的动态 VLAN 10 中。然后，S3 会通过其 G0/0/1 端口向外发送 VLAN 属性注册报文。

（7）S2 通过其 G0/0/2 端口接收到 S3 发送过来的 VLAN 属性注册报文后，会将自己的 G0/0/2

端口注册到已经被创建了的动态 VLAN 10 中。然后，S2 会通过其 G0/0/1 端口向外发送 VLAN 属性注册报文。

（8）S1 的 G0/0/1 端口也会接收到 S2 发送过来的 VLAN 属性注册报文。由于 S1 上以及 S1 的 G0/0/1 端口上已经有了关于静态 VLAN 10 的相关信息，所以 S1 不会进行涉及动态 VLAN 10 的相关操作。

2. VLAN 属性的动态注销过程

当网络中的 VLAN 数量需要增加时，可以利用 GVRP 来进行 VLAN 的自动创建和注册。同样，当网络中的 VLAN 数量需要减少时，也可以利用 GVRP 来进行 VLAN 的自动删除和注销。

（1）如图 2-62 所示，当 PC1 和 PC2 不再属于 VLAN 10 时，用户就需要在 S1 上手动删除静态 VLAN 10。然后，S1 的 G0/0/1 端口会向外发送 VLAN 属性注销报文。

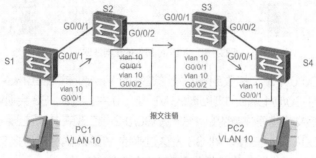

图 2-62　VLAN 属性的注销 1

（2）S2 通过其 G0/0/1 端口接收到 S1 发送过来的 VLAN 属性注销报文后，会将自己的 G0/0/1 端口从动态 VLAN 10 中注销。然后，S2 会通过其 G0/0/2 端口向外发送 VLAN 属性注销报文。需要注意的是，只有从链路上接收到 VLAN 属性注销报文的端口才会从相应的动态 VLAN 中被注销，所以 S2 的 G0/0/2 端口现在并未从动态 VLAN 10 中被注销。另外，由于此时 S2 上的动态 VLAN 10 中还存在 G0/0/2 端口，所以 S2 上的动态 VLAN 10 还会继续存在。

（3）S3 通过其 G0/0/1 端口接收到 S2 发送过来的 VLAN 属性注销报文后，会将自己的 G0/0/1 端口从动态 VLAN 10 中注销。然后，S3 会通过其 G0/0/2 端口向外发送 VLAN 属性注销报文。由于此时 G0/0/2 端口并未从动态 VLAN 10 中被注销，所以 S3 上的动态 VLAN 10 还会继续存在，如图 2-63 所示。

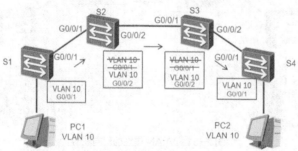

图 2-63　VLAN 属性的注销 2

（4）S4 通过其 G0/0/1 端口接收到 S3 发送过来的 VLAN 属性注销报文后，不会进行涉及动态 VLAN 10 的相关操作，原因是 S4 上的 VLAN 10 并非动态 VLAN，而是手动创建的静态 VLAN。

（5）通过上述 VLAN 属性的注销过程，可以看到 S2 的 G0/0/1 端口和 S3 的 G0/0/1 端口已经从动态 VLAN 10 中被注销，但是 S2 和 S3 上还仍然存在动态 VLAN 10。S2 的 G0/0/2 端口和 S3 的 G0/0/2 端口尚未在动态 VLAN 10 中注销，为此用户还必须在 S4 上手动删除静态 VLAN 10。当 S4 上的静态 VLAN 10 被手动删除之后，S4 的 G0/0/2 便会向外发送 VLAN 属性注销报文。

（6）S3 通过其 G0/0/2 端口接收到 S4 发送过来的 VLAN 属性注销报文后，会将自己的 G0/0/2 端口从动态 VLAN 10 中注销。然后 S3 会通过其 G0/0/1 端口向外发送 VLAN 属性注销报文。由于现在已经没有任何 S3 的端口注册在动态 VLAN 10，所以 S3 上的动态 VLAN 10 会被自动删除。

（7）S2 通过其 G0/0/2 端口接收到 S3 发送过来的 VLAN 属性注销报文后，会将自己的 G0/0/2 端口从动态 VLAN 10 中注销。然后 S2 会通过其 G0/0/1 端口向外发送 VLAN 属性注销报文。由于现在已经没有任何 S2 的端口注册在动态 VLAN 10，所以 S2 上的动态 VLAN 10 会被自动删除。

（8）S1 通过其 G0/0/1 端口接收到 S2 发送过来的 VLAN 属性注销报文后不会进行涉及动态 VLAN 10 的相关操作，原因是 S1 上已经不存在 VLAN 10，如图 2-64 所示。

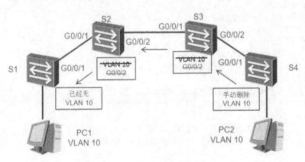

图 2-64　VLAN 属性的注销 3

2.4.2　GVRP 的配置

如图 2-65 所示，PC1 和 PC2 都被划分至 VLAN 10 中，通过 GVRP 来实现 VLAN 10 的自动创建注册和注销。

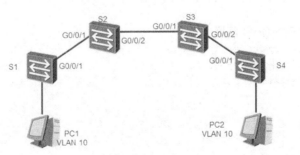

图 2-65　GVRP 拓扑

1. 开启 GVRP 功能

在相关的所有交换机的全局模式下开启 GVRP 功能。

```
<S1>system-view
[S1]gvrp
<S2>system-view
[S2]gvrp
```

```
<S3>system-view
[S3]gvrp
<S4>system-view
[S4]gvrp
```

2. 配置端口

配置交换机的端口属性，并且在 Trunk 端口上允许所有的 VLAN 通过。其中包括两种类型的端口：Access 端口和 Trunk 端口。

（1）配置 Access 端口

```
[S1]interface g0/0/2
[S1-interface g0/0/2]port link-type access
[S1-interface g0/0/2]port default vlan 10
[S4]interface g0/0/2
[S4-interface g0/0/2]port link-type access
[S4-interface g0/0/2]port default vlan 10
```

（2）配置 Trunk 端口

```
[S1 ]interface g0/0/1
[S1-interface g0/0/1]port link-type trunk
[S1-interface g0/0/1]port trunk allow-pass vlan all
[S2 ]interface g0/0/1
[S2-interface g0/0/1]port link-type trunk
[S2-interface g0/0/1]port trunk allow-pass vlan all
[S2 ]interface g0/0/2
[S2-interface g0/0/2]port link-type trunk
[S2-interface g0/0/2]port trunk allow-pass vlan all
[S3 ]interface g0/0/1
[S3-interface g0/0/1]port link-type trunk
[S3-interface g0/0/1]port trunk allow-pass vlan all
[S3 ]interface g0/0/2
[S3-interface g0/0/2]port link-type trunk
[S3-interface g0/0/2]port trunk allow-pass vlan all
[S4]interface g0/0/1
[S4-interface g0/0/1]port link-type trunk
[S4-interface g0/0/1]port trunk allow-pass vlan all
```

3. 在所有的 Trunk 端口开启 GVRP

```
[S1-interface g0/0/1]gvrp
[S2-interface g0/0/1]gvrp
[S2-interface g0/0/2]gvrp
[S3-interface g0/0/1]gvrp
[S3-interface g0/0/2]gvrp
[S4-interface g0/0/1]gvrp
```

4. 查看配置

（1）查看当前设备的 VLAN 信息

```
<S2>display vlan summary
```

（2）查看端口的 GVRP 统计信息

```
<S2>display gvrp statistics
```

5. 删除 VLAN

```
<S1>system-view
[S1]undo vlan 10
[S4]undo vlan 10
```

2.4.3 通过 Console 登录设备

对网络设备进行配置操作，主要通过两种方式登录设备，第一种是近距离地通过 Console 端口（见图 2-66）登录设备，第二种是远程通过 Telnet 协议登录设备。

本节和 2.4.4 节的学习重点，一是能够通过 Console 端口和 Telnet 协议两

2.4.3　微课

通过 console
登录设备管理

种方式来登录设备；二是掌握 Telnet 的原理。学习难点是掌握以上两种登录方式的配置命令。

图 2-66　Console 端口

接下来，介绍如何通过 Console 端口登录设备。从图 2-66 中可以看到，每一台路由器和交换机上面都有一个 Console 端口。那么如何通过计算机与设备进行连接呢？

如果计算机有针式插口，可以直接将 Console 线缆的孔式插口与针式插口相连（见图 2-67）；如果没有，中间可以增加转换插头，如图 2-68 所示。

当使用终端软件如 Hyper Terminal、SecureCRT 等时，通过 Console 端口连接路由器或者交换机的配置界面以后，同学们能看到的配置界面就与在模拟器中看到的界面一致了。

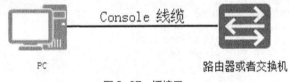

图 2-67　插接口

解决了线路的连接问题，接下来一起学习如何进行命令的配置。

```
[Huawei]user-interface console 0
[Huawei-ui-console0] authentication-mode password
[Huawei-ui-console0] set authentication password cipher 123456
[Huawei-ui-console0] quit
<Huawei>save
```

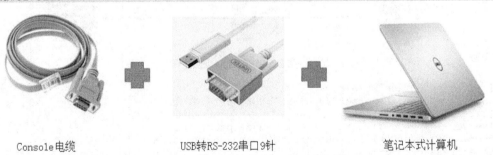

Console电缆　　　　　USB转RS-232串口9针　　　　　笔记本式计算机

图 2-68　终端连接

设置的管理员登录密码为"123456"，这里仅为了测试，在实际的工作过程中，是不能使用如此简单的登录密码的。路由器和交换机是网络节点设备，它关系着网络的正常运行和用户数据的安全传输。其中，管理员登录密码是保护这些数据的第一道屏障，我们在设置密码的时候要符合密码的"四分之三原则"：数字、大写字母、小写字母、特殊符号必须选 3 种的组合。这是网络管理员的基本守则之一。

2.4.4　通过 Telnet 登录设备

对于新买来的交换机和路由器等网络节点设备，可以用 1.5m 左右的 Console 线缆通过 Console 端口近距离地对设备进行配置。在后期的维护中，如果设备不在我们身边，又该如何对设备进行配置呢？接下来学习第二种登录设备的方法：Telnet 协议。

企业网络中如果有一台或多台网络设备需要进行远程配置和管理，管理员可以使用 Telnet 远程登录到每一台设备上，实现对这些网络设备的集中管理和维护。

首先来看一下 Telnet 的应用场景。设备需要一个 Telnet 客户端，远程 Telnet 服务器和 Telnet 客户端之间无须直接相连，只需保证两者之间可以互相通信即可。通过使用 Telnet，用户可以方便地实现对设备进行远程管理和维护。它有两种认证模式，一种是 AAA（Authentication、Authorization、Accounting，认证、授权、计费）认证方式认证，需要输入用户名和密码；另一种是密码认证，登录时只需要通过密码就可以实现认证。现在一起来学习用户名和密码登录的 AAA 认证配置。

1. 用户名登录 AAA 认证配置

```
[server]interface G0/0/0
[server-GigabitEthernet0/0/0]ip address 10.0.0.1 24
[server]user-interface vty 0 4
[server-ui-vty0-4]authentication-mode aaa
[server-ui-vty0-4]user privilege level 3
[server-ui-vty0-4]quit
[server] aaa
[server -aaa] local-user huawei password cipher 123456
[server -aaa] quit
```

2. 密码登录 AAA 认证配置

密码认证命令与 Console 接口的密码认证命令相似，如图 2-69 所示。

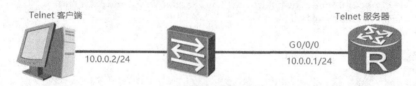

图 2-69　AAA 认证拓扑

```
[server]interface G0/0/0
[server -GigabitEthernet0/0/0] ip address 10.0.0.1 24
[server]user-interface vty 0 4
[server -ui-vty0-4] authentication-mode password
[server -ui-vty0-4] set authentication password cipher
Enter Password(<8-128>): 123456
```

请思考一下，没有开启虚拟接口服务会导致什么后果？比如你在济南工作，你曾服务的北京客户的设备出现故障，需要进行设备调试。开启虚拟接口，只需在家就可以远程登录、调试设备，不受地域的限制。反之，没有开启虚拟接口，就要通过其他的方法来调试设备，甚至跑一趟北京，工作效率低。疏忽大意就是严重失误。

 小贴士 细节决定成败，态度决定一切。世上无难事，只怕有心人。做任何事情都必须下定决心，不怕吃苦劳累。努力不一定会成功，但不努力一定不会成功，世上没有做不好的事情，只有态度不好的人，做任何事情都要有一个好态度。作为一名网络工程师，我们的好态度就是从认真地输入每一个代码，严谨地对待每一次任务开始。

思考与练习

单选题

1. 下面对 GVRP 描述正确的是（　　　）。

A. GVRP 是默认启用的，也可手动关闭

B. GVRP 是基于 GARP 的工作机制，并用于维护设备中的 VLAN 动态注册信息和传播该信息到其他的设备中

C. 交换机利用 GVRP 协议创建的 VLAN 称为静态 VLAN

D. GVRP 是交换机上必须开启的协议，否则交换机之间无法通信

2. 下列关于 GVRP 的描述，正确的是（　　　）。

A. GVRP 是 Generic VLAN　Registration　Protocol 的简称

B. GVRP 是 GARP VLAN　Registration Protocol 的简称

C. GVRP 可以减少手动配置 VLAN 的工作量

D. GVRP 在所有端口类型上都可以配置

3. 在一台交换机上创建了 VLAN 3、VLAN 4 和 VLAN 5。Trunk 链路上没有开启 GVRP。当 Trunk 端口收到 VLAN ID 为 6 的帧时，该端口将之（　　　）。

A. 泛洪到所有 VLAN　　　　　　　　B. 仅泛洪到 VLAN 1

C. 泛洪到所有 Trunk 端口　　　　　　D. 丢弃

4. 路由器第一次上电时必须通对（　　　）来搭建配置环境。

A. SSL　　　　　　　　　　　　　　B. SSH

C. Console 端口　　　　　　　　　　D. Telnet

5. 要想完成远程 Telnet 控制网络设备，不需要完成下列（　　　）操作。

A. 网络保持连通　　　　　　　　　　B. 连接 con 线缆

C. 开启 vty 接口　　　　　　　　　　D. 设置认证模式

任务五　DHCP 初级应用

学习重难点

1. 重点

（1）DHCP 的应用场景；　　　　　（2）DHCP 地址池的概念；

（3）DHCP 的基本配置参数；　　　　（4）路由器的基本结构；

（5）路由器的基本原理；　　　　　　（6）路由器的基本配置。

2. 难点

（1）DHCP 的基本原理；　　　　　　（2）DHCP 的基本配置；

（3）路由器的配置和参数设置。

相关知识

2.5.1　DHCP 原理和接口模式

2.5.1　微课

DHCP 原理和
接口模式

随着网络规模的增大，全部手动配置设备 IP 地址将是费时费力的一项工作。

1. 问题引入

在大型企业网络中，会有大量的主机或设备需要获取 IP 地址等网络参数。如果采用手动配置，工作量大且不好管理，如果有用户擅自修改网络参数，还有可能会造成 IP 地址冲突等问题。使用动态主机配置协议（Dynamic Host Configuration Protocol，DHCP）来分配 IP 地址等网络参数，可以减少管理员的工作量，避免用户手动配置网络参数时造成地址冲突。

2. 应用场景

设想一下，你是某个大公司的一名白领，每天到了办公室的第一件事情就是打开计算机，开启一天的工作。

显然，你的计算机需要一个 IP 地址才能进行网络通信，问题是你的计算机是如何得到这个 IP 地址的呢？你可能会说："我可以自己手动配置一个 IP 地址啊!"是的，在某些特殊的情况下，你的确可以给自己的计算机手动配置一个 IP 地址，但一般而言，你是不能够或不被允许这样做的。请想一想，如果公司的员工都自己配置自己计算机的 IP 地址，那么可能会出现一些什么样的问题呢?而且，请你好好回忆一下，你可能从来就没有手动配置过自己计算机的 IP 地址。

3. 网络配置参数

事实上，你的办公计算机不仅需要知道自己的 IP 地址，还应该知道其所在的二层网络的网关地址和子网掩码，甚至应该知道其附近的网络打印机的 IP 地址等。也就是说你的办公计算机在刚刚上线之后，需要获得一系列必要的和重要的网络配置参数，有了这些参数，你的计算机才能正常地工作，如图 2-70 所示。

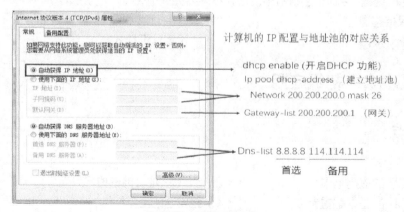

图 2-70　网络配置参数

（1）DHCP 服务器的概念

DHCP 提供了一种动态分配网络配置参数的机制。DHCP 可以分配的配置参数是多种多样的，在这里，我们只关注其对于主机 IP 地址的分配过程。注意，这里所说的主机是指任何需要得到 IP 地址等配置参数的网络设备，主要包括计算机、打印机等设备，如图 2-71 所示。

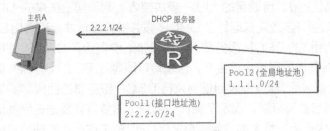

图 2-71　DHCP 服务器示意

（2）DHCP 地址池

下面来了解一下 DHCP 地址池的概念。地址池就好比水池，水池中的水就好比待分配的 IP 地址。要想把水池中的水放出来，是不是还要有水龙头？

同样，要把地址池的地址分配下去，需要正确配置接口等参数，如图 2-72 所示。后文将介绍如何进行配置操作。

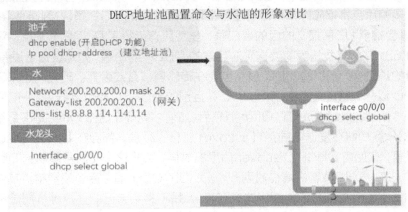

图 2-72　DHCP 地址池

（3）DHCP 服务器的工作原理

接下来看一下 DHCP 服务器的工作原理。从主机向 DHCP 服务器提出地址申请到 DHCP 服务器完成 IP 地址的分配，需要以下 4 个阶段，如图 2-73 所示。

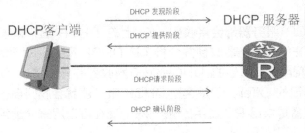

阶段过程	源地址	目的地地址
发现阶段	0.0.0.0	255.255.255.255
提供阶段	DHCP 服务器地址	可以分配给DHCP 客户端的地址
请求阶段	0.0.0.0	255.255.255.255
确认阶段	DHCP 服务器地址	确认分配给DHCP 客户端的地址

图 2-73　DHCP 服务器的工作过程

① 第一个阶段是发现阶段，也就是 PC 上的 DHCP 客户端寻找 DHCP 服务器的阶段。PC 上的 DHCP 客户端开始运行后会发送一个广播帧，该 IP 报文的目的 IP 地址为有限广播地址 255.255.255.255，源 IP 地址为 0.0.0.0。显然，与 PC 处于同一个二层网络中的所有设备都会收到这个广播帧，交换机收到这个广播帧后只会将它泛洪出去。其他设备收到这个广播帧后，会将相关的数据载荷逐层上报。传输层的 UDP 模块接收到网络层上送来的 UDP 报文后，会检查 UDP 报文的目的端口号，显然只有运行了 DHCP 服务器的设备才会识别出目的端口号 67，并将其数据载荷上送至应用层的 DHCP 服务器，如果设备上没有运行 DHCP 服务器，则目的端口号为 67 的 UDP 报文会在传输层被直接丢弃，这就有可能导致 PC 的 DHCP 客户端以广播方式发出了 DHCP Comer 消息后，却没有收到任何来自 DHCP 服务器的回应。为了提高传输的可靠性，DHCP 定义了一套消息重传机制，规定了在什么情况下需要重复发送已经发送过的消息、重复的时间间隔是多少、最大重复次数是多少等。总之，DHCP 工作过程的细节是比较复杂的，这里不做详细介绍。

② 第二个阶段是提供阶段，也就是 DHCP 服务器向 DHCP 客户端提供 IP 地址的阶段。注意 DHCP 客户端是否愿意接受 DHCP 服务器所提供的 IP 地址在这个阶段还反映不出来，每个接收到 DHCP Discover 消息的 DHCP 服务器都会从自己维护的地址池中选择一个合适的 IP 地址，并通过 DHCP Offer 消息将这个 IP 地址发送给 DHCP 客户端。显然，与 PC 处于同一个二层网络中的所有设备都会收到这个广播帧，交换机收到这个广播帧后只会将它泛洪出去，其他设备收到这个广播帧后会将相应的数据载荷逐层上报。传输层的 UDP 模块接收到网络层上传送的 UDP 报文后，会检查 UDP 报文的目的端口号，显然只有运行了 DHCP 客户端的设备才会识别出目的端口号 68，并将其数据载荷上送到应用层的 DHCP 客户端。如果设备上没有运行 DHCP 客户端，则目的端口号为 68 的 UDP 报文也会在传输层被直接丢弃。现在问题来了，二层网络中除了目的 PC 以外，可能还存在别的 PC，并且别的 PC 上可能也运行了 DHCP 客户端，那么这些 DHCP 客户端在收到 DHCP Offer 消息后，如何才能确定这个 Offer 是不是给自己的呢？原来每个 DHCP 客户端在发送 DHCP Discover 消息的时候，都会在 DHCP Discover 消息中设定一个交易号，在回应 DHCP Discover 消息的时候，会将这个交易号复制到 Discover Offer 消息中，这样一来，DHCP 客户端在收到一个 DHCP Offer 消息后，只要检查其中的交易号是不是自己当初设定的交易号就能判断出这个 Offer 是不是给自己的。这种机制是不是非常安全可靠？

③ 第三个阶段是请求阶段。在请求阶段，PC 的 DHCP 客户端会在若干个收到的 Offer 中，根据某种原则来确定出自己将要接受哪一个 Offer。通常情况下，DHCP 客户端会接受所收到的第一个 Offer，假设 PC 最先收到的 DHCP Offer 消息是来自路由器的，那么 PC 的 DHCP 客户端会发送一个广播帧，希望获取该 DHCP 服务器发送给自己的 DHCP Offer 消息中所提供的那个 IP 地址。

显然，该二层网络上所有的 DHCP 服务器都会接收到 PC 上的 DHCP 客户端发送的 DHCP Request 消息，路由器上的 DHCP 服务器收到并分析了该 DHCP Request 消息后，会明白 PC 已经愿意接受自己的 Offer 了，其他的 DHCP 服务器收到并分析了该 DHCP Request 消息后会明白 PC 拒绝了自己的 Offer，于是这些 DHCP 服务器就会收回自己当初给予 PC 的 Offer，也就是说，当初准备提供给 PC 使用的 IP 地址，现在可以用来分配给别的设备使用了。

④ 第四个阶段是确认阶段。在确认阶段，路由器上的 DHCP 服务器会向 PC 上的 DHCP

客户端发送一个 DHCP ACK 消息，DHCP ACK 消息是封装在目的端口号为 68、源端口号为 67 的 UDP 报文中的，该 UDP 报文又是封装在一个广播 IP 报文中的。该 IP 报文的目的 IP 地址为有限广播地址 255.255.255.255，源 IP 地址为 DHCP 服务器所对应的单播 IP 地址。

注意，由于种种原因，路由器上的 DHCP 服务器也可能会向 PC 上的 DHCP 客户端发送一个 DHCP NACK 消息，如果 PC 接收了 DHCP NACK 消息，就说明这次获取 IP 地址的尝试失败了，在这种情况下，PC 只能重新回到发现阶段来开始新一轮的 IP 地址申请过程。

PC 上的 DHCP 客户端接收到路由器上的 DHCP 服务器发送的 DHCP ACK 消息后，就意味着 PC 首次获得了 DHCP 服务器分配给自己的 IP 地址。至此就完成了从 PC 提出地址申请到 DHCP 服务器分配地址的完整过程。

4. DHCP 服务器配置

了解了地址池的概念，掌握了 DHCP 服务器的工作原理，我们来解决以下问题——如何配置服务器。DHCP 服务器配置如图 2-74 所示。

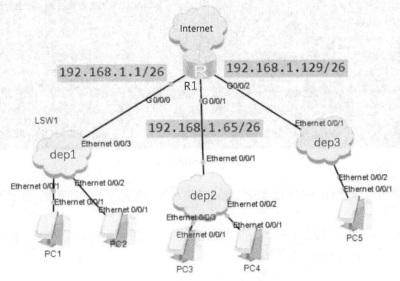

图 2-74　DHCP 服务器配置

配置过程如下。

（1）在路由器 R1 上开启 DHCP 功能。

```
[r1]dhcp enable
```

（2）在路由器 R1 的接口下配置基于接口的服务方式，实现 DHCP 服务器根据接口 IP 地址的特点分配地址。并且可以选择释放地址时间长度，保留部分地址不分配和域名服务器等信息。

```
[R1]inter g0/0/0
[R1-GigabitEthernet0/0/0]ip add 192.168.1.1 26
[R1-GigabitEthernet0/0/0]dhcp select interface
[R1-GigabitEthernet0/0/0]dhcp server lease day 1 hour 1
[R1-GigabitEthernet0/0/0]dhcp server excluded-ip-address 192.168.1.60 192.168.1.62
[R1-GigabitEthernet0/0/0]dhcp server dns-list 8.8.8.8 114.114.114.114

[R1-GigabitEthernet0/0/0]inter g0/0/1
[R1-GigabitEthernet0/0/1]ip add 192.168.1.65 26
[R1-GigabitEthernet0/0/1]dhcp select interface
```

```
[R1-GigabitEthernet0/0/1]dhcp server lease day 1 hour 1
[R1-GigabitEthernet0/0/1]dhcp server excluded-ip-address 192.168.1.127
[R1-GigabitEthernet0/0/1]dhcp server dns-list 8.8.8.8 114.114.114.114

[R1-GigabitEthernet0/0/1]inter g0/0/2
[R1-GigabitEthernet0/0/2]ip add 192.168.1.129 26
[R1-GigabitEthernet0/0/2]dhcp select interface
[R1-GigabitEthernet0/0/2]dhcp server lease day 1 hour 1
[R1-GigabitEthernet0/0/2]dhcp server excluded-ip-address 192.168.1.190
[R1-GigabitEthernet0/0/2]dhcp server dns-list 8.8.8.8 114.114.114.114
```

（3）验证配置：在 PC1 上执行命令 ipconfig /renew，查看主机得到 IP 地址情况（见图 2-75）。

```
PC>ipconfig /renew

IP Configuration

Link local IPv6 address...........: fe80::5689:98ff:fe14:1f7d
IPv6 address......................: :: / 128
IPv6 gateway......................: ::
IPv4 address......................: 192.168.1.59
Subnet mask.......................: 255.255.255.192
Gateway...........................: 192.168.1.1
Physical address..................: 54-89-98-14-1F-7D
DNS server........................: 8.8.8.8
                                     114.114.114.114
```

图 2-75　验证配置

在回显信息中可以看到，IP 地址 192.168.1.59 已经分配给了 PC1 使用，且避开了 60-62 的 IP 地址段。

通过以上学习，我们掌握了 DHCP 的初级应用。通过 DHCP 动态分配 IP 地址，既可解决地址分配的冲突问题，又可提高工作效率。

2.5.2　小型无线路由器设置

2.5.2　微课

家用无线
路由器的设置

1. 问题引入

现在每家每户基本上都有网络，路由器已经成为很多家庭的必备设备。然而，有许多人对路由器的配置还是懵懵懂懂、一知半解。下面就教大家从拿到一个全新的小型无线路由器开始，一步一步实现配置，直到能够正常使用。

2. 路由器的基本结构

首先，认识一下路由器的外观，常见路由器的背面如图 2-76 所示。我们接通电源，然后将网线的一端接到图 2-76 所示的 4 个黄色网口的其中一个口，另一端接到计算机的网口。这些口的颜色不一定一样，有些是 4 黄 1 蓝，不同型号的设备有所区别。但是相同颜色、数量多的口就是 LAN 口，即内网接口，用于连接计算机或其他需要网络的设备；而不同颜色的那个口就是 WAN 口，即互联网口，用于连接入户网线。

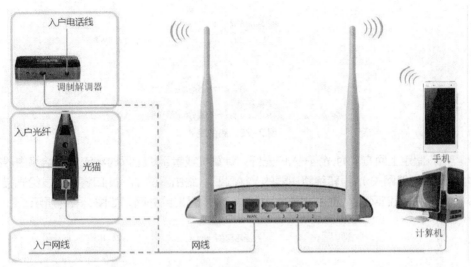

图 2-76 常见路由器的背面

3. 路由器的工作原理

路由器的核心作用是实现网络互联和数据转发。要实现网络中通信节点彼此之间的通信，需要进行 IP 地址配置和路由转发。

（1）首先给每个节点分配一个唯一的 IP 地址：路由器至少有两个网络端口，如图 2-76 所示，分别连接 LAN 或者 WAN 子网，每个端口必须具有一个唯一的 IP 地址，并且要求与所连接 IP 子网的网络地址相同。

不同的端口有不同的网络地址，对应不同的 IP 子网，这样各子网中的主机才能通过自己子网的 IP 地址，把要求发出去的 IP 数据报送到路由器上。

（2）路由转发：当路由器收到一份 IP 数据报后，首先要对该报文进行判断，然后根据判断的结果做进一步的处理。如果数据报是有效或正确的，路由器就根据数据报的目的 IP 地址转发该报文；否则把报文丢弃。如果这个数据报的目的 IP 地址在与路由器直接相连的一个子网上，路由器会通过相应的接口把报文转发到目的子网上去；否则会把它转发到下一跳（Hop）路由器，如图 2-77 所示。

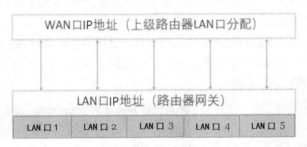

图 2-77 报文转发

为了完成上述操作，路由器需要一张"地图"，也就是路由表，如图 2-78 所示。路由器把对应不同目的地的最佳路径存放在路由表中。路由表反映网络的拓扑结构，一般一条表项应该包含数据报的目的 IP 地址，这个地址通常是目的主机所在网络的地址、下一跳路由器的地址和相应的网络接口等，在网络拓扑发生变化的时候，路由表也应该做相应的变动。

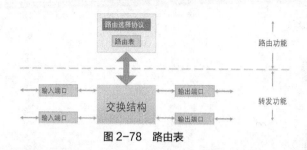

图 2-78　路由表

简而言之，假定上网方式为光猫+入户光纤，计算机或者手机上网时将流量发给路由器的 LAN 口 IP 地址（即路由器网关），再转给路由器的 WAN 口，路由器的 WAN 口将流量发给光猫的 LAN 口 IP 地址，也就是光猫网关，最后光猫的 WAN 口将流量发给外网，如图 2-79 所示。

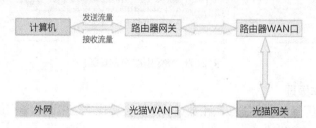

图 2-79　流量转发示意图

4. 路由器的配置过程

了解了路由器的工作原理,如何设置才能实现路由器的功能呢? 接下来介绍路由器的设置过程。

路由器底部一般都可以看到以下信息: IP 地址、用户名、密码。有些路由器只给出一个 IP 地址，没有用户名和密码。这时，在浏览器中直接输入该 IP 地址（如 192.168.1.1），按"Enter"键后，会提示输入一个初始管理密码，即路由器本身没有密码，首次使用时要设置密码。

我们可以在浏览器的地址栏直接输入对应的 IP 地址后按"Enter"键，出现的网页中会提示是否通过扫码下载管理 App，方便用户以后可以用手机扫码配置。此时输入密码，即可进入管理界面。下面以华为路由器 AX3 为例介绍路由器的配置过程，如图 2-80 所示。

进入配置界面后会看到几个管理项，分别是主页、我要上网、我的 Wi-Fi、终端管理和更多功能。在此，只解释主要功能。

（1）主页：展示网络正常运行时的数据流量状态，在这里可以看到路由器上行和下行数据传输速率。如果网络出现联网故障，也可以看这个界面，如果 2.4G 或者 5G 位置出现红色显示，即为当前射频信号故障，如图 2-81 所示。

图 2-80　路由器管理界面

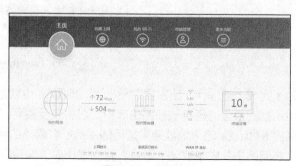

图 2-81　主页界面

（2）我的 Wi-Fi：这里设置的是无线 Wi-Fi 的参数，Wi-Fi 名称就是 SSID（Service Set Identifier，服务集标识符），是你的 Wi-Fi 展示给用户的名称（一般都只支持英文，部分新产品支持中文），选择"安全"为 WPA2 PSK 模式，并设置复杂的密码（包含字母与数字、特殊符号的密码），尽量是自己好记又不会让别人一猜就猜到的密码，如图 2-82 所示。

（3）终端管理：显示连入路由器的终端运行情况，在这里可以看到不同终端获取的 IP 地址、终端 MAC 地址、在线时间、是否限速等，可以用于帮助家长限制儿童上网，如图 2-83 所示。

图 2-82　我的 Wi-Fi 界面

图 2-83　终端管理界面

（4）更多功能：设置分配的 IP 地址、租期、范围等信息。其中，"路由器局域网 IP 地址"尽量不要改，它和设备底板上标注的设备管理地址是同一网段的，如果修改后又忘掉，下次配置路由器可能只有重置路由器，如图 2-84 所示。

图 2-84　更多功能界面

使用上网终端在搜索出来的无线网络中，选中自己设置的 SSID 并输入账号和密码，就能连接路由器了。至此，就完成了路由器的配置。了解路由器的工作原理，学会路由器的配置，可为以后的生活、工作提供便利。

思考与练习

单选题

1. 网络管理员发现设备弹出了下面的提示信息，关于此提示信息说法正确的是（　　）。

```
<Huawei> Warning: Auto-Config is working. Before configuring the device, stop
Auto-Config. If you perform configurations when Auto-Config is running, the DHCP, routing,
DNS, and VTY configurations will be lost. Do you want to stop Auto-Config? [y/n]:
```

A. 如果需要启用自动配置，则管理员需要选择 y

B. 如果不需要启用自动配置，则管理员需要选择 n

C. 设备第一次启动时，自动配置功能是启用的

D. 设备第一次启动时，自动配置功能是禁用的

2. 网络管理员在路由器上进行了如下配置，完成之后，在该路由器的 G1/0/0 接口下连接了一台主机，则关于此主机的 IP 地址描述正确的是（　　　）。

```
[Router] ip pool pool1
[Router-ip-pool-pool1] network 10.10.10.0 mask 255.255.255.0
[Router-ip-pool-pool 1] gateway-list 10.10.10.1
[Router-ip-pool-pool1] quit
[Router] ip pool pool2
[Router-ip-pool-pool2] network 10.20.20.0 mask 255.255.255.0
[Router-ip-pool-pool2] gateway-list 10.20.20.1
[Router-ip-pool-pool2] quit
[Router] interface G1/0/0
[Router-GigabitEthemet1/0/0] ip address 10.10.10.1 24
[Router-GigabitEthemet1/0/0] dhcp select global
```

A. 获取的 IP 地址属于 10.10.10.0/24 网络

B. 获取的 IP 地址属于 10.20.20.0/24 网络

C. 主机获取不到 IP 地址

D. 获取的 IP 地址可能属于 10.10.10.0/24 网络，也可能属于 10.20.20.0/24 网络

任务六　网络设备故障排除

学习重难点

1. 重点

（1）如何进行网络故障排除；　　　　　　（2）网络故障排除步骤；

（3）无线路由器产生网络故障的原因；　　（4）故障的解决办法。

2. 难点

（1）根据现象找出故障产生的原因；　　　（2）DHCP 监听功能的使用。

相关知识

2.6.1　办公室网络故障的原因分析

2.6.1　微课

故障的原因分析

在像办公室这样大小规模的网络中，可能出现的网络故障多为网络不通和卡顿、打印机连接不上等。故障现象可能相差无几，但故障原因却可能大不相同。

1. 网络设备故障排除步骤

（1）分析网络故障现象。

（2）找到故障位置。

（3）分析产生故障的原因。

（4）提出解决方案，对方案进行验证。

本任务介绍办公室的网络故障排除。办公室网络连接如图 2-85 所示。办公室终端如台式机、手机、笔记本式计算机等通过有线或者无线方式连接无线路由器的 LAN 口，然后通过 WAN 口连接墙上的入户模块，每个办公室通过汇聚层交换机进行汇聚，最后连接 Internet。这些办公室可能出现什么样的网络故障，又该如何去排除故障呢？

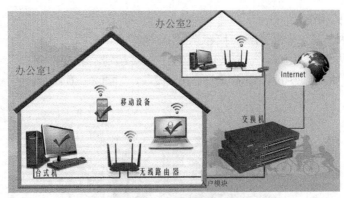
图 2-85 办公室网络连接

2. 网络故障现象

小李的计算机不能上网，但是昨天还是没有问题的，他们办公室隔壁的办公室的网络也是正常的。当网络出现故障的时候，一般需要用户首先进行设备自查。小李已经力所能及地自查，如重新插拔网线和重启无线路由器。确认网络问题没有解决，于是对设备进行报修，请专业人员来处理。

3. 工作人员处理步骤

（1）报修电话拨打完毕不久，网络管理员就及时地进行了上门服务。身穿西裤、衬衣的网络管理员首先敲门，然后亮出工作证表明身份，了解工作人员在工作时间对网络的迫切需求后，尽快处理问题。干净整齐的专业着装，文明礼貌的用语，急他人之所急的工作态度，都是网络管理员必须要遵守的行业服务规范。

（2）接下来分析网络管理员如何缩小网络故障范围。通过用户小李的描述，网络管理员已经知道隔壁网络没有问题，用户的网络有问题，于是把故障范围局限于本办公室。因为昨天没问题，今天有问题，怀疑是线路故障。结合小李已经进行过线路插拔操作，于是怀疑双绞线出现故障，用随身携带的双绞线测试仪进行测试，排除硬件故障的可能，接下来进行软件查看。

（3）网络管理员通过 ipconfig 命令发现设备的 IP 地址本应为 10 的网段，但是实际得到一个192 的私有地址。至此找到了网络故障位置。

（4）网络管理员通过设置，最后解决了问题，排除了网络故障。这就结束了吗？没有，我们发现网络管理员收拾自己的工具，把客户的网络设备进行还原。同时，针对今天的网络故障进行及时的记录，让客户确认、签字。网络管理员在整个故障排除过程中态度大方、自然，文明礼貌，技术熟练。我们在平时就要培养自己的职业素养和服务意识。

4. 分析产生故障的原因

现在一起来思考，在什么情况下，办公室的入户 IP 地址会获取一个错误的 192 的 IP 地址呢？网络上可以分配 IP 地址的服务器，除了网络管理员配置的 DHCP 服务器，还有无线路由器，它也会分配 192.168 的网段地址，正好符合设备获取的错误的 IP 地址。

至此，我们确定了办公室网络故障的位置为其他办公室的无线路由器出错。

接下来，我们进行更深入的研究，别处的无线路由器是如何让其他办公室的网络设备不能上网的呢？知其然更应知其所以然，我们一起探究数据传输的原理！

2.6.2 微课
故障的排除

2.6.2　办公室网络故障的排除

经过分析，我们找到了故障点是处于其他地点的无线路由器。

1. 无线路由器的构造

在解析故障原因之前，先来了解一下无线路由器的构造。

无线路由器由两个模块组成，一个是交换模块，主要起到汇聚内网的作用，接口为 LAN 口；另一个是路由模块，通过 WAN 口连接墙上的入户模块，如图 2-86 所示。

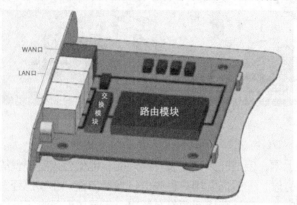

图 2-86　无线路由器的构造

2. PC 如何获取 IP 地址

如果其他办公室网络中路由器正确连接，那么入户模块应该连接进路由器 WAN 口，PC 连接 LAN 口。我们的主机发送的 DHCP 请求数据包是一个二层广播数据包，只对当前网段内的 DHCP 服务器进行请求，此时只有合法的 DHCP 服务器能够接收 DHCP 请求，并且分配给主机合法的 IP 地址，如图 2-87（a）所示。

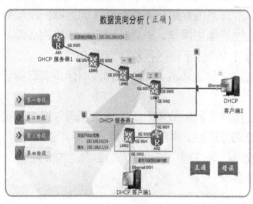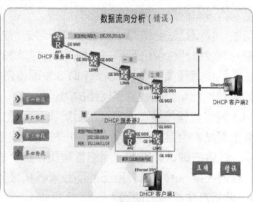

（a）正确	（b）错误

图 2-87　办公室网络正确和错误连接无线路由器

如图 2-87（a）所示，假设整个网络中其他办公室网络家用无线路由器都正确连接，并且 DHCP 服务器 2（即家用无线路由器）入户模块的连线正确连接进路由器 WAN 口，也就是路由模块口 G0/0/1 上。当 DHCP 客户端 2 发送 DHCP 请求数据包时，这是一个二层广播数据包，只对当前网段内的服务器进行请求，此时只有合法 DHCP 服务器 1 能够接收这个 DHCP 请求，并且分配给主机一个合法的 IP 地址。DHCP 服务器 2 的路由模块口 G0/0/0 与 DHCP 客户端 2 不在同一个网段内是收不到地址请求的，自然不能给 DHCP 客户端 2 分配地址。

如图 2-87（b）所示，如果错误地把入户模块连接在 LAN 口上，就相当于连接到了 DHCP 服务器 2（即家用无线路由器）的交换机接口 G0/0/3 上，家用无线路由器可以分配 IP 的路由器接口 G0/0/0 就被连接进了整个办公区，当 DHCP 客户端 2 发送 DHCP 请求数据包时，这个二层广播数据包同时向本网段内的所有 DHCP 服务器发送 DHCP 请求。这样，DHCP 服务器 1 和 DHCP 服务器 2 都会收到请求消息。但是 DHCP 服务器 2 比 DHCP 服务器 1 距离 DHCP 客户端 2 更近，所以我们的主机先得到这个错误连接的 DHCP 服务器 2 提供的 192 网段地址，把 PC 的数据流指向了错误的方向，导致无法上网。

3. 连接错误导致的网络现象

（1）接口连接错误的无线路由器所在的办公室不能上网。

（2）距离错误连接路由器设备较近，且客户端开机工作时间比出错设备早，此时错误的 DHCP 服务器还没有工作，所以，可以获取正确的 IP 地址，能正常上网。

（3）距离错误连接路由器设备较近，但是客户端开机工作时间比连接错误的无线路由器晚，因此，它提出的 DHCP 请求会被错误的无线路由器响应，所以得到错误的 IP 地址，造成当前主机不能上网。

（4）离错误连接路由器比较远的客户端，IP 地址是从合法的 DHCP 服务器上获取的，所以上网不受影响，如图 2-88 所示。

这就是连错线路带来的巨大影响。它的故障排除难度在于，除非出错位置的用户主动向网络管理员报错，否则，网络管理员很难在众多的办公室中找到连接出错的无线路由器。另一方面，这个错误涉及的网络范围是比较大的，对多处的网络用户都有影响。

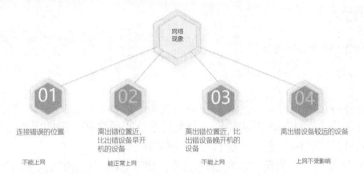

图 2-88　接口连接错误造成的四种故障现象

4. 网络故障的排除方法

在掌握了正确和错误设备连接的不同数据传输原理后，在网络系统中如何避免出现这类网络故障？

PC 端只接收最先收到的 IP 地址的根本原因是 DHCP 工作机制存在漏洞。PC 发送的数据包到达交换机后，交换机所有的接口都以广播的方式转发 DHCP 请求数据包。如果从数据传输的角度考虑，采用什么方法可以从根本上杜绝这种网络故障的产生？就是在数据包通过交换机时，只允许正确的接口发送和接收数据包。DHCP 确实有一种安全技术能够对当前的网络进行接口设置，杜绝任何非法服务器的入侵，真正做到防患于未然。这项技术叫作 DHCP 监听。它用于确保 DHCP 客户端从合法的 DHCP 服务器获取正确的 IP 地址。

5. 根本解决方法

在 SW 上部署 DHCP 监听即可解决这些问题（见图 2-89）。DHCP 监听被视为 DHCP 的一个安全特性，其基本的功能之一是确保 DHCP 客户端从可信任的 DHCP 服务器获取合法 IP 地址等信息。在 SW 上的相应 VLAN 中激活 DHCP 监听后，SW 的接口将存在两种角色。信任接口：信任接口允许接收包括 DHCP Offer 报文在内的服务器应答报文。非信任接口：非信任接口不会接收包括 DHCP Offer、 DHCP ACK、 DHCP NAK 等在内的服务器应答报文。

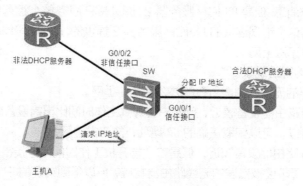

图 2-89　DHCP 监听部署

可以将交换机连接合法 DHCP 服务器的接口指定为 DHCP 监听的信任接口，除此之外，其他接口为非信任接口。如此一来，即使非法 DHCP 服务器收到了主机 A 泛洪的 DHCP Discover 报文并回应了 DHCP Offer 报文，该报文也会在 SW 的 G0/0/2 接口上被丢弃，SW 不会将该报文转发给主机 A，因此，即可确保非法 DHCP 服务器不会对网络造成影响。

6. 具体配置

具体配置代码如下。

```
[SW1]dhcp enable
[SW1]dhcp snooping enable
[SW1]vlan 1
[SW1-vlan 1]dhcp snooping enable
[SW1]quit
[SW1]interface GigabitEthernet0/0/1
[SW1-GigabitEthernet0/0/1]dhcp snooping trusted
```

DHCP 监听除了以上描述的基本功能外，还支持攻击防范功能，例如可防止 DHCP 服务器拒绝服务攻击、DHCP 报文泛洪攻击、仿冒 DHCP 报文攻击等。

通过配置 DHCP 监听，不管用户连线是否出错，都不影响其他用户动态获取 IP 地址，很好地解决了设备连接错误的问题。

思考与练习

多选题

1. 网络管理员在网络中部署了一台 DHCP 服务器之后，某用户擅自手动修改了自己的主机 IP 地址，则下面描述正确的是（　　　）。

A. 此用户有可能会被提示 IP 地址冲突　　　　B. 此用户有可能仍然能够正常访问网络

C. 此网络中其他用户必将出现网络故障　　　　D. 此 DHCP 服务器将停机

2. 网络管理员在网络中部署了一台 DHCP 服务器之后，发现部分主机获取到非该 DHCP 服务器所指定的 IP 地址，则可能的原因有（　　　）。

A. 网络中存在另外一台工作效率更高的 DHCP 服务器

B. 部分主机无法与该 DHCP 服务器正常通信，这些主机客户端系统自动生成了 169.254.0.0 范围内的地址

C. 部分主机无法与该 DHCP 服务器正常通信，这些主机客户端系统自动生成了 127.254.0.0 范围内的地址

D. DHCP 服务器的地址池已经全部分配完毕

3.DHCP 地址池可以设置的选项有（　　）。

A. 分配地址范围　　　　　　　　　　　B. 保留部分地址不分配

C. 地址租期时间　　　　　　　　　　　D. 配置域名服务器地址

4. 用户发现自己正常上网时网络突然掉线，可能发生的情况有（　　）。

A. 有同网络用户手动设置 IP 地址造成了 IP 地址冲突

B. 双绞线接口接触不好

C. 地址租期到期

D. 网络中枢断电

任务七　写字楼网络搭建综合实践

学习重难点

1. 重点

（1）分析项目需求；

（2）选择能够满足客户需求的组网协议。

2. 难点

（1）按照网络环境划分 VLAN 和 VLAN 接口配置；

（2）划分地址网段；

（3）设备配置与故障排除。

相关知识

2.7.1　项目概述

在一栋写字楼中，由于楼层高、用户数量多、人员流动量大，所以用户主机自动获取 IP 地址是必要的条件。而且一栋楼中可能包含不同的企业或者是同一个企业里包含不同的工作部门，这样的网络结构也要尽量减小二层广播域范围，避免不必要的广播数据。由于网络设备分布在不同楼层，这就需要所有网络设备可远程操作。

2.7.2　项目设计

一栋写字楼有 10 层，分布有 5 家上市公司，每一家公司占有其中的两层。当前写字楼的地址网段为 10.1.0.0/16。为了保证每家公司的网络数据通信安全、通信质量，为每家公司分配一个网段。每家公司可以根据自己的实际需求进一步划分网段，因为管理主机数量过多，所以使用 DHCP 分配 IP 地址。整栋写字楼的网络中心有一台核心交换机与外界网络连接，承担着 5 个公司的主机地址分配业务。整栋写字楼的主体设备都可以远程控制、维护。请按照要求对网络进行设计和连接，保证内网主机能够安全、稳定地互通，却又互相隔离广播。

2.7.3 项目分析

1. 写字楼网络的硬件要求

（1）三层交换机。

（2）6 类双绞线。

2. 搭建写字楼网络需要的技术

（1）每家公司的独立网段要划分 VLAN。

（2）在核心交换机上配置 DHCP 地址池。

（3）每台交换机要开启 Telnet 协议，并为交换机设置登录密码。

（4）交换机可以使用双线连接，开启 MSTP。

（5）为了使整个二层网络 VLAN 数量和名称保持一致，为交换机配置 GVRP。

（6）制作 6 类双绞线。

3. 写字楼网络安全性的需求

（1）交换机要有登录密码，Telnet 和 Console 密码。

（2）双绞线在墙内埋线，为防止意外，可以双线连接互为备份。

（3）设备划分 VLAN，减少网络广播垃圾，也便于终端定位。

2.7.4 项目实施与配置

在一栋写字楼内，其网络连接多采用树状的连接方法，便于网络的拓展和故障位置的判定。每一间办公室都连接到接入层交换机上，每间办公室的交换机汇总到汇聚层交换机，然后汇聚到整个写字楼的核心层交换机，最后连接入外网。

1. 网络拓扑分析

如图 2-90 所示，在写字楼内，网络设备采用树形连接，办公室的终端都连接到接入层交换机上，多个接入层交换机汇集到楼层的汇聚层交换机上，所有的汇聚层交换机又都连接到整个写字楼的核心层交换机。

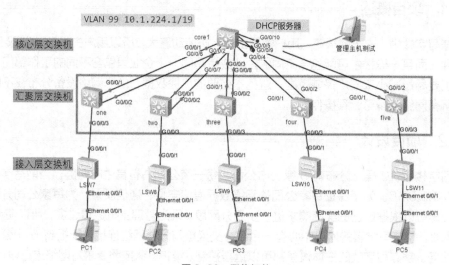

图 2-90　网络拓扑

2. IP 地址划分

当前网段为 10.1.0.0/16，IP 地址的后 16 位可以自由分配。因为有 5 家公司，我们就把网络按照网段数量进行划分，划分为 8 个子网，其中 5 个分给 5 家公司，剩余 3 个子网留作后期发展。这样，取 16 位的前 3 位作为网络地址位。

000 00000　00000000→10.1.0.0/19（分配给管理 VLAN 10）。
001 00000　00000000→10.1.32.0/19（分配给管理 VLAN 20）。
010 00000　00000000→10.1.64.0/19（分配给管理 VLAN 30）。
011 00000　00000000→10.1.96.0/19（分配给管理 VLAN 40）。
100 00000　00000000→10.1.128.0/19（分配给管理 VLAN 50）。
101 00000　00000000→10.1.160.0/19。
110 00000　00000000→10.1.192.0/19。
111 00000　00000000→10.1.224.0/19 （分配给管理 VLAN 99）。

将每个网段内的最小有效地址作为当前网段的网关地址：10.1.x.1/19。

19 位的子网掩码换成二进制形式为 255.255.224.0。

3. 设备配置

分析完写字楼的网络需求，对楼内各公司划分合适的网段，接下来对网络设备进行配置以满足各公司的网络需求。

（1）设备基本配置：改变设备的备注名称以便远程登录后能确认设备，按照拓扑标注给每台设备修改名称。

```
[Huawei]sysname core1
```

其他设备按照拓扑标注改为：one、two、three、four、five。

（2）VLAN 的规划与配置：划分为六个 VLAN，分别为 VLAN10、VLAN20、VLAN30、VLAN40、VLAN50 和 VLAN99。其中 VLAN99 作为管理 VLAN，分配给汇聚层和核心层交换机使用。地址网段为 10.1.224.x/19。核心层交换机管理地址为 10.1.224.254/19。为交换机建立 VLAN 并建立网关，为汇聚层交换机建立 VLAN 99 的管理地址。其他 VLAN 的网关地址按照题目要求配置。

```
[core1]vlan batch 10 20 30 40 50 99
[core1]inter vlan 99
[core1-Vlanif99]ip add 10.1.224.254 19
```

其他 VLAN 的管理地址为当前网段的第一个地址：x.x.x.1/19。

为汇聚层交换机设置 VLAN 99 管理地址。

```
[one]inter vlan 99
[one-Vlanif99]ip add 10.1.224.1 19
[two]inter vlan 99
[two-Vlanif99]ip add 10.1.224.2 19
[three]inte vlan 99
[three-Vlanif99]ip add 10.1.224.3 19
[four]inter vlan 99
[four-Vlanif99]ip add 10.1.224.4 19
[five]inter vlan 99
[five-Vlanif99]ip add 10.1.224.5 19
```

接入层交换机过多且配置相似，此处以 LSW7 为例。

```
[LSW7]vlan batch 10 99
[LSW7]inter vlan 99
[LSW7-Vlanif99]ip add 10.1.224.7 19
```

（3）链路聚合配置：在核心层交换机和汇聚层交换机上，在双线连接的交换机上配置链路聚合协议，正常使用时，两根线缆捆绑增大链路带宽；出现线路故障时，两根线缆互为备份。注意：在聚合接口下的物理接口本身是不能配置中继命令的，且只有 Eth-Trunk 端口才能配置 GVRP，所以链路聚合要优先配置。

链路聚合口从左到右一共有 5 个，其中交换机 one 允许 VLAN10、VLAN99 通过，交换机 two 允许 VLAN20、VLAN99 通过，交换机 three 允许 VLAN30、VLAN99 通过，交换机 four 允许 VLAN40、VLAN99 通过，交换机 five 允许 VLAN50、VLAN99 通过，配置命令如下。

```
[core1] interface Eth-Trunk1
[core1-Eth-Trunk1] port link-type trunk
[core1-Eth-Trunk1] port trunk allow-pass vlan 10 99
```

接口 G0/0/1 和 G0/0/6 加入捆绑口 eth1，接口 G0/0/2 和 G0/0/7 加入捆绑口 eth2，接口 G0/0/3 和 G0/0/8 加入捆绑口 eth3，接口 G0/0/4 和 G0/0/9 加入捆绑口 eth4，接口 G0/0/5 和 G0/0/10 加入捆绑口 eth5。以捆绑口 eth1 为例，代码如下。

```
[core1-GigabitEthernet0/0/1] inter g0/0/1
[core1-GigabitEthernet0/0/1] eth-trunk 1
[core1-GigabitEthernet0/0/1] inter g0/0/6
[core1-GigabitEthernet0/0/6] eth-trunk 1
```

其他汇聚层交换机的配置类似。

```
[one] interface Eth-Trunk 1
[one-Eth-Trunk1] port link-type trunk
[one-Eth-Trunk1] port trunk allow-pass vlan 10 99
[one-Eth-Trunk1] gvrp
[one] inter g0/0/1
[one-GigabitEthernet0/0/1] eth-trunk 1
[one-GigabitEthernet0/0/1] inter g0/0/2
[one-GigabitEthernet0/0/2] eth-trunk 1
```

（4）接口配置：所有交换机与交换机之间的接口为 Trunk 端口，与 PC 之间的接口为 Access 端口，加入对应的 VLAN 中。接口配置类似，此处以第一家公司为例。

```
[one] inter g0/0/3
[one-GigabitEthernet0/0/3] port link-type trunk
[one-GigabitEthernet0/0/3] port trunk allow-pass vlan 10 99
[LSW7] inter g0/0/1
[LSW7-GigabitEthernet0/0/1] port link-type trunk
[LSW7-GigabitEthernet0/0/1] port trunk allow-pass vlan 10 99
[LSW7-GigabitEthernet0/0/1] inter e0/0/1
[LSW7-Ethernet0/0/1] port link-type access
[LSW7-Ethernet0/0/1] port default vlan 10
```

（5）GVRP 配置：在全局模式和 Trunk 端口上配置。

```
[core1] gvrp
[core1] interface Eth-Trunk1
[core1-Eth-Trunk1] gvrp
[one] gvrp
[one] interface Eth-Trunk1
[one-Eth-Trunk1] gvrp
[one-Eth-Trunk1] interface GigabitEthernet0/0/3
[one-GigabitEthernet0/0/3] gvrp
[LSW7] gvrp
[LSW7] interface GigabitEthernet0/0/1
[LSW7-GigabitEthernet0/0/1] gvrp
```

（6）Telnet 配置：所有设备配置相同。

```
[core1] user-interface vty 0 4
[core1-ui-vty0-4] set authentication password cipher HWw1521!
[core1-ui-vty0-4] user privilege level 3
```

（7）Console 配置。

```
[core1]user-interface console 0
[core1-ui-console0]set authentication password cipher HWw1521!
```

（8）网络连通测试（见图 2-91），Telnet 测试（见图 2-92），Console 测试（见图 2-93）。

图 2-91　网络连通测试

图 2-92　Telnet 测试：从 one 登录 core1

图 2-93　Console 测试

（9）DHCP 地址接口模式配置（以 VLAN 10 为例）。

```
[core1]dhcp enable
[core1]inter vlan 10
[core1-Vlanif10]dhcp select interface
[core1-Vlanif10]dhcp server dns-list 8.8.8.8 114.114.114.114
```

PC 设置如图 2-94 所示。

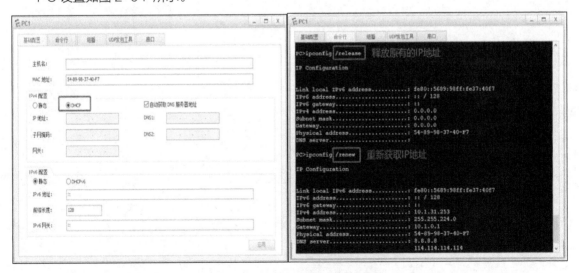

图 2-94　DHCP 地址接口模式配置

（10）网络故障排除参考

在当前网络中，可以先给 PC 静态 IP 地址、网关、子网掩码，保证 PC 能 ping 通 DHCP 服务器所在接口地址，这样就能保证接口类型和网关地址等基础通信配置没有错误。然后配置 DHCP 相关命令，如果这时不能获取 IP 地址，只能因为 DHCP 命令配置出错，大大缩小故障范围。最后验证 Telnet，如果不能远程 Telnet，也只要从 Telnet 专有命令里查找错误即可。

> **小贴士** 网络搭建和运行维护过程中，会出现各种各样的故障。要维护网络正常运行，除了严格遵守工作规则，减少故障的出现，更要做好日常工作记录，积累工作经验，以便能够准确、快速地定位故障，排除故障。

思考与练习

以学校的一栋教学楼为例，经实地勘察后，设计该教学楼网络改造的方案。包括传输介质改造（种类、长度、经费预算），网络设备改造（设备种类、数量、经费预算）；在不影响正常教学工作的情况下，如何安排网络改造时间节点。编写计划书。

项目3
智慧校园网络搭建

03

项目导读

　　一个写字楼的网络运行维护，主要是为不同公司或者部门做区域性划分，也就是划分 VLAN，并且 VLAN 之间能够完成三层网络通信。但是当环境扩大到一个园区的时候，网络之间的连通就更复杂，例如，首先，这么多的网络终端如何管理？这么多的主机地址、服务器、共享设备如果要统一管理，IP 地址如何分配？其次，随着园区人员的流动性增加，无线网络也成为园区网络重要的组成部分。那么这一切如何实现呢？

　　本项目以学生熟悉的校园网络为网络项目实体，介绍园区网络中复杂网络技术的合并使用。在校园网这种对人员、数据、信息安全都有要求的网络中，有线网络和无线网络同时存在。如何对这样一个网络进行搭建、管理和维护，对网络技术人员是一个考验。

　　本项目从项目分析、项目规划、网络设计、网络搭建、数据维护、安全管理等几个方向进行教学，介绍建立一个复杂网络的项目流程。

学习目标

- 能够根据用户需求设计合理的网络方案，选择设备和运行技术；
- 能对网络终端进行 DHCP 地址自动分配；
- 掌握无线网络设备的配置和管理方法；
- 能够对复杂网络进行故障排除。

项目 3　微课

智慧校园网络
搭建

素养目标

- 能够选择中型园区网络设备和网络搭建技术；
- 能够根据网络现象确定故障位置，并且对故障进行排除。

项目分析

　　本项目前 5 个任务介绍智慧校园 IP 地址划分、IP 地址分配、WLAN 的规划设计、校园无线网络设置、WLAN 安全和维护，最后一个任务介绍智慧校园网络搭建综合实践，让学生体验一个完整的网络工程项目的规划和实施过程，能搭建一个复杂的中型网络环境，并对网络进行运行、维护和管理。

任务一　智慧校园 IP 地址划分

学习重难点

1. 重点

（1）划分子网的两种方式；　　　　（2）网络建设的基本流程；

（3）设备的合理选择。

2. 难点

（1）子网划分方法的实际应用；　　　（2）按照标准绘制网络拓扑。

相关知识

　　IP 地址被分成了 A、B、C、D、E 五类，能分给用户使用的只有 A、B、C 三类。其中 A 类的网络数量只有 126 个，但每个 A 类网络中的 IP 地址数量高达 1600 多万个。C 类网络数量高达 209 万余个，但每个 C 类网络 IP 地址的数量只有 254 个。在实际的办公网络和生活网络里，每个网络需要的 IP 地址数量各不相同，很多情况下，规模较小的网络需要的 IP 地址数量远远小于一个 C 类网络的 IP 地址数量。所以，在实际的工程中，需要对 IP 地址进行划分。划分的方法主要有按照网络数量划分子网和按照主机数量划分子网。

3.1.1　按照网络数量划分子网

3.1.1 微课

按照网络数量
划分子网

　　X 公司要建立 4 个规模相当的新机房，申请到一个 C 类网段 192.168.1.0/24。子网掩码为 24 位，主机地址为 8 位。网络工程师要为 4 个新机房规划 IP 地址。因为 4 个新机房规模相当，可以将网段 192.168.1.0/24 平均分给 4 个机房。

　　要将网段 192.168.1.0/24 分成 4 个小的网段，首先要找一个数字 n，n 要满足的条件是：2 的 n 次幂要大于或等于 4。求 n 的最小值，得到的结果是 $n=2$。其次，$n=2$ 表明将 C 类网段 192.168.1.0/24 分成 $2^2=4$ 个大小相同的网段，表示需要从主机地址的 8 位二进制数里，从左边开始拿出两位来作为子网号。两位子网号有 00、01、10、11 四种取值。一起看一下每个网段的具体信息。

　　划分第一个子网段，子网号取 00。

　　当子网号取值 00 的时候，将网段取名为 X_1，X_1 网段的子网掩码是 24+2=26 位。X_1 网段的第 4 个字段的 8 位二进制数的取值，前两位是 00，所以 8 位二进制数的最小值是 00000000，最大值是 00111111，转换为十进制数是 0 和 63。X_1 网段的网络地址是 192.168.1.0/26。X_1 网段的 IP 地址范围是 192.168.1.0 ～ 192.168.1.63。

　　同理，划分出其余 3 个子网段。

　　所有的地址网段的 IP 地址，首个是当前网段的网络地址，最后一个是当前网段的广播地址，所以，这两个地址是不能分配给主机使用的，其他 IP 地址可以分配给当前网段内的主机。

　　4 个新网段的详细数据，如表 3-1 所示。

　　总结：将一个较大的网段分给 m 个组织。

　　第一步：找数字 n，2 的 n 次幂大于或等于 m，取 n 的最小值。数字 n 就是子网号的长度，也就是需要从原网段的主机地址里从左边开始拿出 n 位主机地址作为子网号。原网段的主机地

址减少了 n 位，网络地址扩展了 n 位。有了 n 位子网号，就能将原网段分成 2 的 n 次幂个小的网段。

第二步：n 位二进制数有 2 的 n 次幂个取值，将每个取值后边所有的二进制数都取 0，得到的 32 位二进制数就是新的小网段的网络地址，新的小网段的子网掩码长度增加 n。n 位子网号取值不一样，所以每个小网段的网络地址不一样，但子网号的位数一样，所以子网掩码长度一样。

表 3-1　按照网络数量划分网段

部门	子网号取值	主机地址全取 0		主机地址全取 1		新网段	可用 IP 地址范围
X_1	00	00000000	0	00111111	63	192.168.1.0/26	192.168.1.1~192.168.1.62
X_2	01	01000000	64	01111111	127	192.168.1.64/26	192.168.1.65~192.168.1.126
X_3	10	10000000	128	10111111	191	192.168.1.128/26	192.168.1.129~192.168.1.190
X_4	11	11000000	192	11111111	255	192.168.1.192/26	192.168.1.193~192.168.1.254

3.1.2　按照主机数量划分子网

3.1.2　微课

按照主机数量划分子网

按照网络数量划分子网多用于多个规模相当的机房建设，多个机房需要的 IP 地址数量相当。当建设规模不一的机房时，因为需要的 IP 地址数量相差较多，使用按照主机数量划分子网的方法更为合理。

X 公司申请到一个 C 类网段 192.168.1.0/24。子网掩码为 24 位。公司有 3 个部门 X_1、X_2、X_3，各部门需要的 IP 地址的数量相差较多，分别是 100 个、50 个、25 个。网络工程师不能采用将整个网段平均分成几个新网段的方法划分网络。因为 IP 地址是稀缺资源，划分子网的目的之一就是节约 IP 地址。这样的情况，使用按照主机数量划分子网的方法比较合理。

我们知道，每一个网段中，都有一个主机地址全为 0 的网络地址，还有一个主机地址全为 1 的广播地址。这两个 IP 地址都不能分给用户使用。所以按照主机数量划分子网时，要考虑到划分的网段里，可用 IP 地址的数量需要减 2。

1. 按照要求划分需要 100 个主机 IP 地址的网段

X_1 部门需要 100 个 IP 地址，找数字 n，$2^n \geq 102$（100+2）。根据关系式找到 n 的最小值 7，$2^7=128$。$n=7$ 表示 X_1 部门需要的网段里，表示主机地址的二进制数需要 7 位，子网号是 1 位。这 1 位子网号可以取值 0，也可以取值 1。子网号取值为 0 时，网段的网络地址的最后一个字节是 00000000，转换为十进制数是 0。子网号取值为 1 时，网段的网络地址的最后一个字节是 10000000，转换为十进制数是 128。这样，C 类网段 192.168.1.0/24，子网掩码为 24 位，分成了两个大小相等的网段。子网号取值是 0 时，网段是 192.168.1.0/25，子网掩码长度为 25 位，我们将其分给 X_1 部门；子网号取值为 1 时，网段是 192.168.1.128/25，子网掩码长度为 25 位（见图 3-1）。分给 X_1 部门的网段的 IP 地址，其第 4 个字段的取值范围是 00000000~01111111，转换为十进制数是 0~127。IP 地址的范围是 192.168.1.0~192.168.1.127。去掉主机地址全为 0 的 IP 地址 192.168.1.0 和主机地址全为 1 的 IP 地址 192.168.1.127，X_1 部门可使用的 IP 地址范围是 192.168.1.1~192.168.1.126，共 126 个。满足该部门 100 个 IP 地址的需求。

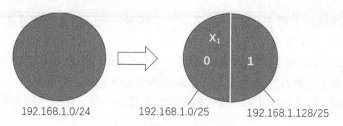

图 3-1　为部门 X_1 划分网段

2. 按照要求划分需要 50 个主机 IP 地址的网段

X_2 部门需要 50 个 IP 地址，寻找数字 n，n 满足条件 $2^n \geqslant 52$（50+2），得到 n 的最小值是 6，$2^6 = 64$。$n=6$ 表示 X_2 部门需要的网段里，表示主机地址的二进制数有 6 位就足够了，现在闲置的网段是 192.168.1.128/25，子网掩码为 25 位，主机地址为 7 位，第 4 个字段的 8 位二进制数的第 1 位取值是 1，有 126 个可用的 IP 地址，远多于 X_2 部门需要的 50 个的数量。可以将其划分，然后分给 X_2 部门。要对该网段进行划分，需要从现有的 7 位主机地址里拿出 1 位作为子网号，余下的 6 位作为划分后的网段的主机地址。这 1 位子网号可以取值为 0，也可以取值为 1。子网号取值为 0 时，划分后的网段的第 4 个字节取值范围是 10000000~10111111，即 128~191。子网号取值为 1 时，网段的第 4 个字节取值范围是 11000000~11111111，即 192~255。这样，网段 192.168.1.128/25 被分成了两个大小相等的网段，分别是 192.168.1.128/26 和 192.168.1.192/26（见图 3-2）。将网段 192.168.1.128/26 分给 X_2 部门，该网段的 IP 地址的第 4 个字段的取值范围是 10000000~10111111，IP 地址的范围是 192.168.1.128~192.168.1.191，可用的 IP 地址范围是 192.168.1.129~192.168.1.190，共 62 个，满足 X_2 部门 50 个 IP 地址的需求。

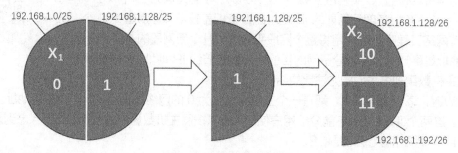

图 3-2　为部门 X_2 划分网段

3. 按照要求划分需要 25 个主机 IP 地址的网段

X_3 部门需要 25 个 IP 地址。寻找数字 n，$2^n \geqslant 27$（25+2）。求得 n 的最小值是 5，$2^5 = 32$。$n=5$ 表示 X_3 部门需要的网段里，表示主机地址的二进制数有 5 位就足够了，现在闲置的网段是 192.168.1.192/26，子网掩码为 26 位，主机地址为 6 位，第 4 个字段的 8 位二进制数的前两位取值是 11。要将它划分后分给 X_3 部门，需要从 6 位主机地址里拿出 1 位作为子网号，余下的 5 位作为第 3 次划分后网段的主机地址。这 1 位子网号可以取值为 0，也可以取值为 1，这样就将网段 192.168.1.192/26 分成了两个大小相等的网段，其第 4 个字段的取值分别是 11000000 和 11100000，转换为十进制数为 192 和 224，即两个网段是 192.168.1.192/27 和 192.168.1.224/27（见图 3-3）。将网段 192.168.1.192/27 分给 X_3 部门，其 IP 地址的第 4 个字段的取值范围是 11000000~11011111，IP 地址的范围是 192.168.1.192~192.168.1.223，可使用的 IP 地址范围是 192.168.1.193~192.168.1.222，共 30 个，满足 X_3 部门 25 个 IP 地址的需求，余下的网段是

192.168.1.224/27，子网掩码为 27 位。

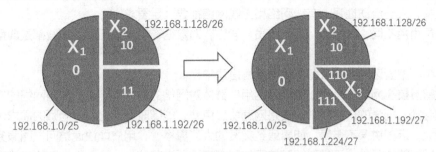

图 3-3　为部门 X_3 划分网段

C 类网段 192.168.1.0/24 被多次划分，得到多个大小不一的网段，满足了公司不同部门的 IP 地址数量需求，还剩余了网段 192.168.1.224/27 可以留给以后的网络建设。划分的具体数据如表 3-2 所示。

表 3-2　C 类网段划分

部门	需要数量	主机地址位数	网络地址位数	网络地址（省略前面固定的 24 位）	主机地址范围	IP 地址的第 4 个字段的取值范围	可以分配的IP 地址数量
X_1	100	7	25	0	00000000～ 01111111	0～127	126
X_2	50	6	26	10	10000000～ 10111111	128～191	62
X_3	25	5	27	110	11000000～ 11011111	192～223	30
剩余	—	—	27	111	11100000～ 11111111	224～255	30

3.1.3　项目概述和解析

本项目介绍一个复杂综合型的网络项目：园区的网络搭建。园区是城市的基本单元，是工作与生活的载体，是经济发展的重要抓手，是构建万物互联的智能世界的落脚点。园区存在于我们生活的方方面面。校园、商业区、工业园、住宅小区等，都是园区的典型代表。

园区在综合安防方面需要各种监控摄像头，在便捷通行方面需要入口闸机来完成人脸识别、车辆检测，在高效办公方面需要集成了视频会议、远程协作等功能的智能会议室，这些无处不在的网络终端都需要连接入网。

园区中的各种智慧终端都需要连入通信网络，同时对于各种智慧终端传回的数据，管理系统要及时分析、反馈。另外，基础网络要保证智能会议室视频不卡顿。这些都对园区网络搭建提出了更高的要求。

一个复杂园区的网络搭建，要关注以下几点：网络规划要合理、能自动分配 IP 地址、高传输速率、WLAN 全覆盖。

项目实体取自同学们身边的美丽校园。校园一般包括教学楼、实训大楼、办公大楼和各种功能性场馆，如体育馆、会议中心、大学生活动中心等。山水环绕、绿树成荫，建筑物位置分散，功能分区明显。体育馆面积大，建筑结构简单，人员流动性强，固定通信设备较少，要求 WLAN 覆盖。

3.1.3　微课
项目介绍和解析

办公大楼人员、设备相对固定，网络要求每间办公室都要架设有线高速传输设备。教学楼、实训大楼等设备集中，人员流动性强，有线网络和无线网络都要满足要求。

使用人员角色不同，有教师、工作人员、学生，对数据访问要求不同，这些都是典型园区网络的特点。

所以，中小型园区网络就从智慧校园网络搭建学起。

要搭建智慧校园网络，必须知道校园的用户群体对网络的需求是什么。校园网络的主要使用人群是同学和老师。同学的使用需求一般是网速快、免费，能随时随地上网。老师的需求可能主要是网络的流量大，远程讲课不卡顿。如果遇到突发的大流量事件，用户能快速访问校园服务器；如果产生故障，网络能够备份。于是对智慧校园的网络搭建要求归结为：快、稳。即传输速度快，网络稳定性好，不卡顿，不断网。

> **小贴士** 同学们，请分析一下造成网络卡顿的原因是什么？
>
> 客观原因：网线、路由器和交换机参数限制流量，线路单一。主观原因：进行打游戏、看电影、直播等大数据流量活动。
>
> 那么，我们作为网络专业的学生，在做网络规划的时候要注意哪些方面才能不"踩雷"呢？
>
> 我们要合理地规划网络，考虑硬件和软件两方面，通过网络技术，双管齐下才能避免出现上述网络问题。

网络搭建千头万绪，本任务按照规划网络地址、选择设备和设计拓扑逐步实施。

3.1.4 任务实施——规划网络地址

对智慧校园网络地址进行规划，按照如下步骤进行。

1. 实地考察校园建筑分布
了解校园的建筑物分布特点和用户使用需求以完成网络地址规划。图 3-4 所示为校园航拍图。

3.1.4 微课

任务实施——网络地址规划

图 3-4 校园航拍图

从航拍图片看到，学校整体布局采用轴线聚簇型设计：南北向为书轴，东西向为水轴。书轴两侧均有几栋教学楼，书轴北端和南端分别是图书馆和办公楼等建筑。

2. 选择子网划分方式

从整个智慧校园网络建设来分析,可供分配的私有地址网段分别为 10.0.0.0/8、172.16.0.0/16～172.31.0.0/16、192.168.0.0/16。校园网用户 IP 地址需求量大,于是我们选用 A 类私有地址网段 10.0.0.0/8 进行子网划分。在本项目中,学校一共有 8 座大楼、一座体育馆,还有其他规划建筑没有施工,且每栋大楼都有不少于 100 个房间。并且每栋大楼都有 WLAN 和有线网络两种网络。

小贴士　针对这个项目,同学们一起思考以下几个问题。

（1）什么情况下选择使用按照网络个数划分子网?

答：在满足每个网段内主机数量需求的情况下，主要考虑网段的个数时，选择使用按照网络个数划分子网。采用这种方法划分的子网的特点是每个网段内的 IP 地址数量都是相等的。

（2）什么情况下选择使用按照主机个数划分子网?

答：如果每个网段内的主机个数不同，就要选择使用按照主机个数划分子网。这样可以尽可能地减少 IP 地址的浪费。

（3）结合校园建筑的特点，如何进行合理的校园网络地址规划?

① 针对校园的布局特点，应该采用哪种子网划分方式?

② 要实现校园 WLAN 全覆盖，无线网络和有线网络该如何划分?

答：根据校园建筑结构，网络地址规划方案是一栋楼一个子网网段，每个网段的子网掩码为 16 位，每一个房间都分配一个 IP 地址。使用楼号作为 IP 地址第二部分的首字，并且每个子网的子网掩码相同，这样对管理员来说便于记忆和管理。例如，10.50.0.0/16 代表 5 号楼的网段。

3. 设置有线网络和无线网络

整个学校的有线网络是在多年前已经规划布置好的。此时添加新的 WLAN 网段,不方便对全部的网络重新进行划分和线路连接改造,所以把有线和无线网络分开设置。为了方便记忆,使用 IP 地址的第 2 部分第 1 位数字代表楼号:如 10.1.0.0 表示 1 号楼的网络。使用 IP 地址的第 2 部分第 2 位数字 1 代表当前楼号的无线网络,如 10.51.0.0/16。使用 IP 地址的第 2 部分第 2 位数字 0 代表当前楼号的有线网络,10.50.0.0/16。使用 IP 地址的第 3 部分代表当前楼层,如 10.51.1.0/16,表示 5 号楼 1 层的无线网络（见图 3-5）。

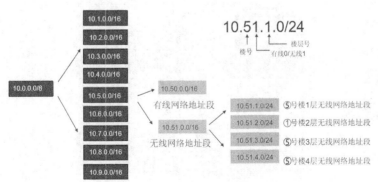

图 3-5　子网划分示意

根据整个校园的建筑物数量、网络种类、楼层数量、房间数量等不同特点，最后选择按照网络个数进行两次子网划分，子网地址代表的位置明确，便于网络管理员对 IP 地址进行管理。此时网络地址已经全部划分完毕。

一起来回顾 3 点问题。

① 子网划分方式，对于园区，一般采用私有地址进行组网，根据需求选用 A、B、C 类私有地址。因为园区管理地址较多，所以在网络地址划分上要尽可能地便于管理和维护，所以大网段采用按照网络个数划分为好。

② 网段划分，网络的广播域范围越小，引起二层数据冲突的可能性越小，如何适当缩小网络的广播域范围呢？方案为一个楼层一个子网。

③ 子网掩码为多少位合适呢？

如果使用如 27 位或 28 位的子网掩码，划分较细，计算起来难度大，而且 10.0.0.0/8 的 A 类网络可供划分的子网有很多，所以使用 24 位的子网掩码，以便于书写和计算。

作为网络工程师，在网络地址规划阶段，不仅要会划分子网，更要合理地划分子网，要有全局观。考虑到环境的实际情况，结合未来的发展变化是网络工程师基本的职业素养。

3.1.5 任务实施——选择设备和设计拓扑

对智慧校园进行网络地址规划完毕，对不同的连接位置、人员安排和价格要选择合适的网络设备。

（1）了解常用的园区网络的架构

园区网络一般采用分层设计模型（见图 3-6）。分层设计模型是一套行之有效的高级工具，可以用来设计可靠的网络基础设施，它提供网络的模块化视图，从而方便设计和组建可扩展的网络。园区网络由接入层、分布层和核心层等组成，具体介绍如下。

① 接入层：让用户能够访问网络设备。在园区网络中，接入层通常由 LAN 交换设备组成。这些设备的端口可用于连接工作站、服务器和各种终端，如 PC、打印机等。

② 分布层：由众多配线间组成，使用交换机将工作组划分到不同网段，并隔离园区环境中的网络问题。

③ 核心层（也叫主干）：这是一种高速主干，用于尽可能迅速地交换分组。由于核心层对网络连接非常重要，因此它必须具备很高的可用性并能够迅速适应变化。它还应提供良好的可扩展性和快速汇聚功能。

3.1.5 微课

任务实施——设备选择和拓扑设计

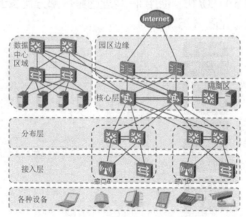

图 3-6 园区网络分层设计模型

（2）制定完整的网络解决方案

园区终端要互相通信需要具备一个完整的网络解决方案，这样才能支撑各种各样的业务运转。随着业务不断发展，园区对网络的各种需求也在不断增加。例如，用户密度可能在短时间内快速增加，用户需要移动办公，此外园区还需要有效地管理网络中不同的业务流量。

本项目描述的是一个园区网络解决方案，此方案将网络在逻辑上分为不同的区域：接入层、分布层、核心层、数据中心区域、隔离区（Demilitarized Zone，DMZ）、园区边缘等。此网络使用了一个三层的网络架构，包括核心层、分布层、接入层。将网络分为三层架构有诸多优点：每一层都有各自独立而特定的功能；使用模块化的设计，便于定位错误，简化网络拓展和维护；可以隔离一个区域的拓扑变化，避免影响其他区域。此解决方案能够支持各种应用对网络的需求，包括高密度的用户接入、移动办公、VoIP（Voice over IP，互联网电话）、视频会议和视频监控的使用等，可满足用户对于可扩展性、可靠性、安全性、可管理性的需求。

根据设备所处的传输节点位置来选择合适的网络设备。接入层设备的主要作用是连接终端，如把教室或办公室的多台计算机接入网络。校园网根据楼层房间数量一般使用 24 口或 48 口交换机。在模拟器中，采用 S3700 作为接入层交换机。

在新建网络中可以采用百兆或者千兆端口，根据网络要求可以选择 8 口、16 口、24 口、48 口等不同交换机类型，主要考虑固定设备的个数。例如，一间教室有 60 台计算机，选择 3 台 24 口交换机，根据树状拓扑连接，可以连接 67 台主机，是比较合理的方案。这个要根据实际情况选择，连接情况如图 3-7 所示。

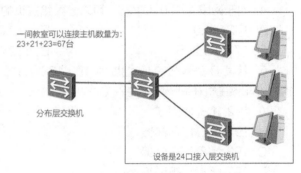

图 3-7　根据教室主机数量选择交换机类型

到了分布层和核心层，网络数据交换量大幅增长，对数据安全性、处理能力和接口速率等要求大幅度提升，传输介质从 6 类双绞线变成光纤，设备性能更强。

总之，按照国家标准 GB 50311—2016《综合布线系统工程设计规范》，设备之间采用双线路、双节点连接，提高网络的稳定性。

通过安装高速设备，使用 6 类双绞线和光纤作为传输介质，不让任何一处成为网络传输瓶颈，可以大大提高网络的传输速率。每个教室安装一台无线接入点（Access Point, AP），走廊也要分布无线 AP，做到无线网络全覆盖。

 小贴士　设计完成后，要把网络拓扑绘制出来。绘制网络拓扑需要注意什么？给设备连线添加标识，标明设备和接口之间的对应关系，如果有重要数据，也应该标注。一张标识清晰的拓扑便于网络管理员对网络的维护和网络故障排查。这是网络行业设计规范，同学们在绘图的时候一定要注意这些细节。工作细节无处不显示着个人的工作能力和工作态度，并且按照规范条理来进行工作，将方便日后的网络维护工作。

思考与练习

一、单选题

1. 某公司申请到一个 C 类网段，但要分配给 6 个子公司，最大的一个子公司有 26 台计算机。不同的子公司必须在不同的网段中，则子网掩码应设为（　　　）。

A. 255.255.255.0

B. 255.255.255.128

C. 255.255.255.192

D. 255.255.255.224

2. 若某 C 类网络的子网掩码为 255.255.255.248，则每个子网的可用主机地址数是（　　　）。

A. 8 　　　　　　　B. 6 　　　　　　　C. 4 　　　　　　　D. 2

3. 对于网段 169.2.123.0/27，能够分配给主机最大的 IP 地址是（　　　）。

A. 169.2.123.30 　　　　　　　B. 169.2.123.31

C. 169.2.123.32 　　　　　　　D. 169.2.123.33

4. 对于网段 172.0.4.0/23，可以分配给主机的 IP 地址是（　　　）。

A. 172.0.4.0 　　　　　　　B. 172.0.4.255

C. 172.0.5.255 　　　　　　　D. 172.0.8.0

5. 若某 C 类网络的 IP 地址为 192.168.1.112，子网掩码为 255.255.255.192，下列哪个主机地址和该主机在同一网段内？（　　　）

A. 192.168.1.2/26

B. 192.168.1.172/26

C. 192.168.1.234/26

D. 192.168.1.255/26

二、多选题

1. 一个网段 180.26.0.0 的子网掩码是 255.255.224.0，（　　　）是该网段中的有效的主机地址。

A. 180.26.0.0 　　　　　　　B. 180.26.1.255

C. 180.26.2.24 　　　　　　　D. 180.16.3.30

2. 下面的 IP 地址中不是网络地址的有（　　　）。

A. 63.103.3.7/28 　　　　　　　B. 192.168.12.64/26

C. 192.131.11.191/26 　　　　　　　D. 198.168.12.16/28

任务二　IP 地址分配

学习重难点

1. 重点

（1）DHCP 的基本原理；　　　　　（2）DHCP 中继代理的基本原理。

2. 难点

（1）DHCP 的配置；　　　　　（2）DHCP 中继代理的配置。

相关知识

3.2.1　DHCP 全局模式的高级应用

　　一旦网络中的终端数量增多，仅依靠网络管理员对主机进行静态地址分配是不现实的。需要有系统的方式，自动对主机地址进行分配。这样，设备需要的时候能够有合适的地址，如果关机了也可以把地址给别的需要的主机使用，这可在一定程度上节约有限的地址。

3.2.1　微课

DHCP 全局
模式的高级应用

　　在小型网络中，终端数量很少，可以手动配置 IP 地址。但是在大中型网络中，终端数量很多，手动配置 IP 地址工作量大，而且配置时容易导致 IP 地址冲突等。DHCP 可以为网络终端动态分配 IP 地址，解决了手动配置 IP 地址的各种问题。我们曾经讲过 DHCP 的接口模式，是根据接口所在的网段和网关进行 IP 地址的分配。但是，当多个网段都需要动态分配 IP 地址，需要分配 IP 地址的网段和网关不在同一个网段内，并且对分配的 IP 地址有更多设置的时候，可以建立 DHCP 地址池，并配置接口为全局模式。在以下 4 种情况下，可以选择 DHCP 全局模式。

　　（1）在我们熟知的网络设备中，个人计算机可以动态获取 IP 地址，也就是说其 IP 地址可能是经常发生改变的，但是也有许多共享设备是被很多其他设备访问的，所以这些共享设备的 IP 地址最好是固定的，例如，共享打印机、共享的数据服务器等。这些共享设备的 IP 地址要从分配的地址网段中保留下来，不能再分配给其他的终端，要在分配的地址池中排除。

　　（2）DHCP 服务器本身采用客户—服务器模式，配置 DHCP 除了要节约人力，更方便、快捷地把 IP 地址分配下去以外，另一个目的是节约 IP 地址。一台设备关机后，可以把 IP 地址退还给地址池，方便把 IP 地址给其他的设备用，达到节约 IP 地址的目的。这个租借关系是有时间限制的，时间太长，起不到节约 IP 地址的作用；时间太短，会造成终端频繁地发送 IP 地址请求。系统默认的租借时间是一天，这个租借时间是可以进行修改的。

　　（3）有的 IP 地址是需要固定分配给某些终端的，不能给其他的主机使用，这时候就可以把 IP 地址和终端的 MAC 地址进行绑定。

　　（4）终端上网都需要 DNS（Domain Name System，域名系统）服务器来查找域名和 IP 地址的关系，但不能保证终端到访问的 DNS 服务器的网络通信一定通畅，于是需要设置一个甚至多个备份 DNS 服务器。

　　这些都可以在 DHCP 全局模式的地址池中进行修改和配置。

3.2.2　DHCP 全局模式的配置

　　华为的路由器和交换机都可以作为 DHCP 服务器，为主机等设备分配 IP 地址。不同的是，交换机配置在虚拟接口上，如 interface vlan 10；路由器配置在物理接口上，如 interface g0/0/0，如图 3-8 所示。

3.2.2　微课

DHCP 全局
模式的配置

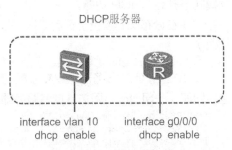

DHCP服务器

interface vlan 10
dhcp enable

interface g0/0/0
dhcp enable

图 3-8　DHCP 在交换机和路由器的接口模式配置

DHCP 服务器的地址池用来定义分配给主机的 IP 地址范围，有两种形式：接口模式和全局模式。

1. 接口模式

接口模式为连接到同一网段的主机或终端分配 IP 地址。配置 DHCP 服务器采用接口地址池的 DHCP 服务器模式为客户端分配 IP 地址。分配的 IP 地址与接口 IP 地址在同一个网段，采用相同的子网掩码，网关即接口 IP 地址，如图 3-8 所示。

（1）在交换机虚拟接口上开启 DHCP 功能：

```
[switchserver]dhcp enable
[switchserver]interface vlan 10
[switchserver--interface vlan 10]dhcp select interface
```

（2）在路由器接口上开启 DHCP 功能：

```
[routerserver]dhcp enable
[routerserver]interface g0/0/0
[routerserver--interface g0/0/0]dhcp select interface
```

2. 全局模式

全局模式为所有连接到 DHCP 服务器的终端分配 IP 地址。

> **注意** 接口模式的优先级比全局模式高。如果在全局模式中配置了全局地址池，又在接口上配置了接口模式，客户端将会从接口地址池中获取 IP 地址。在 X7 系列交换机上，只能在 VLAN 逻辑接口上配置接口地址池。

全局模式配置拓扑如图 3-9 所示。

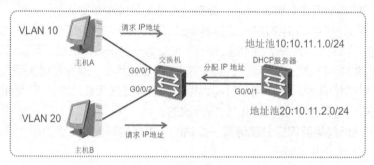

图 3-9 全局模式配置拓扑

在智慧校园网络搭建项目中，一般使用三层交换机进行网络连接。在分布层交换机上进行 DHCP 服务器的配置，并且给多个 VLAN 进行地址池分配。在配置 DHCP 之前要保证网络能够通信，即 PC 能够访问服务器所在的三层虚拟接口 IP 地址。接下来配置 DHCP 服务。 DHCP 是一个协议，所以要在作为服务器的交换机或者路由器上运行这个协议，就要首先在 DHCP 服务器全局模式下开启 DHCP 功能。

（1）在分布层交换机上开启 DHCP 功能。（以 VLAN10 的地址池配置为例，VLAN 20 与之相似）。

```
[DHCPServer] dhcp enable
```

（2）在 DHCP 服务器上建立分配的地址池的基本命令如下，用于设置 PC 上网的必要参数，包括网段、子网掩码、网关、域名服务器地址。

```
[DHCPServer]ip pool pool10
[DHCPServer-ip-pool-pool10] network 10.11.1.0 mask 24
[DHCPServer-ip-pool-pool10] gateway-list 10.11.1.1
[DHCPServer-ip-pool-pool10] dns-list 8.8.8.8 114.114.114.114
```

（3）在 DHCP 服务器上建立分配的地址池的拓展命令如下。如果有特殊的地址设置需要，可以在 DHCP 服务器上运行相关命令，如设置租期、保留某些地址不进行分配和设置特殊情况下需要固定的 IP 地址的主机。

```
[DHCPServer]ip pool pool10
[DHCPServer-ip-pool-pool10] lease day 2  hour 1 minute 10
[DHCPServer-ip-pool-pool10] excluded-ip-address 10.11.1.250  10.11.1.254
[DHCPServer-ip-pool-pool10]  static-bind  ip-address  10.11.1.249  mac-address
28d2-4469-5a55
```

（4）在 DHCP 服务器三层接口上开启 DHCP 功能。

```
[DHCPServer] interface vlan 10
[DHCPServer-interface vlan 10] ip address 10.11.1.1 24
[DHCPServer-interface vlan 10] dhcp select  global
```

（5）通过 display ip pool 命令查看全局 IP 地址池信息，如图 3-10 所示。

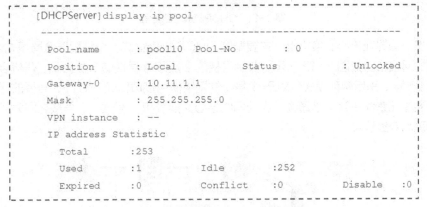

```
[DHCPServer]display ip pool
-----------------------------------------------------------------
  Pool-name       : pool10  Pool-No       : 0
  Position        : Local           Status          : Unlocked
  Gateway-0       : 10.11.1.1
  Mask            : 255.255.255.0
  VPN instance    : --
  IP address Statistic
   Total          :253
   Used           :1          Idle          :252
   Expired        :0          Conflict      :0          Disable   :0
```

图 3-10　查看全局 IP 地址池信息

3.2.3　任务实施——分配 IP 地址

至此，我们已经完成了智慧校园的网络拓扑设计，确定了 IP 地址分配方案，选择了合适的设备，并且学习了动态分配 IP 地址的方法。现在，准备对全校的终端进行 IP 地址分配练习。从当前拓扑上选择设备作为 DHCP 服务器，用它来自动分配 IP 地址。华为的交换机可以作为 DHCP 服务器为网络内的终端分配 IP 地址。

3.2.3　微课

任务实施——
分配 IP 地址

我们要解决两个问题，思考步骤如图 3-11 所示。

第一个问题，服务器的位置选在哪台设备上？

第二个问题，用 DHCP 的哪种模式分配 IP 地址？

第一个问题我们要从两个方面考虑，第一个方面，DHCP 服务器的位置是否便于网络管理员的管理和维护；第二个方面，选择一台交换机作为服务器还是多台交换机作为服务器。

如果选择一台交换机作为服务器，那么它将承担着整个校园的 IP 地址分配，必须性能优良，不但能分配 IP 地址，还要保证网络的正常传输。如果选择多台交换机，让每台交换机作为 DHCP 服务器承担着一部分网络的 IP 地址分配，那要考虑到不同网络的网关位置以及其他方面，例如路由。从这些方面来考虑，我们选择核心交换机组作为 DHCP 服务器最合适。其性能好，有备份，处于网络的核心层，不需要在设备之间设置路由，可以作为各个网段的网关。

第二个问题，选择接口模式还是全局模式。普通的网络设置，如果只是分配 IP 地址并且与请求 IP 地址的主机在同一个网段，可以采用接口模式，大部分的 IP 路由器都采用接口模式。对办公网络，如为特殊终端预留网段，终端和服务器不在同一网段等特殊要求可以使用全局模式。这个选择要根据具体需要进行。5 号教学楼有网络中心、服务器等各种设置，所以对网段 10.50.0.0/24 使用全局模式。

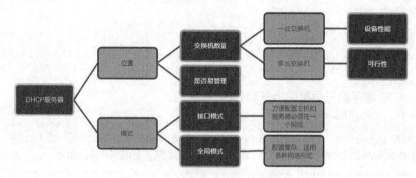

图 3-11　DHCP 选择思维导图

综上考虑，选择在核心交换机上，主要配置 DHCP 接口模式，个别配置全局模式。

校园网的网络拓扑如图 3-12 所示，以 1 号楼的 2 层和 5 号楼的 3 层为例，在核心交换机上配置 DHCP 服务器。采用两种模式，对于 1 号楼的网络使用接口模式，对于 5 号楼的网络使用全局模式。我们通过配置命令让网络通畅。当前网络核心交换机和 1 号楼、5 号楼之间为了保持网络的稳定性，都采用双线连接。

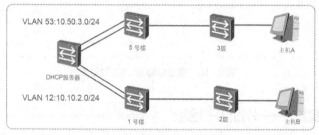

图 3-12　校园网的网络拓扑

（1）在所有交换机上建立相关 VLAN，在 DHCP 服务器上建立三层虚拟接口，配置 IP 地址。

```
[DHCPServer] vlan batch 12 53
[DHCPServer]interface vlan 12
[DHCPServer-interface vlan 12]ip add 10.10.2.1 24
[DHCPServer-interface vlan 12]dhcp select interface
[DHCPServer-interface vlan 12]quit
[DHCPServer]interface vlan 53
[DHCPServer-interface vlan 53]ip add 10.50.3.1 24
[DHCPServer-interface vlan 53]dhcp select interface
```

（2）配置接口类型。

和 PC 相连的端口为 Access 端口。

```
[S53]interface g0/0/2
[S53-interface g0/0/2] port link-type access
[S53-interface g0/0/2] port default vlan 10
```

交换机之间的端口为 Trunk 端口。

```
[dhcpserver]interface g0/0/1
[dhcpserver-interface g0/0/1]port link-type trunk
[dhcpserver-interface g0/0/1]port trunk allow-pass vlan all
```

（3）在 DHCP 服务器上建立三层虚拟接口，配置 IP 地址，并指定 DHCP 模式。

① VLAN 53 采用全局模式。

```
[DHCPServer]interface vlan 53
[DHCPServer-interface vlan 53]ip add 10.50.3.1 24
[DHCPServer-interface vlan 53]dhcp select global
[DHCPServer] ip pool pool53
[DHCPServer-ip-pool-pool53] network 10.50.3.0 mask 24
[DHCPServer-ip-pool-pool53]excluded-ip-address 10.50.3.250  10.50.3.254
[DHCPServer-ip-pool-pool53] dns-list  8.8.8.8 114.114.114.114
[DHCPServer-ip-pool-pool53] gateway-list 10.50.3.1
```
② VLAN 12 采用接口模式。
```
[DHCPServer]interface vlan 12
[DHCPServer-interface vlan 12]ip add 10.10.2.1 24
[DHCPServer-interface vlan 12]dhcp select interface
```
（4）通过 ipconfig 命令，PC 重新向 DHCP 服务器请求获取 IP 地址。
```
PC>ipconfig /renew
IP Configuration
Link local IPv6 address...........: fe80::5689:98ff:fe83:1417
IPv6 address.....................: :: / 128
IPv4 address.....................: 10.10.2.253
Subnet mask......................: 255.255.255.0
Gateway..........................: 10.10.2.1
Physical address.................: 54-89-98-83-14-17
DNS server.......................: 8.8.8.8  114.114.114.114
```
要根据实际网络环境和配置要求来选择采用哪种 DHCP 模式，这需要在工作中不断地积累经验，也可以通过网络服务器配置 DHCP 来实现同样功能。

3.2.4　DHCP 中继代理的原理

仔细回忆一下 2.5.1 小节中介绍的 DHCP 基本工作流程就会发现， DHCP 客户端总是以目的 IP 地址为 255.255.255.255 的广播（广播帧及广播 IP 报文）方式来发送 DHCP Discover 消息和 DHCP Request 消息的。

3.2.4　微课

DHCP 中继原理

如果 DHCP 服务器和 DHCP 客户端不在同一个二层网络（二层广播域）中，那么 DHCP 服务器根本就不可能接收到这些 DHCP Discover 消息和 DHCP Request 消息。举例来说，新来的同学在教室想要找到一个座位，班主任有分配座位的权利，但是如果班主任没在教室里，那么新生需要座位的这个需求就不能被班主任接收到。因此，我们之前所描述的 DHCP 工作流程只适用于 DHCP 服务器和 DHCP 客户端位于同一个二层网络的场景。

如果一个网络包含多个二层网络，就需要一个中间的角色对 DHCP 消息进行转发。事实上，DHCP 除了定义了 DHCP 客户端和 DHCP 服务器这两种角色之外，还定义了 DHCP 中继代理这种角色。DHCP 中继代理的基本作用就是专门在 DHCP 客户端和 DHCP 服务器之间进行 DHCP 消息的中转。

我们还是以新生找座位为例来讲解 DHCP 客户端、DHCP 中继代理和 DHCP 服务器的关系。

假如，新生是 DHCP 客户端，也就是一台个人计算机；班长是 DHCP 中继代理；班主任是 DHCP 服务器。

新生来到新的班级，不知道该坐在哪里，需要向班主任申请一个座位，但是班主任不在教室。那么新生会喊："我需要一个座位，谁可以告诉班主任？"这个喊话的过程是一个广播数据传输的过程。班长此时能听到喊话信息，并且他有权利去找班主任。所以，班长就会说："我知道班主任在哪里，我会转达你需要一个座位的信息。"然后班长直接找到班主任（班主任可能在办公室，也可能在其他位置），表达新生想要一个座位的要求，班主任同意并说："第二行第三列吧！"这个传递过程是个单播一对一的传输。然后班长把这个座位地址转告给新生，于是新生在该班级有了一个座位。

明白这个关系以后，具体了解一下 DHCP 中继代理。

DHCP 客户端利用 DHCP 中继代理从 DHCP 服务器获取 IP 地址等配置参数时，DHCP 中继代理必须与 DHCP 客户端位于同一个二层网络，但 DHCP 服务器可以与 DHCP 中继代理位于同一个二层网络，也可以与 DHCP 中继代理位于不同的二层网络。DHCP 客户端与 DHCP 中继代理之间是以广播方式交换 DHCP 消息的，但 DHCP 中继代理与 DHCP 服务器之间是以单播方式交换 DHCP 消息的（DHCP 中继代理必须事先知道 DHCP 服务器的 IP 地址）。DHCP 中继代理通常部署在路由器上或三层交换机上。

DHCP 中继代理转发过程如图 3-13 所示。

（1）DHCP 客户端发送 DHCP Discover 消息，请求获得一个 IP 地址，但是 DHCP 服务器和 DHCP 客户端不在同一个网段，于是 DHCP 中继代理收到这个 DHCP Discover 消息后，将其以单播的方式发送给 DHCP 服务器。

（2）DHCP 服务器回复一个 DHCP Offer 消息，经 DHCP 中继代理转发给 DHCP 客户端，同意给 DHCP 客户端分配一个 IP 地址。

（3）DHCP 客户端仍然发送 DHCP Request 消息，请求拥有这个 IP 地址。

（4）DHCP 服务器发送 DHCP ACK 消息，经 DHCP 中继代理转发，确认将这个 IP 地址分配给 DHCP 客户端，这就是 DHCP 中继代理的转发过程。

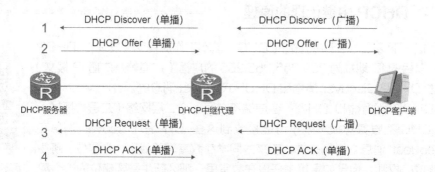

图 3-13　DHCP 中继代理转发过程

3.2.5　DHCP 中继代理的配置

下面一起来看一下基本的 DHCP 中继代理是如何配置的。选取三层交换机作为 DHCP 设备，完成 DHCP 中继代理的配置。如图 3-14 所示，DHCP 中继代理实际上是 PC 的网关设备。

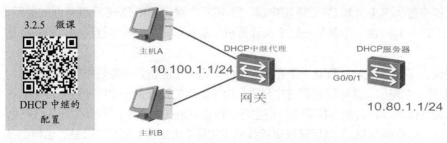

图 3-14　DHCP 中继代理配置拓扑

（1）配置 DHCP 服务器前，保证网络能通信，确保 PC 能 ping 通 DHCP 服务器接口地址。

```
[DHCPserver]ip route-static 10.100.1.0 24 10.80.1.2
```

（2）选择全局模式配置 DHCP 服务器。配置地址池，并且在接口上开启全局模式。该操作参考 DHCP 地址池的配置命令。

（3）在 DHCP 中继代理上开启 DHCP 功能。

```
[DHCPrelay] dhcp enable
```

（4）在 DHCP 中继代理的三层接口上配置 DHCP 中继功能，并告知 DHCP 服务器 IP 地址。

```
[DHCPrelay] interface vlan 10
[DHCPrelay-interface vlan 10]dhcp select relay
[DHCPrelay-interface vlan 10]dhcp relay server-ip 10.80.1.1
```

（5）验证设备能够获得对应的 IP 地址。

```
PC>ipconfig /renew
IP Configuration
Link local IPv6 address...........: fe80::5689:98ff:fe83:1417（自动生成 IPv6 地址）
IPv6 address......................: :: / 128
IPv6 gateway......................: ::
IPv4 address......................: 10.100.1.254    （IPv4 地址）
Subnet mask.......................: 255.255.255.0    （子网掩码）
Gateway...........................: 10.10.2.1        （网关地址）
Physical address..................: 54-89-98-83-14-17 （主机 MAC 地址）
DNS server........................: 8.8.8.8 114.114.114.114 （主从域名服务器地址）
```

3.2.6 任务实施——配置 DHCP 中继代理

作为一个蓬勃发展的院校，要全面开展"云"网络、"云"实训、"云"教学、"云"办公、"云"竞赛，就需要在数字化、信息化、智能化通信建设方面有大幅度的提高。

3.2.6 微课

任务实施——中继代理配置

为了提高学生们的实训条件，学校建立了新的产学研结合实训基地。那么，对这个新的实训基地，我们又应如何动态分配 IP 地址呢？

10 号产学研实训楼、新建成的 9 号楼与 5 号楼的网络中心呈 L 形状（见图 3-15），所有的设备必须接入校园网络。

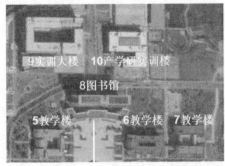

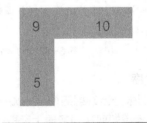

10号产学研实训楼的位置

图 3-15 各大楼位置说明

1. 获取动态 IP 地址的方法

10 号产学研实训楼要想获取动态 IP 地址有 3 种方法，如图 3-16 所示。

（1）如果网络规划时已经预留 10 号楼的网络接口，那么 10 号楼的分布层交换机可以直接连接到 5 号楼的核心网络。使用这种方法连接和管理都很方便。所以在校园建立之初，网络工程师应该有前瞻性，做好网络发展规划，对未来的建筑设施预留网络接口，保证后期的网络建设。

（2）如果没有预留网络接口，那么9号楼建成后，可以把10号楼的网络经9号楼接入校园网。如果采用经9号楼连接，那么10号楼想要获得IP地址，可以通过在自己的分布层交换机上建立新的DHCP服务器分配IP地址。但是这台交换机的位置离网络管理员稍远，配置不方便。

（3）根据刚学过的DHCP中继技术，可以把10号楼的网络连接到9号楼，经9号楼的网络接入校园网络，从而获取动态IP地址。这种方法是相对而言比较合适的方法。

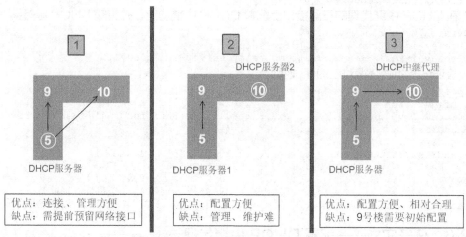

图 3-16　3 种 DHCP 服务方法说明

我们选择第3种方法，介绍配置校园网10号产学研实训楼的DHCP中继代理。以10号楼5层网络主机获取IP地址为例，其拓扑如图3-17所示。

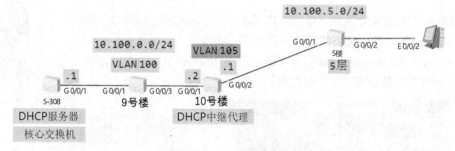

图 3-17　10 号楼 DHCP 中继代理配置拓扑

2. 网络配置顺序

主机要想获取到服务器分配的地址，就要保证网络是通畅的。先确定能够用一个固定的IP地址ping通服务器，再考虑如何从服务器上获取地址。

配置思路如下。

（1）配置设备能正常通信。完成当前操作后，给PC一个静态地址，测试PC能ping通服务器接口地址。

```
[DHCPsever]vlan 100
[DHCPsever]interface Vlanif100
[DHCPsever-Vlanif100]ip address 10.100.0.1 255.255.255.0
[DHCPsever]interface GigabitEthernet0/0/1
[DHCPsever-GigabitEthernet0/0/1]port link-type trunk
[DHCPsever-GigabitEthernet0/0/1]port trunk allow-pass vlan all
[DHCPsever]ip route-static 10.100.5.0 255.255.255.0 10.100.0.2
```

```
[S9]vlan batch 100
[S9]interface GigabitEthernet0/0/1
[S9-GigabitEthernet0/0/1]port link-type trunk
[S9-GigabitEthernet0/0/1]port trunk allow-pass vlan all
[S9]interface GigabitEthernet0/0/3
[S9-GigabitEthernet0/0/3] port link-type trunk
[S9-GigabitEthernet0/0/3] port trunk allow-pass vlan all

[S10] vlan batch 100 105
[S10]interface Vlanif100
[S10-Vlanif100]ip address 10.100.0.2 255.255.255.0
[S10]interface Vlanif105
[S10-Vlanif105]ip address 10.100.5.1 255.255.255.0
[S10]interface GigabitEthernet0/0/1
[S10-GigabitEthernet0/0/1]port link-type trunk
[S10-GigabitEthernet0/0/1]port trunk allow-pass vlan all
[S10]interface GigabitEthernet0/0/2
[S10-GigabitEthernet0/0/2]port link-type trunk
[S10-GigabitEthernet0/0/2]port trunk allow-pass vlan all

[S5]vlan 105
[S5]interface GigabitEthernet0/0/1
[S5-GigabitEthernet0/0/1]port link-type trunk
[S5-GigabitEthernet0/0/1]port trunk allow-pass vlan all
[S5-GigabitEthernet0/0/1]interface GigabitEthernet0/0/2
[S5-GigabitEthernet0/0/2]port link-type access
[S5-GigabitEthernet0/0/2]port default vlan 105
```

（2）选择全局模式配置 DHCP 服务器。配置地址池，并且在接口上开启全局模式。

```
[DHCPsever]dhcp enable
[DHCPsever]interface Vlanif100
[DHCPsever-Vlanif100]dhcp select global
[DHCPsever]ip pool vlan105
[DHCPsever-ip-pool-vlan105]gateway-list 10.100.5.1
[DHCPsever-ip-pool-vlan105]network 10.100.5.0 mask 255.255.255.0
[DHCPsever-ip-pool-vlan105]dns-list 8.8.8.8 114.114.114.114
```

（3）在 DHCP 中继代理上开启 DHCP 功能。

```
[S10] dhcp enable
```

（4）在 DHCP 中继代理的三层接口上配置 DHCP 中继功能，并告知 DHCP 服务器 IP 地址。

```
[S10]interface Vlanif105
[S10-GigabitEthernet0/0/1] dhcp select relay
[S10-GigabitEthernet0/0/1] dhcp relay server-ip 10.100.0.1
```

（5）PC 改为自动获取 IP 地址模式后，验证设备能够获得正确的 IP 地址。

```
PC>ipconfig /renew
IP Configuration
Link local IPv6 address...........: fe80::5689:98ff:fe04:4478
IPv6 address......................: :: / 128
IPv6 gateway......................: ::
IPv4 address......................: 10.100.5.254
Subnet mask.......................: 255.255.255.0
Gateway...........................: 10.100.5.1
Physical address..................: 54-89-98-04-44-78
DNS server........................: 8.8.8.8  114.114.114.114
```

3.2.7 任务总结

DHCP 中继代理适用于用户主机和服务器不在同一个网段内的情况，但是，这会增加网络的复杂性，提升后期网络故障排除的难度。所以，网络工程师在网络规划初期，除了要考虑到网络的连通性，还要考虑到后期的网络管理，尽可能地简化布局。

思考与练习

一、单选题

1. 如以下命令所示，网络管理员在配置 DHCP 服务器时，使用（　　）命令所配置的租期时间最短。

```
Ip pool pool1 network 10.10.10.0 mask 255.255.255.0 gateway-list 10.10.10.1
```

A. dhcp select relay   B. lease day 1

C. lease 24   D. lease 0

2. 主机从 DHCP 服务器获取到 IP 地址后进行了重启，则重启时会向 DHCP 服务器发送（　　）消息。

A. DHCP Discover   B. DHCP Request

C. DHCP Offer   D. DHCP ACK

3. 网络中的一台用户主机在第一次启动之后，无法从 DHCP 服务器处获取 IP 地址，那么此主机可能会使用下列 IP 地址中的（　　）。

A. 0.0.0.0   B. 127.0.0.1

C. 169.254.2.33   D. 255.255.255.255

二、多选题

1. 早晨上班时间，人员 A 突然发现自己的动态获取地址的主机不能连接网络，那么下面的描述可能正确的是（　　）。

A. 此用户有可能会被提示 IP 地址冲突

B. 此用户有可能出现 DHCP 通信故障，获取了 169.254.0.0 网段的地址

C. 此用户与相连的 DHCP 服务器之间的链路出现故障

D. 与此用户相连的 DHCP 服务器出现故障

2. 网络管理员在网络中部署了一台 DHCP 服务器之后，发现部分主机获取到非该 DHCP 服务器所指定的地址，则可能的原因有（　　）。

A. 网络中存在另外一台工作效率更高的 DHCP 服务器

B. 部分主机无法与该 DHCP 服务器正常通信，这些主机客户端系统自动生成了 169.254.0.0/16 网段内的地址

C. 部分主机无法与该 DHCP 服务器正常通信，这些主机客户端系统自动生成了 127.254.0.0/8 网段内的地址

D. DHCP 服务器的地址池已经全部分配完毕

任务三　WLAN 的规划设计

学习重难点

1. 重点

（1）WLAN 的基本知识；　　　　（2）无线网络需要的要素。

2. 难点

（1）安全策略的制定；　　　　（2）有线网络和无线网络的交叉路由设置；

（3）无线网络中安全策略的配置。

相关知识

3.3.1 WLAN 简介

我国的无线网络技术正如经济社会一样快速发展，随着人们对网络知识的运用更加自如和对生活质量的要求不断提高，无线网络逐渐走入千家万户，走进人们的生活。无线连接万物，下面一起来了解什么是 WLAN。

3.3.1 微课

WLAN 简介

1. WLAN 是什么？

WLAN 是以射频无线电波通信技术构建的局域网，虽不采用缆线，但能提供传统有线局域网的所有功能。无线数据通信不仅可以作为有线数据通信的补充及延伸，还可以与有线网络环境互为备份。

2. WLAN 常用的实现技术

WLAN 常用的实现技术有 IEEE 802.11 协议族，家用射频工作组提出的 HomeRF、Bluetooth（蓝牙），以及欧洲的 HiperLAN2 协议等。IEEE 802.11 协议族在标准之争中脱颖而出，成为目前事实上占主导地位的 WLAN 标准。802.11 协议族是 IEEE 专门为 WLAN 制定的标准。原始标准制定于 1997 年，工作在 2.4GHz 频段，速率最高只能达到 2Mbit/s。随后 IEEE 又相继开发了 802.11a 和 802.11b 两个标准，分别工作在 5GHz 和 2.4GHz 频段。这两个标准提供的信号范围有差异。5GHz 频段信号衰减严重，速率高，但是抗干扰能力差，传输距离较短。2.4GHz 频段抗衰减能力强，传输距离较远，因此允许在较大的范围内部署更少的 AP。之后，IEEE 还发布了 802.11g、802.11n 和 802.11ac 等标准。

3. 常用无线电频率

细心的同学发现，市场上出现的无线路由器有两种频率：2.4GHz 和 5.8GHz。它们之间有什么区别？

目前主流的 2.4GHz 无线 Wi-Fi 网络设备不管采用 802.11b/g 还是 802.11b/g/n，一般都支持 13 个信道。它们的中心频率虽然不同，但是因为都占据一定的频率范围，所以会有一些相互重叠的情况。

当无线 AP 工作在 2.4GHz 频段的时候，它的工作频率范围是 2.4GHz～2.4835GHz。在此频率范围内又划分出 14 个信道。每个信道的中心频率相隔 5MHz，每个信道可供占用的频率带宽为 22MHz。除 1、6、11 这一组互不干扰的信道外，还有 2、7、12，3、8、13，4、9、14 这 3 组互不干扰的信道。

现在 2.4GHz 的优点是频段室内环境中抗衰减能力强，穿墙能力不错。其劣势是许多设备用的都是 2.4GHz，如蓝牙、ZigBee，所以干扰很多，不能保障足够的稳定性。

5GHz 的优点是抗干扰能力强，能提供更大的带宽，吞吐率高，扩展性强。缺点是 5GHz 穿墙能力较差，信号衰减要大于 2.4GHz，5GHz 只适用于室内小范围覆盖和室外网桥，各种障碍物对其产生的衰减作用比 2.4GHz 大得多（不担心被蹭网）。

当 AP 工作在 5GHz 频段的时候，我国 WLAN 工作的频率范围是 5.725GHz～5.850GHz。在此频率范围内又划分出 5 个信道，每个信道的中心频率相隔 20MHz。

> **小贴士** 我国现在正致力于 5G 通信网络的全覆盖，这里提到的 5G 和刚讲过的 5GHz 不是一个概念。5G 网络的 G 是 generation 的首字母大写，5G 是第五代通信技术。5G 的性能目标是高数据传输速率、减少延迟、节省能源、降低成本、提高系统容量和大规模设备连接。刚讲过的 5GHz 的 GHz（gigahertz）是单位的词头。5G 网络是通信发展的一个阶段。

4. Wi-Fi

Wi-Fi 是一种允许电子设备连接到一个 WLAN 的技术。Wi-Fi 是一个无线网络通信技术的品牌，由 Wi-Fi 联盟所持有。如果询问一般用户什么是 IEEE 802.11 无线网络，他们可能会感到迷惑和不解，因为多数人习惯将这项技术称为 Wi-Fi。Wi-Fi = 采用 IEEE 802.11 标准的 WLAN。

无线网络技术促进"万物互联时代"的来临，科技发展将决定我们未来的生活和工作方式，无线网络将大有可为！

3.3.2 认识 WLAN 设备

3.3.2 微课

认识 WLAN 设备

在常用无线、有线组网方案中，对于比较小的空间，例如教室、机房，往往都是无线网络和有线网络同时存在。对于大厅这样的空阔空间，一般无线覆盖较多。对于有线设备和联网方式，同学们都有所了解。这次我们一起了解无线设备。根据无线信号的传输原理，为了不让无线信号被障碍物遮挡，信号源往往安装在比较高的位置。这就决定无线信号源不能和有线设备一样采用 220V 电源供电，且随时插拔电源插头。所以无线设备可以通过以太网供电，为其供电的设备称为 PoE（Power over Ethernet，以太网供电）设备。

常见的无线设备有无线接入控制器（Access Controller，AC）和无线接入点（Access Point，AP）。

无线接入控制器 AC6003 提供 8 口 PoE（15.4W）满供能力或者 4 口 PoE+（30W）供电能力，可直接接入 AP，提供丰富、灵活的用户策略管理及权限控制功能。设备可通过 eSight 网管、Web 网管、命令行界面（Command Line Interface，CLI）进行维护。

1. 无线 AP 分类

无线 AP 分为两种——"胖"AP 和"瘦"AP，如图 3-18 所示。

图 3-18 "胖"AP 和"瘦"AP

"胖"AP 可以自主完成包括无线接入、安全加密、设备配置等在内的多项任务，不需要其他设备的协助，适用于构建中、小型规模 WLAN。面对小型公司、办公室、家庭等无线覆盖场景，使用它仅需要少量设备即可实现无线网络覆盖，目前被广泛使用和熟知的产品就是无线路由器。

"瘦" AP 又称轻型无线 AP，必须借助无线 AC 进行配置和管理。AP4050DN 无线接入点支持 802.11ac wave 2 标准、2×2MIMO 和 2 条空间流，同时支持 802.11n 和 802.11ac 协议，可使无线网络带宽突破千兆，极大地提升用户对无线网络的使用体验，适合部署在中小型企业、机场、车站、体育场馆、咖啡厅、休闲中心等场景。

2. AP 安装方式

室内 AP 一般有两种安装方式，一种是吸顶式，另一种是壁挂式，一般通过以太网供电。AP 接收 AC 控制信号，发送的频率为 2.4GHz 和 5GHz 两种。

在有天花板的位置，一般采用吸顶式安装在空间的中心位置。在没有天花板的空间，也可以采用壁挂式安装。吸顶式安装设备的辐射距离是壁挂式安装设备的 2 倍。

3．无线信号的传播特点

（1）无线信号与距离的关系

如果无线信号与用户距离越来越远，那么无线信号强度会越来越弱，这时可以根据用户需求调整无线设备位置。

（2）干扰源主要类型

无线信号干扰源主要是无线设备间的同频干扰，例如，生活设备蓝牙、电磁炉和无线 2.4GHz 频段会产生同频干扰。

（3）无线信号的传输方式

AP 的无线信号传输主要通过两种方式，即辐射和传导。AP 无线信号辐射是指 AP 的信号通过天线传递到空气中去。

AP 无线信号传导是指无线信号在线缆等介质内进行无线信号传输，在图 3-19 所示的室分系统中，无线 AP 和天线通过电缆连接，无线信号从天线接收后将通过电缆传导到 AP。

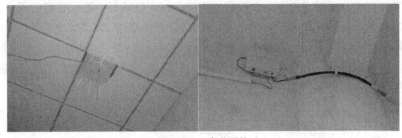

图 3-19　室分系统

随着科技的发展，网络设备都会更新换代，使用网络设备要有阶段发展的规划。

3.3.3　实训大楼现场勘察

对智慧校园的网络建设，经过前期的学习，我们已经完成了用户需求调研，确定了华为的路由和交换设备，制定好网络连接方案，现在学习如何展开无线网络架设和施工。在一栋大楼刚完成基础建设以后，我们就应该进入现场，进行网络场地查看。现在以 10 号产学研实训楼为例，准备进行无线网络安装施工。

3.3.3　微课

实训大楼现场勘查

1. 明确进场勘测目标

到现场进行现场工勘的目的是收集更详细的信息，如干扰源、障碍物等，用于网络规划方案设计。根据用户需求和工勘结果，确定采用哪种覆盖方式，如室内覆盖或室外覆盖，然后进行网络覆盖、网络容量和 AP 放置的设计。

2. 前期准备

场地的工程图纸能让你更好地了解建筑结构，确定 AC 的摆放位置、AP 的需求个数、线路的连接走线等。无线测距仪可用于测量广阔的场地尺寸，避免人工测量误差，确定空间的体积，决定 AP 的设置个数。卷尺可用于测量细节位置，如墙体厚度、高度，支撑柱等障碍物的尺寸。

带好照相机，能方便留存场地照片。必不可少的纸笔用来记录现场勘察要注意的地方和测量数据。

完成硬件安装后，需要对无线网络进行测试，还需要无线网络测试仪，如果没有准备，可以在手机上安装测试 App 替代。也可以用笔记本式计算机的无线上网功能，测试网络无线信号的强度、传输速率、信号源的半径、丢包率等详细信息。

3. 入场前安全注意事项

准备好工具、材料后，按照提前约定的时间准备进入现场。在网络安装勘察前，多数场地都是未完成建设施工的，进入场地前，要佩戴安全帽，穿适合行走的衣服、鞋子。

4. 小组成员任务分配

根据测量数据和建筑图纸，确定网络设备连接和走线，确定 AP 的摆放位置和个数。

此任务，一般是同学组队完成。对于一个团队任务，要事前规划布置，前期准备材料、现场分工、后期数据归纳整理，都要具体分派到人。所有同学听指挥，每个同学领取不同任务，如记录数据、照相取证、无线测试等，团队合作完成。任务进行中要注意人身安全、设备完好、数据准确、细节观察到位。任务完成后，要做收尾工作，对发出去的工具设备进行回收检查，防止丢失，检查测量数据是否完整。

5. 制定无线设计方案

经过现场勘察，确定采用室内覆盖。根据华为的无线设计模板，每间教室放置一个壁挂式 AP。宽阔的走廊，每 10m 间隔放置一台吸顶式 AP，以达到教学楼内 WLAN 全覆盖。

无线网络和有线网络在网络接入层独立连接，保证有线连接的教学用机流量和速率的稳定。无线网络中的 AP 通过 PoE 网线供电，减少电源，保证移动设备能有 WLAN 覆盖、随时可以免费上网，最终确定的网络连接方案如图 3-20 所示。

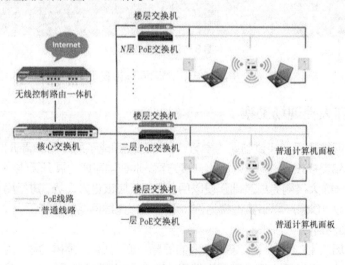

图 3-20　无线和有线网络连接方案

小贴士 其实在勘测、调研等工作中，团队的力量是不可忽视的。这需要一种精神把团队凝聚起来，那就是团队精神。我们可以从华为的团队精神中吸取经验。华为的团队精神是"忠诚、勇敢、团结、服从"。在工作和学习中，我们也要以这种精神为指引，发挥团队优势、集体的力量，把任务完成得更好。

思考与练习

一、单选题

1. WLAN 的传输介质是（ ）。

A. 无线电波 B. 红外线 C. 载波电流 D. 卫星通信

2. 下列 WLAN 的标准中，工作频率在 5 GHz 频段的是（ ）。

A. 802.11a B. 802.11b C. 802.11g D. 802.11n

3. WLAN 的故障检修相比有线网络而言更加（ ）。

A. 简单 B. 困难 C. 一样

二、多选题

1. 无线实地勘测，要注意的方面有（ ）。

A. 建筑材质 B. 建筑厚度 C. 大型摆设 D. 建筑内部空间

2. 无线实地勘测前，要注意的方面有（ ）。

A. 注意安全 B. 与客户预约 C. 带测量设备 D. 带相机拍照

任务四 校园无线网络设置

学习重难点

1. 重点

（1）WLAN 的组网方式； （2）CAPWAP 协议；

（3）AC+AP 的几种组网方式：二层组网、三层组网；直连式组网、旁挂式组网。

2. 难点

（1）AC+AP 直连式二层组网配置； （2）无线网络安全策略的配置。

相关知识

配置模拟

在无线网络中，最简单的网络连接方式之一就是 AP 和 AC 都在一个广播域内，例如一栋楼内的无线网络通过交换机把 AP 和 AC 进行二层直接连接。无线数据只在本网段内传输。接下来，我们一起学习一下直连式二层 WLAN 的配置方法（见图 3-21）。

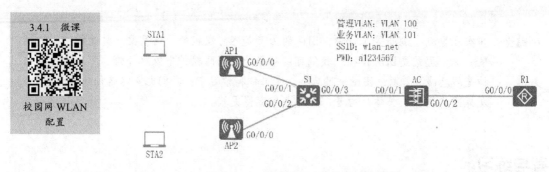

图 3-21　直连式二层 WLAN

直连式二层组网 AC 数据规划如表 3-3 所示。

表 3-3　直连式二层组网 AC 数据规划

配 置 项	数 据
AP 管理 VLAN	VLAN 100
STA 业务 VLAN	VLAN 101
DHCP 服务器	AC 作为 DHCP 服务器为 AP 和 STA 分配 IP 地址
AP 的 IP 地址池	10.23.100.2/24 ~ 10.23.100.254/24
STA 的 IP 地址池	10.23.101.3/24 ~ 10.23.101.254/24
AC 的源接口 IP 地址	VLANIF 100：10.23.100.1/24
AP 组	名称：ap-group1。 引用模板：VAP 模板 wlan-net、域管理模板 default
域管理模板	名称：default。 国家码：CN（中国）
SSID 模板	名称：wlan-net。 SSID 名称：wlan-net
安全模板	名称：wlan-net。 安全策略：WPA-WPA2+PSK+AES。 密码：a1234567
VAP 模板	名称：wlan-net。 转发模式：直接转发。 业务 VLAN：VLAN 101。 引用模板：SSID 模板 wlan-net、安全模板 wlan-net

现在，按照图 3-21 所示的拓扑结构，遵循表 3-3 所示的业务配置流程完成二层 WLAN 配置。

1. 部署 VLAN

在交换机以及 AC 上配置 VLAN、Trunk。配置接入层交换机 S1 的 G0/0/1、G0/0/2、G0/0/3 接口为 Trunk 接口，并加入 VLAN 100 和 VLAN 101。G0/0/1、G0/0/2 接口的默认 VLAN 为 VLAN 100，当 AP1、AP2 上电启动后会加入 VLAN 100，VLAN 100 是 AP 的管理 VLAN、G0/0/3 接口的默认 VLAN。

```
[S1]vlan batch 100 101
[S1]interface gigabitethernet 0/0/1
[S1-GigabitEthernet0/0/1] port link-type trunk
[S1-GigabitEthernet0/0/1] port trunk pvid vlan 100
[S1-GigabitEthernet0/0/1] port trunk allow-pass vlan 100 101
[S1]interface gigabitethernet 0/0/2
[S1-GigabitEthernet0/0/2] port link-type trunk
```

```
[S1-GigabitEthernet0/0/2] port trunk pvid vlan 100
[S1-GigabitEthernet0/0/2] port trunk allow-pass vlan 100 101
[S1] interface gigabitethernet 0/0/3
[S1-GigabitEthernet0/0/3] port link-type trunk
[S1-GigabitEthernet0/0/3] port trunk allow-pass vlan 100 101
```

配置 AC 的接口 G0/0/1 加入 VLAN 100 和 VLAN 101，接口 G0/0/2 加入 VLAN 101。

```
[AC] vlan batch 100 101
[AC] interface gigabitethernet 0/0/1
[AC-GigabitEthernet0/0/1] port link-type trunk
[AC-GigabitEthernet0/0/1] port trunk allow-pass vlan 100 101
[AC-GigabitEthernet0/0/1] quit
[AC]interface gigabitethernet 0/0/2
[AC-GigabitEthernet0/0/2] port link-type trunk
[AC-GigabitEthernet0/0/2] port trunk allow-pass vlan 101
[AC-GigabitEthernet0/0/2] quit
```

2. 部署 IP 地址

在 AC、R1 上配置 IP 地址。在 AC 上配置 VLANIF 100 接口、VLANIF 101 接口的 IP 地址。在 R1 上配置 VLAN 101 子接口 G0/0/0.101 的 IP 地址；创建 LoopBack 10 接口用于测试，把该环回接口地址模拟为 DNS 服务器的地址来使用。

```
[AC] interface vlanif 100
[AC-Vlanif100] ip address 10.23.100.1 24
[AC]interface vlanif 101
[AC-Vlanif101] ip address 10.23.101.1 24
[R1]interface GigabitEthernet0/0/0.101
[R1-GigabitEthernet0/0/0.101] dot1q termination vid 101
[R1-GigabitEthernet0/0/0.101] ip address 10.23.101.2 255.255.255.0
[R1-GigabitEthernet0/0/0.101] arp broadcast enable
[R1] interface LoopBack 10
[R1-LoopBack10] ip address 10.10.10.10 24
```

3. 部署 VLAN 间路由

VLAN 间路由是由 AC 实现的，在 AC、R1 上配置合适的路由表，使得全网互通。

```
[AC]ip route-static 0.0.0.0 0.0.0.0 10.23.101.2
[R1] ip route-static 10.23.100.0 255.255.255.0 10.23.101.1
```

4. 部署 DHCP 服务

在 AC 上部署 DHCP 服务，为 AP 和 STA 提供 IP 地址。在 AC 上配置 VLANIF 100 接口为 AP 提供 IP 地址，配置 VLANIF 101 接口为 STA 提供 IP 地址。

```
[AC] dhcp enable
[AC] interface vlanif 100
[AC-Vlanif100] dhcp select interface
[AC-Vlanif100] quit
[AC] interface vlanif 101
[AC-Vlanif101] dhcp select interface
[AC-Vlanif101] dhcp server excluded-ip-address 10.23.101.2
[AC-Vlanif101] dhcp server dns-list 10.10.10.10
[AC-Vlanif101] quit
```

5. 创建 AP 组

创建 AP 组，用于将相同配置的 AP 都加入同一 AP 组中。

```
[AC] wlan
[AC-wlan-view] ap-group name ap-group1
```

创建域管理模板，在域管理模板下配置 AC 的国家码，并在 AP 组下引用域管理模板。

```
[AC-wlan-view] regulatory-domain-profile name default
[AC-wlan-regulate-domain-default] country-code cn
[AC-wlan-regulate-domain-default] quit
[AC-wlan-view] ap-group name ap-group1
[AC-wlan-ap-group-ap-group1]regulatory-domain-profile default
Warning: Modifying the country code will clear channel, power and antenna gain
```

```
configurations of the radio and reset the AP. Continue?[Y/N]:y
[AC-wlan-ap-group-ap-group1]quit
```

6. AP 上线

① 配置 AC 的源接口。

```
[AC] capwap source interface vlanif 100
```

② 在 AC 上离线导入 AP1、AP2，AP 的 ID 分别为 0 和 1，并将 AP 加入 AP 组 "ap-group1" 中。

假设 AP1 的 MAC 地址为 ac85-3d92-3340，AP2 的 MAC 地址为 ac85-3d92-1b60（与 AP1 配置相似，只需要改 ap-mac 地址和 ap-name），并且根据 AP 的部署位置为 AP 配置名称，便于从名称上了解 AP 的部署位置。例如，命名 AP1 为 area_1、AP2 为 area_2。ap auth-mode 命令用于配置 AC 对 AP 的认证模式，默认情况下为 MAC 地址认证，即通过 MAC 地址检查 AP 是否合法。

```
[AC]wlan
[AC-wlan-view] ap auth-mode mac-auth
[AC-wlan-view] ap-id 0 ap-mac ac85-3d92-3340
[AC-wlan-ap-0] ap-name area 1
[AC-wlan-ap-0] ap-group ap-group1
Warning: This operation may cause AP reset. If the country code changes, it will clear
channel, power and antenna gain configuration
s of the radio, Whether to continue? [Y/N]:y
[AC-wlan-ap-0] quit
```

③ 将 AP 上电后，当执行 display ap all 命令查看到 AP 的 "State" 字段为 "nor" 时，表示 AP 正常上线。AP 能正常上线是整个 WLAN 组网的关键，如果 AP 没有正常上线，请先仔细考虑有线网络的 VLAN、Trunk、VLAN 路由、DHCP 中断代理、DHCP 服务器是否配置正确？

```
[AC-wlan-view] display ap all
Info: This operation may take a few seconds. Please wait for a moment.done.
Total AP information:
nor : normal        [2]
ID MAC        Name    Group    IP      Type      State STA Uptime
0  00e0-fc4f-3de0 area 1 ap-group1 10.23.100.239 AP5030DN nor 1  1H:10M:48S
1  00e0-fc3e-2040 area 2 ap-group1 10.23.100.6  AP5030DN nor 1  1H:10M:39S
-----------------------------------------------------------------Total: 2
```

7. 配置 WLAN 业务参数

创建名为 "wlan-net" 的安全模板，并配置安全策略，这个安全策略就是 STA 连接 WLAN 时要使用的认证方式。

① 配置的安全策略为 WPA-WPA2+PSK+AES，密码为 "a1234567"。

```
[AC-wlan-view] security-profile name wlan-net
[AC-wlan-sec-prof-wlan-net] security wpa-wpa2 psk pass-phrase a1234567 aes
[AC-wlan-sec-prof-wlan-net] quit
```

② 创建名为 "wlan-net" 的 SSID 模板，并配置 SSID 的名称为 "wlan-net"，SSID 就是 STA 扫描到的无线网络的名称。

```
[AC-wlan-view] ssid-profile name wlan-net
[AC-wlan-ssid-prof-wlan-net] ssid wlan-net
[AC-wlan-ssid-prof-wlan-net] quit
```

③ 创建名为 "wlan-net" 的 VAP 模板，配置业务数据转发模式为直接转发、业务 VLAN 为 VLAN 101，并且引用安全模板和 SSID 模板。

```
[AC-wlan-view] vap-profile name wlan-net
[AC-wlan-vap-prof-wlan-net] forward-mode direct-forward
[AC-wlan-vap-prof-wlan-net] service-vlan vlan-id 101
[AC-wlan-vap-prof-wlan-net] security-profile wlan-net
[AC-wlan-vap-prof-wlan-net] ssid-profile wlan-net
[AC-wlan-vap-prof-wlan-net] quit
```

④ 配置 AP 组引用 VAP 模板，AP 上射频 0 和射频 1 都使用 VAP 模板 "wlan-net" 的配置。

```
[AC-wlan-view] ap-group name ap-group1
[AC-wlan-ap-group-ap-group1] vap-profile wlan-net wlan 1 radio 0
[AC-wlan-ap-group-ap-group1] vap-profile wlan-net wlan 1 radio 1
[AC-wlan-ap-group-ap-group1] quit
```

8. 配置 AP 射频的信道和功率

图 3-21 中的 AP 有射频 0 和射频 1。AP 的射频 0 为 2.4GHz 射频，射频 1 为 5GHz 射频。关闭 AP1（ID 为 0）射频 0 的信道自动选择功能和功率自动调优功能，并配置 AP1 射频 0 的信道为信道 6、频率带宽 20MHz、功率为 127mW。其中 elrp 为有效全向辐射功率。

```
[AC-wlan-view]rrm-profile name default
[AC-wlan-rrm-prof-default]calibrate auto-channel-select disable
[AC-wlan-rrm-prof-default]calibrate auto-txpower-select disable
[AC-wlan-view] ap-id 0
[AC-wlan-ap-0] radio 0
[AC-wlan-radio-0/0] channel 20mhz 6
Warning: This action may cause service interruption. Continue?[Y/N]y
[AC-wlan-radio-0/0] eirp 127
[AC-wlan-radio-0/0] quit
```

关闭 AP1 射频 1 的信道和功率自动调优功能，并配置 AP1 射频 1 的信道和功率。

```
[AC-wlan-ap-0] radio 1
[AC-wlan-radio-0/1] calibrate auto-channel-select disable
[AC-wlan-radio-0/1] calibrate auto-txpower-select disable
[AC-wlan-radio-0/1] channel 20mhz 149
Warning: This action may cause service interruption. Continue?[Y/N]y
[AC-wlan-radio-0/1] eirp 127
[AC-wlan-radio-0/1] quit
```

 小贴士 无线网络的配置除了要保证有线网络能正常传递数据外，在无线网络的部分也要保证 AP 和 AC 之间的射频信息正确，配置过的同学可能觉得这部分的命令是很难记忆的。其实，AC 设备是可以通过可视化界面配置的，不需要全部通过命令来配置。但是，作为专业知识的一部分，还是需要理解无线信号需要哪些要素的。

思考与练习

一、单选题

1. WLAN 上两个设备之间使用的标识码叫作（　　）。

A. BSS 　　　　　　B. ESS 　　　　　　C. SSID 　　　　　　D. NID

2. WLAN 的通信标准主要采用（　　）。

A. IEEE 802.2 　　　B. IEEE 802.3 　　　C. IEEE 802.11 　　　D. IEEE 802.15

3. WLAN 相对于有线局域网的主要优点是（　　）。

A. 可移动性 　　　　B. 传输速度快 　　　C. 安全性高 　　　　D. 抗干扰性强

4. 以下不属于无线网络面临的问题是（　　）。

A. 无线网络中无线信号传输易受干扰

B. 无线网络产品标准不统一

C. 无线网络的市场占有率低

D. 无线信号的安全性问题

二、多选题

1. 无线网络的加密方式有（　　　　）。

A. WEP　　　　　　　　B. WPA　　　　　　　C. WPA2　　　　　　　D. WPA-PSK

2. 能对无线信号进行干扰的设备有（　　　　）。

A. 微波炉　　　　　　　B. 蓝牙设备　　　　　C. 医疗科学设备　　　D. 无绳电话

任务五　WLAN 安全和维护

学习重难点

1. 重点

（1）WLAN 的安全威胁及其解决方案；　　　　（2）WLAN 的故障排除方法。

2. 难点

（1）WLAN 的故障排除步骤；　　　　（2）分析故障产生的原因。

相关知识

3.5.1　WLAN 的网络安全

　　智慧校园的网络搭建已经初步完成，校园实现了无线网络全覆盖。WLAN 的上网方式给我们的学习和生活都带来了很大的便捷，但也因此滋生了很多不安全的上网因素，免费 Wi-Fi 如图 3-22 所示。

WLAN 的网络安全

图 3-22　免费 Wi-Fi

　　在我们的实际生活中，由于所有的自由空间均可连接网络，而不会受到线缆和端口位置的限制，因此越来越多的用户开始使用 WLAN。现在在办公大楼、候机大厅、度假山庄、商务酒店等场所已经能够随处可见 WLAN 覆盖的图标。但是由于 WLAN 无线数据是在空中自由传播的，不管愿不愿意，这些数据可以被任何合适的接收装置获取到。如何保护用户敏感数据的安全、保护用户的隐私，是众多 WLAN 用户非常关心的问题。

1. WLAN 安全威胁分类

（1）非法用户入侵

　　在生活中遇到的最常见的 WLAN 安全威胁之一就是未经授权的用户非法使用 WLAN。非法用户未经授权使用 WLAN，同授权用户共享带宽，影响到合法用户的使用体验，甚至可能泄露合法用户的用户信息。

（2）非法安装 AP

非法 AP 是未经授权部署在企业网络里，且干扰网络正常运行的 AP。如果非法 AP 配置了正确的 WEP（Wired Equivalent Privacy，有线等效保密）密钥，还可以捕获客户端数据。经过配置后，非法 AP 可为未授权用户提供接入服务，可让未授权用户捕获和伪装数据包，更糟糕的是允许未经授权用户访问服务器和文件（见图 3-23）。

图 3-23　非法用户入侵

（3）数据被窃听

相对于以前的有线局域网，采用无线通信技术，用户的各类信息在空气中传输，信息更容易被窃听、获取。这样就涉及用户安全问题，无线信号在空气中传输容易被捕捉到，通过工具的分析，很快就能解析出报文传递的账号、密码等重要信息。

2. 解决方案

为了保证 WLAN 的安全，所有的无线网络都需要增加基本的安全认证、加密等功能，包括以下 3 点（见表 3-4）。

（1）身份验证，可以确保合法客户端和用户通过受信任的 AP 访问网络。

（2）加密，提供隐私和机密保护功能。

（3）系统防护，利用 WLAN 的入侵检测系统和入侵防御系统，防范安全风险。

表 3-4　无线安全解决方案

身份验证	加密	系统防护
确保合法客户端与受信 AP 关联在一起	在传输和接收数据时保护数据	减少未授权访问和网络攻击

3. 身份认证方式

下面我们来学习一下各种身份认证方式。

（1）开放式认证：系统默认使用的认证机制，是最简单的认证算法，即不认证（见图 3-24）。如果认证类型设置为开放式认证，则所有请求认证的 STA 都会通过认证。开放式认证比较适合有众多用户的运营商部署大规模的 WLAN，可以通过设置隐藏 AP 及 SSID 区域的划分和权限控制来达到保密的目的。但是现在可以通过设备或者软件搜索出隐藏 SSID 的无线网络，因此，若只使用 SSID 隐藏策略来保护网络安全是不行的。

图 3-24　开放式认证

（2）MAC 地址认证：一种基于端口和 MAC 地址对用户的网络访问权限进行控制的认证方法，它不需要用户安装任何客户端软件（见图 3-25）。设备在启动了 MAC 认证的端口上首次检测到用户的 MAC 地址以后，即启动对该用户的认证操作。认证过程中不需要用户手动输入用户名或者密码。根据设备最终用于验证用户身份的用户名格式和内容的不同，可以将 MAC 认证使用的用户名格式分为两种类型。一是 MAC 地址用户名格式：使用用户的 MAC 地址作为认证时的用户名和密码。二是固定用户名形式：不论用户的 MAC 地址为何地址，所有用户均使用设备上指定的一个固定用户名和密码替代用户的 MAC 地址作为身份信息进行认证。同一个端口下可有多个用户进行认证。因此，这种情况下端口上的所有 MAC 认证用户均使用同一个固定用户名进行认证，服务器端仅需要配置一个用户账户即可满足所有认证用户的认证需求，这适用于接入客户端比较可信的网络环境。

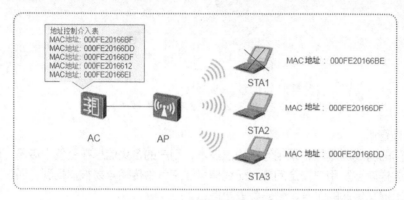

图 3-25　MAC 地址认证

（3）物理地址过滤控制：采用硬件控制的机制来实现对接入无线终端的识别。由于无线终端的网卡都具备唯一的 MAC 地址，因此可以通过检查无线终端数据包的预置 MAC 地址来识别无线终端的合法性。该地址过滤控制方式要求预先在 AC 中写入合法的 MAC 地址列表。只有当客户机的 MAC 地址和合法 MAC 地址表中的地址匹配，AP 才允许客户机与之通信，实现物理地址过滤。但是由于很多无线网卡支持重新配置 MAC 地址，使得它很容易被伪造或复制，因此该身份认证方式不建议单独使用。

图 3-26　共享密钥认证

（4）共享密钥认证：必须使用 WEP 加密方式，要求 STA 和 AP 使用相同的共享密钥，通常被称为静态 WEP 密钥。认证过程包含 4 步，后 3 步包含一个完整的 WEP 加密和解密过程，对 WEP 加密的密钥进行了验证，确保网卡在发起关联时与 AP 配置了相同的加密密钥。共享密钥的认证过程如图 3-26 所示。

① 共享密钥认证的过程。

a. STA 先向 AP 发送认证请求。

b. AP 会随机产生一个"挑战短语"发送给 STA。

c. STA 会将接收到的"挑战短语"复制到新的消息中，用密钥加密后再发送给 AP。

d. AP 接收到该消息后，用密钥将该消息解密，然后对解密后的字符串和最初发送给 STA 的字符串进行比较。如果相同，则说明 STA 拥有和 AP 相同的共享密钥并通过了共享密钥认证；如果不同，则共享密钥认证失败。

② 共享密钥认证的缺点。

a. 可扩展性不佳，因为必须在每台设备上配置一个很长的密钥字符串。

b. 不是很安全。静态密钥的使用时间非常长，直到手动重新配置了新密钥为止，密钥的使用时间越长，恶意用户就能够使用更长的时间来收集从它派生出来的数据，并最终通过逆向工程破解密钥。静态 WEP 密钥是比较容易被破解的。

（5）网页认证：考虑到移动终端的复杂性，在终端上安装认证客户端进行身份认证是不现实的。几乎所有智能终端都配备了 Web 浏览器，最好通过网页进行身份认证。因为它是基于浏览器进行认证的，所以也被称为 Web 认证。该认证方式的用户体验好，非常直观，用户只要会使用浏览器就可以。

它的整个过程如图 3-27 所示。

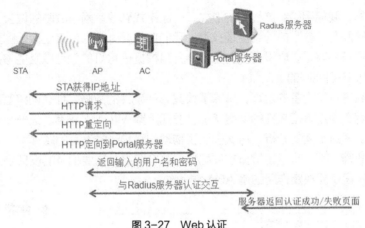

图 3-27　Web 认证

Web 认证过程如下。

① STA 通过 DHCP 或静态配置获取 IP 地址。

② STA 通过 HTTP 访问 Web 页面，发出 HTTP 请求给 WLAN 服务器。

③ WLAN 服务器将 HTTP 请求的地址重定向到 Web 认证页面（Portal 服务器地址）并返回给 STA。

④ STA 在 Web 认证页面中输入账号和密码，并提交给 Portal 服务器。

⑤ Portal 服务器获取用户账号信息后，使用从 WLAN 服务器获取到的"挑战短语"对密码进行加密，然后发送认证请求报文给 WLAN 服务器，其中携带用户的账号、IP 地址等信息。

⑥ WLAN 服务器与后台的认证（Radius）服务器交互，完成认证过程。认证成功后，为用户分配资源，下发转发表项，开始在线探测，并发送认证回应报文通知 Portal 服务器认证结果。

⑦ Portal 服务器通知 STA 认证结果，然后回应 WLAN 服务器表示已收到认证回应报文。

身份认证小结:无线安全的基本解决方案是用身份认证和加密方式来保护无线数据传输，这两种无线安全解决方案可在不同程度上实施。

3.5.2　WLAN 的网络故障排除

在网络运行的过程中，经常会因为各种意外造成网络运行故障。正确、快速地对网络故障进行排除，是网络运维人员必须完成的工作。接下来，通过一个实例来介绍如何通过现象判断出网络故障位置。

3.5.2　微课

故障的现象

1．网络故障说明

前期，同学们经过对校园的网络地址规划，设计了拓扑结构，对设备进行了安装和配置调试。在同学们一步步的努力中，智慧校园的网络基础搭建已经初步完成。网络建成以后，网络的维护同样重要。在网络设备和终端日复一日的运行中，由于客观和主观原因，网络可能会出现故障。及时、有效地找到故障位置，并尽快排除故障，是网络管理员的必备素质。

如果网络工程师不能够及时排除故障，网络就不能恢复正常运行，工作会停滞，还有可能会带来金钱等损失。接下来我们看一下智慧校园的网络故障排除。

有一天，任课教师发现通过教室的无线信号无法上网了，但是用手机搜索能找到当前的无线信号，并且信号强度很好。任课教师尝试自己寻找问题，但是没有发现端倪。于是，他拨通了网络管理员的电话。

根据故障现象，我们用绘制流程图的形式，一起来找到教室网络故障的位置（见图3-28）。

根据故障排除原则，教室的网络出现故障，我们首先要排除的位置应该是哪里呢？检查AP是否正常。AP信号灯亮着，说明设备是有电的，并且根据信号灯的颜色以及能够搜索到信号，说明"瘦"AP的物理状态是完好的。

任课教师已经进行了设备的自查，排除了教室AP硬件的故障，那么网络管理员又应怎样进一步缩小故障范围呢？检查隔壁教室的网络状况，发现隔壁WLAN正常，进一步判断公用线路及网络节点没有故障。通过上面的分析，再次确认了物理线路和设备没有问题。

排除了硬件故障，下一步就是检查软件配置。整个网络上需要配置的设备是无线AC和上层交换机，但是对AP设备起决定作用的是AC。

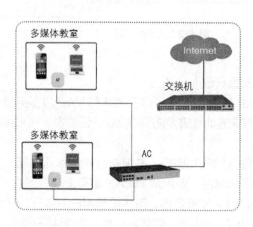

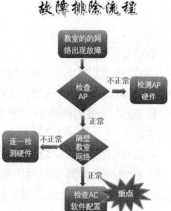

图3-28　故障排除流程

网络管理员下一步就是去查看无线AC。但是网络管理员会有疑惑：AC近期使用中没有改变过配置，工作状态一直良好，配置命令应该没有改变过。近期出现过短暂的校园停电现象，确定要查看AC配置。

通过查看监控设备，确实找不到该AP。检查命令，也没有找到当前AP信号。到此，我们已经找到了故障位置。

2．网络故障原因

接下来我们共同解决如下两个问题。第一个问题，网络管理员检查的时候遵循了怎样的职业规范？第二个问题，也是一个重点问题，网络管理员没有改变过配置，

是什么操作使得配置被更改了呢？

管理员在查找网络故障时，一般要先询问用户是如何发现网络故障的、故障的现象是什么、在什么时间段发现的等一系列的问题，管理员按照这样的职业规范展开工作流程，便于能够快速判断网络故障节点。

接下来要重点解决的就是第二个问题。到底是什么原因造成了设备配置丢失？

因为断电，配置丢失了。但是断电后，设备会加载启动配置文件，这次断电后，配置命令没有全部丢失，而只有部分丢失，这是为什么呢？

网络工程师在交付使用的时候，最后做过修改，但是忘记做命令保存就交付客户使用了，所以断电后只有最后配置的命令丢失。

产生当前故障的原因是人为原因，是工程师的工作失误、不细心，没有养成良好的操作习惯。

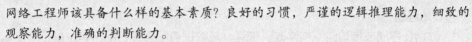

小贴士　思考问题时认真细致、逻辑性强、有条理，将会有事半功倍的效果。所以我们在平时就要培养自己良好的职业素养，并且提高服务意识，为我们以后的工作做好准备。
网络工程师该具备什么样的基本素质？良好的习惯，严谨的逻辑推理能力，细致的观察能力，准确的判断能力。

下面我们通过在模拟软件中模拟该故障场景，来更好地理解故障排除的方法。

我们使用模拟软件模拟校园网络中 WLAN 的故障情况，如图 3-29 所示。正常通信过程中，我们在校园网络范围内的终端（如笔记本式计算机或者手机）上搜索 SSID，如果是合法用户，输入用户名或者密码就能连接到网络，并且完成网络通信。但是有一天网络管理员对有些命令未保存，设备重启以后发生命令丢失，将会发生什么现象？

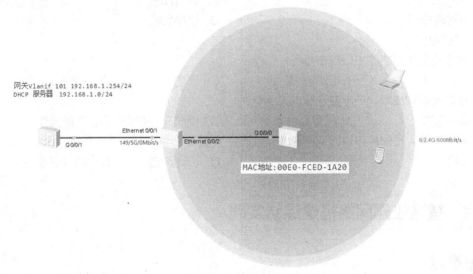

图 3-29　无线拓扑

我们在 AC 上删除命令 undo ap-group，模拟设备丢失命令。在 WLAN 视图下，删除群组如图 3-30 所示。在 AP-ID 里面键入删除群组的命令后，会发现当前网络信号中断，设备虽然亮起绿灯，但是在 PC 中已经搜索不到当前网络信号。

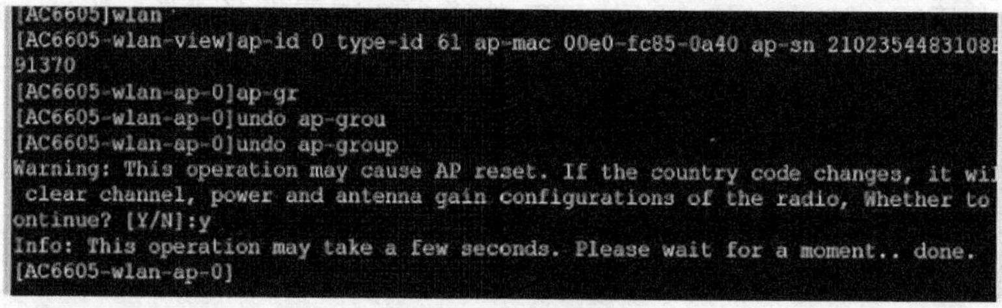

```
[AC6605]wlan
[AC6605-wlan-view]ap-id 0 type-id 61 ap-mac 00e0-fc85-0a40 ap-sn 2102354483108B
91370
[AC6605-wlan-ap-0]ap-gr
[AC6605-wlan-ap-0]undo ap-grou
[AC6605-wlan-ap-0]undo ap-group
Warning: This operation may cause AP reset. If the country code changes, it wil
 clear channel, power and antenna gain configurations of the radio, Whether to
ontinue? [Y/N]:y
Info: This operation may take a few seconds. Please wait for a moment.. done.
[AC6605-wlan-ap-0]
```

图 3-30　删除群组

使用模拟器模拟排查当前网络故障的原因为：网络管理员因为工作疏忽，致使配置的命令没有保存，于是当前 AP 无法搜索到 AC 给其的指令信号，加入不了当前群组，造成校园网络故障。所以，网络管理员应该养成细心的工作习惯，对网络配置进行修改后要及时保存或者备份，避免因为疏忽造成网络故障。

思考与练习

一、单选题

1. 数据在存储或传输时不被修改、破坏，或数据包不丢失、乱序等是指（　　）。

A. 数据完整性　　　　　　　　　　　　　　B. 数据一致性

C. 数据同步性　　　　　　　　　　　　　　D. 数据原发性

2. 下列哪个是 WLAN 最常用的上网认证方式？（　　）

A.WEP 认证　　　　　　　　　　　　　　B.SIM 认证

C.宽带拨号认证　　　　　　　　　　　　　D.PPoE 认证

3. 在通信系统的每段链路上对数据分别进行加密的方式称为（　　）。

A. 链路层加密　　　　　　　　　　　　　　B. 节点加密

C. 端对端加密　　　　　　　　　　　　　　D. 连接加密

二、多选题

1. 网络安全所面临的主要攻击是（　　）。

A. 窃听　　　　　　　B. 自然灾害　　　　　　C. 盗窃　　　　　　D. 欺骗

2. 设备配置完成后，一定要注意的方面有（　　）。

A. 保存配置　　　　　B. 配置文件备份　　　　C. 修改文件存档　　D. 不用操作

3. 网络运维人员对用户进行询问时应该注意的方面有（　　）。

A. 礼貌　　　　　　　B. 亲切　　　　　　　　C. 用词严谨　　　　D. 随时记录

任务六　智慧校园网络搭建综合实践

学习重难点

1. 重点

（1）分析项目需求；　　　　　　　　　　（2）设置有规律的 VLAN 名称和网段地址。

2. 难点

（1）配置 DHCP 协议；　　　　（2）WLAN 安全策略的命令格式；

（3）设备配置与故障排除。

相关知识

3.6.1　项目概述

在大学校园中，人员组成复杂，除了老师和学生还有各类的工作人员，学生流动性强，图书馆、体育馆等场所更依赖无线网络接入。固定的办公场所，有线和无线网络并存。但是各个场所的功能划分非常明显，所以在 IP 地址的分配上，可以按照一栋楼一个主要地址网段进行分配。有线和无线网络也进行广播隔离。

3.6.2　项目设计

某大学有 8 座校园建筑，包括 4 栋教学楼、1 座体育馆、1 座图书馆、1 栋行政办公大楼、1栋大学生活动中心。校园网络依然使用 10.0.0.0/8 的私有地址。请完成 IP 地址划分、IP 地址自动分配、WLAN 和有线网络并存的校园网络搭建。

3.6.3　项目分析

校园网的使用人数比较多，一般人数约为 1 万人，项目给了 10.0.0.0/8 的地址。为了保证地址容易识记和后期网络地址管理，使用楼号作为第二部分地址标示，如 2 号楼采用 10.2.0.0/16 的子网地址，2 号楼的 3 层网络的子网地址为 10.2.3.0/24。一般每间教室或者实训室分配一个 IP 地址，这样每层楼就不会超过 255 个地址，子网掩码为 24 位的网段能够满足需求。如 10.4.2.18/24 这个地址报错，网络管理员很容易就能定位网络故障地点。这就是有线网络地址划分方法。

无线网络地址和有线网络地址分开，我们可以在刚才的想法上进一步区分有线和无线，无线网络一般由 AC 统一管理 IP 地址的分配，可以及时监管 AP 的运行。使用第二部分第二位数字 0 代表无线网络，1 代表有线网络。如 10.201.0.0/24 就是 2 号楼 1 层的无线网络，10.211.0.0/24 就是2 号楼 1 层的有线网络。

综上分析，网络地址段不但要划分正确，最好还能好识记，这样后期网络管理会方便许多。

无线网络 AC 最好统一管理整个校园网，这样就会和 AP 不在同一个网段，所以使用三层网络。如果 AC 不承担有线网络数据传递，就使用旁挂式连接，总结来讲，就是三层旁挂式直接转发。

3.6.4　项目实施与配置

该项目练习以校园网 2 号楼为例进行网络配置练习，如图 3-31 所示。

分析：AC1 和核心交换机分别设置为无线和有线网络的 DHCP 服务器，这样，校园核心交换机和 AC1 进行三层网络通信，core1 同时是 AC1 的 DHCP 中断代理，但是整体数据要能连通到 AR1的 G0/0/0 接口。用户有线网络 VLAN 211（2 号楼的 1 层），用户无线网络 VLAN 201：10.20.1.0/24。无线管理 VLAN：VLAN 99。网关 10.99.0.1/16，用户有线网络 VLAN 211:10.21.1.0/24。整个校园网的出口为 VLAN 1：10.0.0.1/24。VLAN 划分和接口分配如表 3-5 所示。

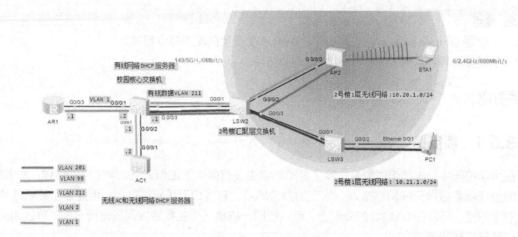

图 3-31　2 号楼网络拓扑

表 3-5　VLAN 划分和接口分配

	有线网络		无线网络	
	VLAN 211	10.21.1.0/24	VLAN 201	10.20.1.0/24
	VLAN 212	10.21.2.0/24	VLAN 202	10.20.2.0/24
2 号楼	VLAN 213	10.21.3.0/24	VLAN 203	10.20.3.0/24
	VLAN 214	10.21.4.0/24	VLAN 204	10.20.4.0/24
	VLAN 215	10.21.5.0/24	VLAN 205	10.20.5.0/24
无线网络管理 VLAN	VLAN 99	10.99.0.0/16		

1. 设备修改名称、建立 VLAN、确定接口类型

```
[Huawei]sysname AR1
[AR1]inter g0/0/0
[AR1-GigabitEthernet0/0/0]ip add 10.0.0.1 24
[AR1]ip route-static 10.0.0.0 255.0.0.0 10.0.0.2
[Huawei]sysname core1
[core1]vlan batch 2 99  201 211
[core1-GigabitEthernet0/0/1]interface g0/0/1
[core1-GigabitEthernet0/0/1]port link-type access
[core1-GigabitEthernet0/0/1]port default vlan 1
[core1]interface g0/0/3
[core1-GigabitEthernet0/0/3]port link-type trunk
[core1-GigabitEthernet0/0/3]port trunk allow-pass vlan 99 211 201
[core1-GigabitEthernet0/0/3]inter g0/0/2
[core1-GigabitEthernet0/0/2]port link-type trunk
[core1-GigabitEthernet0/0/2]port trunk allow-pass vlan 2
[core1]inter vlan 2
[core1-Vlanif2]ip add 10.2.0.1 24
[core1-Vlanif2]inter vlan 211
[core1-Vlanif211]ip add 10.21.1.1 24
[core1-Vlanif211]inter vlan 201
[core1-Vlanif201]ip add 10.20.1.1 24
[core1]inter vlan 99
[core1-Vlanif2]ip add 10.99.1.1 24

[AC6605]sysname AC1
[AC1]vlan 2
[AC1-vlan2]interface vlan 2
[AC1-Vlanif2]ip add 10.2.0.2 24
```

```
[AC1-Vlanif2]quit
[AC1]interface g0/0/1
[AC1-GigabitEthernet0/0/1]port link-type trunk
[AC1-GigabitEthernet0/0/1]port trunk allow-pass vlan 2
[AC1]ip route-static 10.0.0.0 8 10.2.0.1

[Huawei]sysname LSW2
[LSW2]vlan batch 99 201 211
[LSW2]inter g0/0/1
[LSW2-GigabitEthernet0/0/1]port link-type trunk
[LSW2-GigabitEthernet0/0/1]port trunk allow-pass vlan 99 201 211
[LSW2-GigabitEthernet0/0/3]inter g0/0/2
[LSW2-GigabitEthernet0/0/2]port link-type trunk
[LSW2-GigabitEthernet0/0/2]port trunk allow-pass vlan 99 201
[LSW2-GigabitEthernet0/0/2]port trunk pvid vlan 99
[LSW2-GigabitEthernet0/0/2]port-isolate enable
[LSW2-GigabitEthernet0/0/1]inter g0/0/3
[LSW2-GigabitEthernet0/0/3]port link-type trunk
[LSW2-GigabitEthernet0/0/3]port trunk allow-pass vlan 211

[Huawei]sysname LSW3
[LSW3]vlan 211
[LSW3-vlan211]qu
[LSW3]inter g0/0/1
[LSW3-GigabitEthernet0/0/1]port link-type trunk
[LSW3-GigabitEthernet0/0/1]port trunk allow-pass vlan 211
[LSW3-GigabitEthernet0/0/1]inter g0/0/2
[LSW3-GigabitEthernet0/0/2]port link-type access
[LSW3-GigabitEthernet0/0/2]port default vlan 211
```

测试 PC1 到 AC 网络连通性。

```
PC>ping 10.2.0.2
ping 10.2.0.2: 32 data bytes,Press Ctrl C to break
Erom 10.2.0.2: bytes=32 seg=1tt1=254 time=78 msh'v'ytyt'ytyi'y'
Erom 10.2.0.2: bytes=32 seg-2tt1=254 time=78 ms
From 10.2.0.2: bytes=32ttl=254 time=78 msseg=3'yty'y'ytyy'
Erom 10.2.0.2: bytes=32seg=4tt1=254 time=78 ms
From 10.2.0.2: bytes=32 seg-5tt1=254 time=78 ms
10.2.0.2 ping statistics
5 packet(s) transmitted
5 packet(s) received
0.00% packet lossround-trip min/avg/max = 78/78/78 ms
```

2. DHCP 的配置

无线网络的 DHCP 和有线网络的 DHCP 配置原理是一样的，请参照本书 3.2.2 节。

（1）有线网络 DHCP 服务器配置。

```
[core1]dhcp enable
[core1]inter vlan 211
[core1-Vlanif211]dhcp select interface
[core1-Vlanif211]dhcp server dns-list 8.8.8.8 114.114.114.114
```

（2）core1 作为 AC1 的 DHCP 中继代理的配置。

```
[core1]inter vlan 99
[core1-Vlanif99]dhcp select relay
[core1-Vlanif99]dhcp relay server-ip 10.2.0.2
[core1] inter vlan 201
[core1-Vlanif201]dhcp select relay
[core1-Vlanif201]dhcp relay server-ip 10.2.0.2
```

（3）在 AC1 上配置用户数据 VLAN 的地址池。

```
[AC1] ip pool vlan99
[AC1-ip-pool-vlan99]network 10.99.1.0 mask 24
[AC1-ip-pool-vlan99]gateway-list 10.99.1.1
[AC1-ip-pool-vlan99]dns-list 8.8.8.8 114.114.114.114
[AC1-ip-pool-vlan99]option 43 sub-option 3 ascii 10.2.0.2
```

```
[AC1 ip pool-vlan99] quit
[AC1]vlan 201
[AC1]vlan pool sta-pool
[AC1-vlan-pool-sta-pool]vlan 201
[AC1-vlan-pool-sta-pool]assignment hash
[AC1-vlan-pool-sta-pool]quit
[AC1] interface vlanif 2
[AC1-Vlanif2] dhcp select global
[AC1-Vlanif2] quit
```

（4）测试 DHCP 运行结果，测试结果如图 3-32 所示。

```
PC>ipconfig /renew

IP Configuration

Link local IPv6 address.........: fe80::5689:98ff:fea1:565b
IPv6 address......................: :: / 128
IPv6 gateway......................: ::
IPv4 address......................: 10.21.1.251
Subnet mask.......................: 255.255.255.0
Gateway...........................: 10.21.1.1
Physical address..................: 54-89-98-A1-56-5B
DNS server........................: 8.8.8.8
```

图 3-32　测试 DHCP 运行结果

3. WLAN 配置

配置 WLAN 的 AP 群组。

```
[AC1]wlan
[AC1-wlan-view]
[AC1-wlan-view]ap-group name ap-group 1
[AC1-wlan-ap-group-ap-group1]quit
[AC1-wlan-view]regulatory-domain-profile name default
[AC1-wlan-regulate-domain-default]country-code cn
[AC1-wlan-regulate-domain-default] quit
[AC1-wlan-view] ap-group name ap-group1
[AC1-wlan-ap-group-ap-group1]regulatory-domain-profile default Warning: Modifying
the country code will clear channel, power and antenna gain configurations of the radio
and reset the AP. Continue?[Y/N]:y
[AC1-wlan-ap-group-ap-group1]quit
[AC1-wlan-view]quit
```

配置 AC 的源接口。

```
[AC1]capwap source interface vlanif 2
[AC1]wlan
[AC1-wlan-view]ap auth-mode mac-auth
[AC1-wlan-view]ap-id 0 ap-mac 00e0-fc9f-4f40//必须和 AP 的 MAC 地址对应
[AC1-wlan-ap-0]ap-name area 1
[AC-wlan-ap-0] ap-group ap-group1
Warning: This operation may cause AP reset. If the country code changes, it will clear
channel, power and antenna gain configurations of the radio, Whether to continue? [Y/N]:y
[AC1-wlan-ap-0]quit
```

将 AP 上电后，当执行命令 dis ap all 查看到 AP 的"State"字段为"nor"时，如图 3-33
所示，表示 AP 正常上线。如果显示"idle"，检查是否配错，如果没问题，可以重新启动 AP。

```
<AC1>dis ap all
Info: This operation may take a few seconds. Please wait for a moment.done.
Total AP information:
nor : normal        [1]
----------
--------
ID MAC        Name  Group    IP        Type        State STA Uptim
e
----------
--------
0   00e0-fcb1-15a0 area_1 ap-group1 10.99.1.105 AP5030DN      nor  0   8M:22
5
----------
Total: 1
<AC1>
```

图 3-33　AP 连接性测试结果

配置安全模板。

```
[AC1]wlan
[AC1-wlan-view] security-profile name wlan-net
[AC1-wlan-sec-prof-wlan-net] security wpa-wpa2 psk pass-phrase a1234567 aes
[AC1-wlan-sec-prof-wlan-net] quit
```

配置 SSID。

```
[AC1-wlan-view]ssid-profile name wlan-net
[AC1-wlan-ssid-prof-wlan-net] ssid wlan-net
[AC1-wlan-ssid-prof-wlan-net]quit
```

配置 VAP。

```
[AC1-wlan-view]vap-profile name wlan-net
[AC1-wlan-vap-prof-wlan-net]forward-mode tunnel
[AC1-wlan-vap-prof-wlan-net]service-vlan vlan-pool sta-pool
[AC1-wlan-vap-prof-wlan-net]security-profile wlan-net
[AC1-wlan-vap-prof-wlan-net]ssid-profile wlan-net
[AC1-wlan-vap-prof-wlan-net]quit
```

配置 AP 组引用 VAP 模板，AP 上射频 0 和射频 1 都使用 VAP 模板“wlan-net”的配置。

```
[AC1-wlan-view]ap-group name ap-group1
[AC1-wlan-ap-group-ap-group1]vap-profile wlan-net wlan 1 radio 0
[AC1-wlan-ap-group-ap-group1]vap-profile wlan-net wlan 1 radio 1
[AC1-wlan-ap-group-ap-group1]quit
```

配置 RRM 无线资源管理（Radio Resource Management，RRM）模板。

```
[AC1]WLAN
[AC1-wlan-view]Rrm-profile name wlan-rrm
[AC1-wlan-rrm-prof-wlan-rrm]Undo calibrate auto-channel-select disable
[AC1-wlan-rrm-prof-wlan-rrm]Undo calibrate auto-txpower-select disable
[AC1-wlan-rrm-prof-wlan-rrm]quit
```

配置射频信号。

```
[AC1-wlan-view]ap-id 0
[AC1-wlan-ap-0]radio 0
[AC1-wlan-radio-0/0]channel 20mhz 6
Warning: This action may cause service interruption. Continue?[Y/N]:y
[AC1-wlan-radio-0/0]eirp 127
[AC1-wlan-radio-0/0]quit
[AC1-wlan-ap-0]radio 1
[AC1-wlan-radio-0/1]channel 20mhz 149
Warning: This action may cause service interruption. Continue?[Y/N]:y
[AC1-wlan-radio-0/1]eirp 127
[AC1-wlan-radio-0/1]quit
[AC1-wlan-ap-0]quit
```

4. 测试配置结果

（1）WLAN 业务配置会自动下发给 AP，配置完成后，通过执行 display vap ssid wlan-net 命令查看信息，当“Status”字段显示为“ON”时，表示 AP 对应的射频上的 VAP 已创建成功，如图 3-34 所示。

```
<AC1> display vap ssid wlan-net
Info: This operation may take a few seconds, please wait.
WID : WLAN ID
-----------------------------------------------------------------------------
AP ID AP name RfID WID  BSSID          Status  Auth type     STA   SSID
-----------------------------------------------------------------------------
0     area_1  0    1    00E0-FCB1-15A0 ON      WPA/WPA2-PSK  0     wlan-net
0     area_1  1    1    00E0-FCB1-15B0 ON      WPA/WPA2-PSK  0     wlan-net
-----------------------------------------------------------------------------
Total: 2
```

图 3-34　测试配置结果

（2）STA 搜索到名为“wlan-net”的无线网络，输入密码“a1234567”，连接步骤如图 3-35 所示。正常连接后，在 AC 上执行 display station ssid wlan-net 命令，可以查看到用户已经接入无线网络“wlan-net”中。

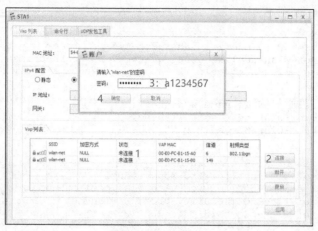

图 3-35　连接步骤

 小贴士 各种园区的网络搭建，虽然使用的网络技术是相似的，但是如何能够把客户的需求转化为技术点，前期与客户沟通和做好网络规划是很重要的。为了便于后期的网络管理，只要能满足用户的需求，那么配置越简单越好。例如不同的 VLAN 的网关最好都在核心设备上，能直接从 DHCP 服务器上获取 IP 地址，就不要通过 DHCP 中继代理转发。对 IP 地址的划分，如果 IP 地址充足，就不要用难记又难以分辨的 IP 地址和子网掩码，尽量显而易见。总之，网络运维人员在日常的工作中要积累足够的经验，才能处理各种疑难和突发的网络故障问题。

思考与练习

简述题

1. 在园区的网络地址分配的过程中，使用私有地址 10.0.0.0/8 划分子网应该注意什么？
2. 在园区的网络搭建中，如何合理地结合无线网络和有线网络？

项目4
大型企业网络搭建

04

项目导读

本项目主要介绍如何搭建大型企业网络。在大型企业网络中，因为核心网络数据承载量比较大，对网络的中断零容忍，所以该项目主要考虑如何动态地选择转发路径。你有没有好奇过，每个园区都会使用私有地址，在和公网连接的时候，数据包是如何找到对应园区内的主机地址的？如何通过公网把两个企业内网连接起来？带着这些问题，我们一起进入大型企业网络搭建项目。

学习目标

- 能够根据实际环境选择合适的路由协议；
- 能够对内、外网进行网络地址转换；
- 能够通过公网连接两个企业内网；

项目4 微课

大型企业网络
搭建

素养目标

- 能够对复杂的网络进行分析和配置；
- 能够使用对应的查看命令检查网络故障，并且对故障进行排除。

项目分析

本项目前 4 个任务是大型企业网络静态路由配置、大型企业网络动态路由配置、企业与外网的通信配置、跨地域企业园区的通信配置，最后一个任务是大型企业网络搭建综合实践。本项目从简单到复杂介绍网络的配置方法，内网部分的设计可以参考智慧校园的网络搭建项目，项目设计方法相似，本项目重点在于内、外网的结合。

任务一　大型企业网络静态路由配置

学习重难点

1. 重点
（1）路由的含义、路由的三要素，以及路由的其他相关属性；
（2）路由的各种生成方式。

2. 难点
（1）静态路由配置；　　　　　（2）默认路由配置和应用条件。

相关知识

4.1.1　什么是路由

4.1.1　微课

什么是路由

在生活中，我们如果去往目的地，往往到了岔路口要询问一下如何行走。同样，数据包在经过路由器转发的时候，也需要问路由器，该从哪个接口发送才能正确到达目的地。这就是路由的概念。

1．路由的基本概念

路由是指从某一网络设备出发去往某个目的地的路径。路由发生在 OSI 参考模型中的第三层，即网络层。路由通常根据路由表——一个存储到各个目的地的最佳路径的表来引导数据包转发，路由表（Routing Table）是若干条路由信息的集合体。在路由表中，一条路由信息也被称为一个路由项或一个路由条目。路由表只存在于路由器以及三层交换机中，二层交换机中是不存在路由表的。路由器（Router）是执行路由动作的一种网络设备，它能够将数据包转发到正确的目的地，并能在转发过程中选择最佳路径。路由器工作在网络层，如图 4-1 所示。

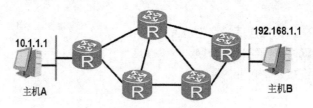

图 4-1　网络拓扑

网络连接四通八达，就像我国的高速公路，每条干线交织在一起。如何通过高速公路到达目的地？高速公路指示牌或导航仪，会指示目的地、出口方向和距离，如图 4-2 和图 4-3 所示。同理，当数据包到达路由器后，会查找路由表，找到和自己的目的地匹配的网段地址，找到出接口，然后数据包被转发出去。高速公路的指示牌或导航仪，我们都见过。那么，在网络中的"指示牌"或"导航仪"长什么样子呢？

图 4-2　高速公路指示牌

图 4-3　导航仪

2．路由表的组成

先来看一下实际路由表的模样。假设 R1 是 Internet 上正在运行的一台华为 AR 路由器，在

R1 上执行命令 display ip routing-table 便可查看 R1 的 IP 路由表，如图 4-4 所示。

```
[R1]display ip routing-table
Route Flags: R - relay, D - download to fib

Destination/Mask    Proto   Pre  Cost    Flags  NextHop       Interface
1.0.0.0/8           Direct  0    0       D      1.0.0.1       GigabitEthernet1/0/0
1.0.0.1/32          Direct  0    0       D      127.0.0.1     InLoopBack0
2.0.0.0/8           Static  60   0       D      12.0.0.2      GigabitEthernet1/0/1
2.1.0.0/16          RIP     0    0       D      12.0.0.2      GigabitEthernet1/0/1
12.0.0.0/30         Direct  0    0       D      12.0.0.1      GigabitEthernet1/0/1
12.0.0.0/32         Direct  0    0       D      127.0.0.1     InLoopBack0
```

图 4-4　R1 的 IP 路由表

在这张路由表中，每一行就是一条路由信息。通常情况下，一条路由信息由 3 个要素组成，它们分别是：目的地/掩码（Destination/Mask）、出接口（Interface）、下一跳 IP 地址（NextHop）。现在以目的地/掩码为 2.0.0.0/8 这个路由项为例，来对路由的三要素进行说明。

显然，2.0.0.0/8 是一个网络地址，掩码长度是 8。R1 的 IP 路由表中存在 2.0.0.0/8 这个网络地址，说明 R1 知道自己所在的 Internet 上存在一个网络地址为 2.0.0.0/8 的网络。需要特别说明的是，如果目的地/掩码中的掩码长度为 32，则目的地将是一个主机接口地址，否则目的地就是一个网络地址。通常，我们说一个路由项的目的地是一个网络地址（即目的网络地址），而把主机接口地址视为目的地的一种特殊情况。

从这张路由表中可以看到，2.0.0.0/8 这个路由项的出接口是 G1/0/1，其含义是：如果 R1 需要将一个 IP 报文送往 2.0.0.0/8 这个目的网络，那么 R1 应该把这个 IP 报文从 R1 的 G1/0/1 接口发送出去。

从这张路由表中还可以看到，2.0.0.0/8 这个路由项的下一跳 IP 地址是 12.0.0.2，其含义是：如果 R1 需要将一个 IP 报文送往 2.0.0.0/8 这个目的网络，则 R1 应该把这个 IP 报文从 R1 的 G1/0/1 接口发送出去，并且这个 IP 报文离开 R1 的 G1/0/1 接口后应该到达的下一个路由器的接口的 IP 地址是 12.0.0.2。需要指出的是，如果一个路由项的下一跳 IP 地址与出接口的 IP 地址相同，则说明出接口已经直连到了该路由项所指的目的网络（也就是说，出接口已经位于目的网络之中了）。还需要指出的是，下一跳 IP 地址所对应的主机接口与出接口一定位于同一个二层网络（二层广播域）。

通常情况下，目的地／掩码、出接口、下一跳 IP 地址是构成一个路由的三要素。然而，除了这 3 个要素外，一个路由项通常还包含其他一些属性，例如，产生这个路由项的协议来源（路由表中 Proto 列）、该路由项的优先级（路由表中 Pre 列）、该条路由的开销（路由表中 COST 列）等。

具体看这个实例，如图 4-5 所示。PC1 发送一个目的地址为 3.3.3.2 的数据包，经过 SW1 交换机发送到路由器 R1，路由器 R1 查找当前路由表，从上往下匹配，发现目的地址为 3.3.3.0 的网络，需要从 G1/0/2 接口送出。数据包被送出以后，经网络转发传递到 R2。R2 路由器查找自己的路由表，发现目的地址为 3.3.3.0 的网络，需要从 G1/0/1 接口送出，于是当前数据包从 G1/0/1 接口发送出去，传递给 PC3。这样就完成了一次数据通信过程。

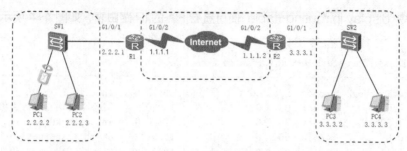

图 4-5　数据传输的路径

4.1.2　静态路由原理和配置

4.1.2　微课

静态路由原理和配置

网络四通八达，像一张密密麻麻的蜘蛛网。一个路由节点是如何知道每一个数据包的目的地，以及是如何进行转发的呢？我们知道，一张 IP 路由表中包含若干条路由信息。那么，这些路由信息是从何而来的呢？或者说，这些路由信息是如何生成的呢？

1. 路由的生成方式

路由信息的生成方式总共有 3 种：设备自动发现、手动配置、通过动态路由协议生成。设备自动发现的路由信息称为直连路由（Direct Route），手动配置的路由信息称为静态路由（Static Route），网络设备通过运行动态路由协议而得到的路由信息称为动态路由（Dynamic Route）。这里主要讲解直连路由和静态路由，动态路由将在后续的章节详细讲解。

（1）直连路由

如图 4-6 所示，与路由器直接相连的网段会自动产生一个直连路由。就像你家门口的路，你打开门，就知道这条路通到哪里！从前门去邻居小李家，从后门去邻居小王家。目的地是不需要别人告诉的，这就是直连路由。1.0.0.0/8 和 2.0.0.0/8 对路由器而言就是直连网络。

图 4-6　直连网络

（2）静态路由

不与路由器直接相连的网段是远程网络。远程网络是路由器自己无法直接得知的目的地。如图 4-7 所示，2.0.0.0/8 的网段对路由器 R1 而言是远程网络。那么 R1 怎么得到去往 2.0.0.0/8 的路由表呢？由网络管理员指定或者其他的路由器（如 R2）把自己得到的路由信息传递给它。

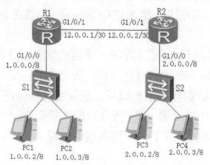

图 4-7　静态路由配置拓扑

对于图 4-7 所示的简单的网络,可以通过在 R1 和 R2 上配置静态路由来实现各个 PC 之间的互通。

2. 静态路由配置

在路由器 R1 上配置一条静态路由,目的地/掩码为 2.0.0.0/8,下一跳 IP 地址为 R2 的 G1/0/1 接口的 IP 地址 12.0.0.2,出接口为 R1 的 G1/0/1 接口。在路由器 R2 上配置一条静态路由,目的地/掩码为 1.0.0.0/8,下一跳 IP 地址为 R1 的 G1/0/1 接口的 IP 地址 12.0.0.1,出接口为 R2 的 G1/0/1 接口。

配置格式:

```
system-view(系统视图下)
ip route-static 目的地网络地址  子网掩码长度  下一跳IP地址或出接口
```

(1)配置 R1。

```
<R1> system-view
[R1] ip route-satic 2.0.0.0 8  12.0.0.2  g1/0/1
```

(2)配置 R2。

```
<R2> system-view
[R2] ip route-satic 1.0.0.0 8  12.0.0.1  g1/0/1
```

4.1.3 默认路由原理和配置

在高速公路指示牌中,有一种直接指示出口到什么城市,如图 4-8 所示;另一种只指出到某些城市的大概方向,如图 4-9 所示。

图 4-8 高速公路指示牌指向具体城市

图 4-9 高速公路指示牌指出大概方向

4.1.3 微课

默认路由原理和配置

在路由中也是一样的,如果能写出具体的目的地网段,一般使用静态路由。当目的地无法明确指出的时候,通常考虑使用默认路由。目的地/掩码为 0.0.0.0/0 的路由称为默认路由(Default Route)。如果默认路由是由路由协议产生的,则称为动态默认路由;如果默认路由是由手动配置而成的,则称为静态默认路由。默认路由是一种非常特殊的路由,因为掩码长度为 0,所以任何一个待发送或待转发的 IP 报文都是可以和默认路由匹配的。

配置格式:

```
system-view(系统视图下)
ip route-static 0.0.0.0 0  下一跳IP地址或出接口
```

路由器的 IP 路由表中可能存在默认路由,也可能不存在默认路由。如果网络设备的 IP 路由表中存在默认路由,那么当一个待发送或待转发的 IP 报文不能匹配 IP 路由表中的任何非默认路由时,就会根据默认路由来进行发送或转发;如果网络设备的 IP 路由表中不存在默认路由,那么当一个待发送或待转发的 IP 报文不能匹配 IP 路由表中的任何路由时,该 IP 报文就会被直接丢弃。含有默认路由的 IP 路由表如图 4-10 所示。

1. 配置思路

在图 4-11 所示的网络中,R3 是 Internet 服务提供方(Internet Service Provider,ISP)路由器,并且假设 R3 上已经有了通往 Internet 的路由。网络需求是:所有的 PC 都能够互通,并且都能够访问 Internet。要想设备在网络上能够通信，首先应配置现有设备节点 IP 地址，然后依据当前网络拓扑配置路由。

```
<R2>dis  ip routing-table
Route Flags: R - relay, D - download to fib
------------------------------------------------------------------------
Routing Tables: Public
         Destinations : 11      Routes : 11

Destination/Mask    Proto   Pre  Cost      Flags NextHop        Interface
          0.0.0.0/0 Static  60   0          RD   12.0.0.1       GigabitEthernet0/0/1
          2.0.0.0/8 Direct  0    0          D    2.0.0.0        GigabitEthernet0/0/0
          2.0.0.1/32 Direct 0    0          D    127.0.0.1      GigabitEthernet0/0/0
   2.255.255.255/32 Direct  0    0          D    127.0.0.1      GigabitEthernet0/0/0
        12.0.0.0/30 Direct  0    0          D    12.0.0.2       GigabitEthernet0/0/1
        12.0.0.2/32 Direct  0    0          D    127.0.0.1      GigabitEthernet0/0/1
        12.0.0.3/32 Direct  0    0          D    127.0.0.1      GigabitEthernet0/0/1
        127.0.0.0/8 Direct  0    0          D    127.0.0.1      InLoopBack0
       127.0.0.1/32 Direct  0    0          D    127.0.0.1      InLoopBack0
 127.255.255.255/32 Direct  0    0          D    127.0.0.1      InLoopBack0
 255.255.255.255/32 Direct  0    0          D    127.0.0.1      InLoopBack0
```

图 4-10 含有默认路由的 IP 路由表

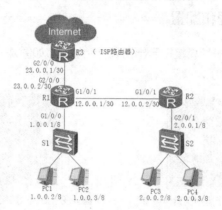

图 4-11 静态默认路由的配置拓扑

2. 配置步骤

（1）配置 R1。

```
<R1> system-view
[R1] ip route-static 2.0.0.0  8  12.0.0.2 g1/0/1
[R1] ip route-static 0.0.0.0  0  23.0.0.1 g2/0/0
```

（2）配置 R2。

```
<R2> system-view
[R2] ip route-static 0.0.0.0  8 12.0.0.1 g1/0/1
```

（3）配置 R3。

```
<R3> system-view
[R3] ip route-static 1.0.0.0  8 23.0.0.2 g2/0/0
[R3] ip route-static 2.0.0.0  8 23.0.0.2 g2/0/0
```

思考与练习

一、单选题

1. 当网络访问 Internet 时，目的地网段地址不确定，适用下列哪种路由？（   ）

A. 动态路由   B. 静态路由

C. 静态默认路由   D. 静态浮点路由

2. 以下配置默认路由的命令正确的是（   ）。

A. [Huawei] ip route-static   0.0.0.0   0   192.160.1.1

B. [Huawei] ip route-static   0.0.0.0   32   192.160.1.1

C. [Huawei- serial0] ip route-static   0.0.0.0   0   0.0.0.0

D. <Huawei> ip route-static 0.0.0.0   0   0.0.0.0

3. 管理员在（   ）视图下才能为路由器修改配置。

A. User - view   B. System - view   C. Interface - view   D. Protocol - view

4. 针对图 4-11，R3 设备上如果换成静态路由，下列哪个命令是不正确的？（   ）

A. [R3] ip route-static 1.0.0.0 8 23.0.0.2 g2/0/0

B. [R3] ip route-static 2.0.0.0 8 23.0.0.2 g2/0/0

C. [R3] ip route-static 12.0.0.0 30 23.0.0.2

D. [R3] ip route-static 12.0.0.0 8   23.0.0.2 g2/0/0

二、多选题

1. 默认路由可以来自（   ）。

A. 手动配置   B. 路由器本身

C. 动态路由协议产生   D. 一般路由协议产生

2. 以下描述正确的是（   ）。

A. 路由表中下一跳 IP 地址是多余的，有出接口就可以指导报文转发

B. 通过不同路由协议获得的路由，其优先级也不相同

C. 不同路由协议所定义的度量值具有可比性

D. 不同路由协议所定义的度量值不具有可比性

任务二　大型企业网络动态路由配置

学习重难点

1. 重点

（1）RIP 基本原理；　　　　　　（2）RIP 基本配置；

（3）OSPF 的工作原理；　　　　　（4）OSPF 的区域划分；

（5）DR 与 BDR 的选举；　　　　（6）OSPF 骨干区域与非骨干区域；

（7）ABR 与 ASBR；　　　　　　（8）OSPF 多区域配置。

2. 难点

（1）RIP 路由表的形成；　　　　（2）RIP 环路问题；

（3）OSPF 的配置；　　　　　　（4）DR 与 BDR 的选举；

（5）OSPF 与 RIP 的区别。

4.2.1　微课

RIP 基本原理

相关知识

4.2.1　RIP 基本原理

RIP（ Routing Information Protocol，路由信息协议 ）是一种基于距离矢量（ Distance Vector，

DV）算法的内部网关协议，其协议优先级的值为 100。相比于其他各种路由协议，RIP 非常简单且易于实现。

RIP 只能以"跳数"来定义路由的开销。所谓跳数，就是指到达目的地需要经过的路由器的个数。例如，在图 4-12 所示的网络中，路由器 R1 去往网络 B、网络 C、网络 D 的跳数分别为 1、2、3。RIP 规定跳数大于或等于 16 的路由将被视为不可达的路由，这一限制使得 RIP 一般只应用于规模较小的网络。

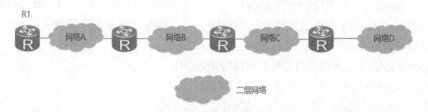

图 4-12 跳数的含义

在描述 RIP 的基本原理之前，先来看一个带有比喻性的游戏活动。假设在一个教室里坐满了新同学，坐中间的每个同学都有前、后、左、右 4 个邻居，坐边上的同学有 3 个邻居，坐角落的同学有 2 个邻居。游戏开始前，假定每个同学都只知道自己的所有邻居的姓名，也就是说，每个同学的"记忆库"中只有自己的几个邻居的姓名。游戏开始后，每个同学都周期性地把自己最新的记忆库中的所有姓名悄悄地告诉给自己的所有邻居（每个同学只能听见邻居对自己说的话），同时不停地把自己从邻居那里听来的姓名装进自己的记忆库。游戏持续了足够长的时间后，我们会发现每个同学的记忆库中的内容都不再发生变化，并且都包含了全班所有同学的姓名。这个游戏的过程虽然非常简单，但它正好体现了 RIP 的基本原理。

运行 RIP 的路由器称为 RIP 路由器。假设一个自治系统选定了 RIP 作为其内部网关协议，则该自治系统中的每台路由器都是 RIP 路由器，该自治系统本身也通常被称为一个 RIP 网络。RIP 路由器除了拥有一个 IP 路由表外，还会单独创建并维护一个 RIP 路由表，该 RIP 路由表专门用来存放该路由器通过运行 RIP 而发现的路由。

一台 RIP 路由器在创建自己的 RIP 路由表之初，RIP 路由表中只包含该路由器自动发现的直连路由。在一个 RIP 网络中，每台 RIP 路由器都会每隔 30s 向它所有的邻居路由器发布它的最新的 RIP 路由表中的所有路由信息，同时不断地接收它的邻居路由器发来的路由信息，并根据这些接收到的路由信息来更新自己的 RIP 路由表，如此反复循坏，这样的过程被称为路由交换过程。经过足够长的时间（这一时间称为 RIP 路由的收敛时间）之后，每台路由器的 RIP 路由表中的路由信息不再发生变化，达到一种稳定的状态（即 RIP 路由实现了收敛）。在稳定状态下，每台路由器的 RIP 路由表都包含该路由器去往整个 RIP 网络中各个目的网络的路由。注意，在稳定状态下，路由交换过程仍会继续进行。当网络的结构发生改变后，稳定状态会被打破，但随着路由交换过程的继续进行，经过足够长的时间之后，每台路由器的 RIP 路由表又会达到新的稳定状态（即 RIP 路由重新实现了收敛）。

4.2.2 RIP 路由表的形成

那么，RIP 路由器是如何根据它所接收到的路由信息来更新自己的 RIP 路由表的呢？

4.2.2 微课

RIP 路由表的形成

假设 RIP 路由器 R1 和 R2 互为邻居路由器，R1 的 RIP 路由表中存在一条目的地/掩码为 1.0.0.0/8 的路由，该路由的 COST（开销值，RIP 协议的开销值为到达目的地所需要经过的网络个数）为 0。当 R1 把这条路由信息通过自己的 G2/0/0 接口发送给 R2，且 R2 通过自己的 G2/0/0 接口接收到这条路由信息后（注意，R1 的 G2/0/0 接口和 R2 的 G2/0/0 接口位于同一个二层网络中），R2 将会根据如下的更新算法（该算法称为距离矢量算法，其基本思想是由 Bellman 和 Ford 提出的，所以也称为 Bellman 和 Ford 算法）来更新自己的 RIP 路由表。同时把自己的 COST+1。

如果 R2 的 RIP 路由表中不存在目的地/掩码为 1.0.0.0/8 的路由项，R2 会在自己的 RIP 路由表中添加一个路由项，该路由项的目的地/掩码为 1.0.0.0/8，出接口为 R2 的 G2/0/0 接口，下一跳 IP 地址为 R1 的 G2/0/0 接口的 IP 地址，COST 为 0+1。

R2 的 RIP 路由表也会从 G3/0/0 接口收到路由器 R3 的目的地/掩码为 3.0.0.0/8 的路由项，则 R2 会将该目的地/掩码为 3.0.0.0/8 的路由项的出接口更新为 R2 的 G3/0/0 接口，下一跳 IP 地址更新为 R3 的 G2/0/0，COST 更新为 0+1。

1. 路由条目的传递更新

R2 的 RIP 路由表中更新后的条目，目的地/掩码为 3.0.0.0/8 的路由项从 G2/0/0 传递给 R1，目的地/掩码为 1.0.0.0/8 的路由项从 G3/0/0 传递给 R3。目的地/掩码为 3.0.0.0/8 的路由项传递给 R1 后，R1 更新自己的路由表，该路由项的目的地/掩码为 3.0.0.0/8，出接口为 R1 的 G2/0/0 接口，下一跳 IP 地址为 R2 的 G2/0/0 接口的 IP 地址，COST 为 0+1+1。目的地/掩码为 1.0.0.0/8 的路由项传递给 R3 后，R3 更新自己的路由表，该路由项的目的地/掩码为 1.0.0.0/8，出接口为 R2 的 G3/0/0 接口，下一跳 IP 地址为 R2 的 G3/0/0 接口的 IP 地址，COST 为 0+1+1。

此时，各路由器得到了全网路由表，RIP 路由表达到稳态。

2. 路由不更新的情况

如果路由器的 RIP 路由表中已经存在一条路由项，且该路由项的下一跳 IP 地址不是刚收到的源于邻居路由器的接口的 IP 地址，并且该路由项的 COST 小于刚得到的路由项，则该路由项的出接口、下一跳 IP 地址以及 COST 均保持不变。也就是说，该路由器不会对该路由项进行更新。

RIP 路由表的形成过程，参考图 4-13 和图 4-14 给出的示例。建议大家根据这个例子推演一下从初始的 RIP 路由表更新到稳定的 RIP 路由表的全过程。

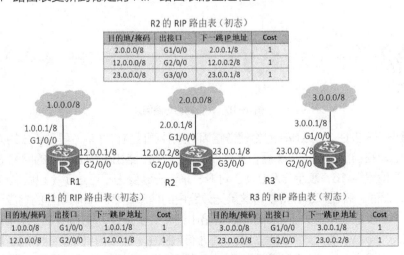

图 4-13　初始状态下的 RIP 路由表

R1 的 RIP 路由表（稳态）

目的地/掩码	出接口	下一跳IP地址	Cost
2.0.0.0/8	G1/0/0	2.0.0.1/8	1
12.0.0.0/8	G2/0/0	12.0.0.2/8	1
23.0.0.0/8	G3/0/0	23.0.0.1/8	1
1.0.0.0/8	G2/0/0	12.0.0.1	2
3.0.0.0/8	G3/0/0	23.0.0.2	2

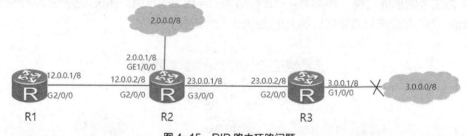

R2 的 RIP 路由表（稳态）

目的地/掩码	出接口	下一跳 IP 地址	Cost
1.0.0.0/8	G1/0/0	1.0.0.1/8	1
12.0.0.0/8	G2/0/0	12.0.0.1/8	1
2.0.0.0/8	G2/0/0	12.0.0.2/8	2
23.0.0.0/8	G2/0/0	12.0.0.1/8	2
3.0.0.0/8	G2/0/0	12.0.0.2/8	3

R3 的 RIP 路由表（稳态）

目的地/掩码	出接口	下一跳 IP 地址	Cost
3.0.0.0/8	G1/0/0	3.0.0.1/8	1
23.0.0.0/8	G2/0/0	23.0.0.2/8	1
2.0.0.0/8	G2/0/0	23.0.0.1/8	2
12.0.0.0/8	G2/0/0	23.0.0.1/8	2
1.0.0.0/8	G2/0/0	23.0.0.1/8	3

图 4-14　稳定状态下的 RIP 路由表

4.2.3　环路问题

4.2.3　微课

环路问题

RIP 路由表的更新算法非常简单，也易于实现。但是，在某些情况下，这种算法会导致路由环路（Routing Loop）的产生。下面，通过一个简单的例子来说明什么是路由环路。

在图 4-15 所示的 RIP 网络中，假定路由已经收敛，那么在 R3 的 RIP 路由表中会存在一条目的网络为 3.0.0.0/8 的路由，出接口为 R3 的 G1/0/0，下一跳 IP 地址为 3.0.0.1/8，COST 为 1；在 R2 的 RIP 路由表中也会存在一条目的网络为 3.0.0.0/8 的路由，出接口为 R2 的 G3/0/0，下一跳 IP 地址为 23.0.0.2/8，COST 为 2。

图 4-15　RIP 路由环路问题

现在，假设 R3 去往 3.0.0.0/8 的物理链路因为某种原因突然中断，导致 R3 的 G1/0/0 接口无法正常工作。R3 在检测到这一故障后，会立即将自己 RIP 路由表中去往目的网络 3.0.0.0/8 的路由项的 COST 设置为 16，表示 3.0.0.0/8 对 R3 来说已经变为不可达了（也就是该路由已经变成了无效路由）。然而，就在 R3 等待着将这条无效路由的信息随下一个周期性的响应消息发送给 R2 时，却收到了 R2 发送过来的关于 3.0.0.0/8 的路由信息。根据 DV 算法，R3 会将自己的 RIP 路由表中那条去往 3.0.0.0/8 的无效路由重新更新成为有效路由，出接口更新为 R3 的 G2/0/0，下一跳 IP 地址更新为 23.0.0.1/8，COST 更新为 3。也就是说，R3 会认为自己虽然无法"直达"3.0.0.0/8，但是可以通过 R2 间接地到达 3.0.0.0/8。此时会发现，R3 和 R2 的路由表中都各自存在一条去往 3.0.0.0/8 的有效路由，且下一跳 IP 地址都是指向对方的，这样便产生了路由环路。如果 R2 或 R3 需要转发一个去往 3.0.0.0/8 的 IP 报文，那么该 IP 报文将在 R2 和 R3 之间被转来转去。

显然，路由环路是有损于网络正常工作的。为此，RIP 提供了 3 种不同的方法来解决这一问题。这 3 种方法分别是触发更新（Triggered Update）、水平分割（Split Horizon）、毒性逆转（Poison Reverse）。

1. 触发更新

所谓触发更新，就是指当 RIP 路由表中的某些路由项的内容发生改变时，路由器应立即向它的所有邻居发布响应消息，而不是等待更新定时器所规定的下一个响应消息的发送时刻。另外，为了减少带宽及路由器处理资源的消耗，触发更新的响应消息中只需包含路由信息发生了改变的路由项。如图 4-16 所示，R3 通过配置具备了触发更新功能。

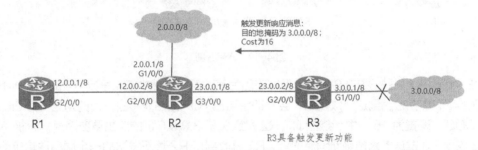

图 4-16　触发更新

路由收敛时，R3 的 RIP 路由表中会存在一条目的网络为 3.0.0.0/8 的路由，出接口为 R3 的 G1/0/0，下一跳 IP 地址为 3.0.0.1/8，COST 为 1；R2 的 RIP 路由表中也会存在一条目的网络为 3.0.0.0/8 的路由，出接口为 R2 的 G3/0/0，下一跳 IP 地址为 23.0.0.2/8，COST 为 2。

现在，假设 R3 去往 3.0.0.0/8 的物理链路因为某种原因突然中断，导致 R3 的 G1/0/0 接口无法正常工作。R3 在检测到这一故障后，会立即将自己 RIP 路由表中去往目的网络 3.0.0.0/8 的路由项的 COST 设置为 16。因为 R3 的 RIP 路由表中关于 3.0.0.0/8 的路由项的内容发生了改变，所以 R3 会立即向 R2 发送关于 3.0.0.0/8 的路由更新消息（触发更新响应消息）。R2 收到 R3 发来的关于 3.0.0.0/8 的路由更新消息后，会根据 DV 算法立即将自己的 RIP 路由表中 3.0.0.0/8 这个路由项的 COST 更新为 16。尽管 R2 和 R3 接下来还会周期性地相互发送 RIP 响应消息，但是根据 DV 算法，它们的 RIP 路由表中 3.0.0.0/8 这个路由项的 COST 都会保持为 16，即 R2 和 R3 都会认为 3.0.0.0/8 是不可达的。如果 R2 或 R3 需要转发一个去往 3.0.0.0/8 的 IP 报文，那么该 IP 报文不会在 R2 和 R3 之间被转来转去，而是会被 R2 或 R3 直接丢弃。

2. 水平分割

在描述触发更新方法的举例中，如果在 R2 还未收到 R3 发送的触发更新响应消息的时候，R3 就收到了 R2 最新发送的一个周期性响应消息，在这样的情况下，仍然会产生路由环路。也就是说，触发更新方法可以在很大程度上降低路由环路产生的概率，但是无法完全避免路由环路的产生。

水平分割方法的原理是，如果一台路由器的 RIP 路由表中的路由信息是通过该路由器的 Interface-x 接口学习来的，那么该路由器在通过 Interface-x 接口向外发送响应消息时，响应消息中一定不要包含这个路由项的消息。

如图 4-17 所示，R3 通过配置具备了触发更新功能，R2 通过配置具备了水平分割功能。路由收敛时，R3 的 RIP 路由表中会存在一条目的网络为 3.0.0.0/8 的路由，出接口为 R3 的 G1/0/0，下一跳 IP 地址为 3.0.0.1/8，COST 为 1；R2 的 RIP 路由表中也会存在一条目的网络为 3.0.0.0/8 的路由，出接口为 R2 的 G3/0/0，下一跳 IP 地址为 23.0.0.2/8，COST 为 2。注意，由于 R2 的 RIP 路由表中 3.0.0.0/8 这个路由项的出接口是 R2 的 G3/0/0，这就说明该路由项是通过 R2 的 G3/0/0 接口学习来的。因此，R2 在通过自己的 G3/0/0 接口向外发送响应消息时，响应消息中一定不会包含关于 3.0.0.0/8 这条路由的信息。

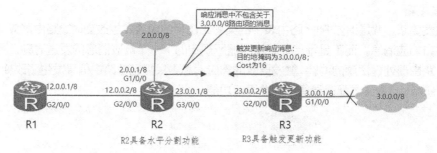

图 4-17　水平分割

现在，假设 R3 去往 3.0.0.0/8 的物理链路因为某种原因突然中断，导致 R3 的 G1/0/0 接口无法正常工作。R3 在检测到这一故障后，会立即将自己 RIP 路由表中去往目的网络 3.0.0.0/8 的路由项的 COST 设置为 16，并且会立即向 R2 发送关于 3.0.0.0/8 的路由更新消息。分析表明，即使在 R2 收到 R3 发送的路由更新消息之前，R3 就收到了 R2 最新发送的一个周期性响应消息（注意，这个响应消息中是不包含关于 3.0.0.0/8 的路由信息的），也不会导致路由环路的产生。R2 在接收到 R3 发来的关于 3.0.0.0/8 的路由更新消息后，会根据 DV 算法立即将自己的 RIP 路由表中 3.0.0.0/8 这个路由项的 COST 更新为 16。尽管 R2 和 R3 接下来还会周期性地相互发送 RIP 响应消息，但是根据 DV 算法，它们的 RIP 路由表中 3.0.0.0/8 这个路由项的 COST 都会保持为 16。当然，垃圾收集定时器超时的时候，该路由项会从 RIP 路由表中被彻底删除。

3. 毒性逆转

毒性逆转方法的原理是，如果一台路由器的 RIP 路由表中的路由信息是通过该路由器的 Interface-x 接口学习来的，那么该路由器在通过 Interface-x 接口向外发送响应消息时，响应消息中仍然需要包含这个路由项，但这个路由项的 COST 总是为 16。

如图 4-18 所示，R3 通过配置具备了触发更新功能，R2 通过配置具备了毒性逆转功能。路由收敛时，R3 的 RIP 路由表中会存在一条目的网络为 3.0.0.0/8 的路由，出接口为 R3 的 G1/0/0，下一跳 IP 地址为 3.0.0.1/8，COST 为 1；R2 的 RIP 路由表中也会存在一条目的网络为 3.0.0.0/8 的路由，出接口为 R2 的 G3/0/0，下一跳地址为 23.0.0.2/8，COST 为 2。

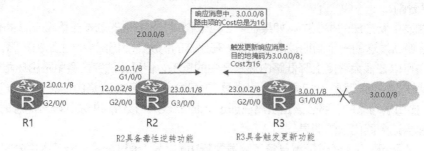

图 4-18　毒性逆转

注意，由于 R2 的 RIP 路由表中 3.0.0.0/8 这个路由项的出接口是 R2 的 G3/0/0，这就说明该路由项是通过 R2 的 G3/0/0 接口学习来的。因此，R2 在通过自己的 G3/0/0 接口向外发送响应消息时，响应消息中仍然需要包含 3.0.0.0/8 这个路由项，但这个路由项的 COST 总是为 16。

现在，假设 R3 去往 3.0.0.0/8 的物理链路因为某种原因突然中断，导致 R3 的 G1/0/0 接口无法正常工作。R3 在检测到这一故障后，会立即将自己 RIP 路由表中去往目的网络 3.0.0.0/8 的路由项的 COST 设置为 16，并且会立即向 R2 发送关于 3.0.0.0/8 的路由更新消息。分析表明，即使在 R2 收到 R3 发送的路由更新消息之前，R3 就收到了 R2 最新发送的一个周期性响应消息（注意，这个响应消息中 3.0.0.0/8 这个路由项的 COST 为 16），也不会导致路由环路的产生。

毒性逆转方法和水平分割方法都能避免路由环路的产生，二者的工作原理也非常相似。但需要注意的是，这两种方法是互斥的。也就是说，RIP 路由器可以具备水平分割功能，也可以具备毒性逆转功能，但是不可以同时具备这两种功能（请读者朋友们思考一下为什么会这样）。在实际应用中，通常会在 RIP 路由器上配置触发更新功能（触发更新功能除了能够降低路由环路产生的概率外，还能够加快路由收敛速度），然后在水平分割和毒性逆转中选择配置其中的一种功能。

4.2.4　配置实例

如图 4-19 所示，某公司有 3 台路由器，其中 R2 为公司总部的路由器，R1 和 R3 分别为分支机构 A 和分支机构 B 的路由器。所有的路由器都需要运行 RIP，以实现整个网络的互通。

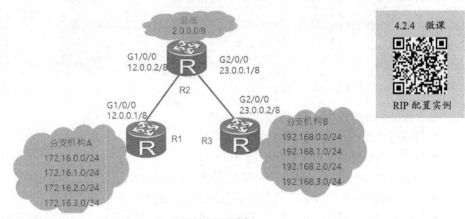

图 4-19　RIP 基本配置实例

1. 配置思路

在各路由器上启动 RIP 进程，在 RIP 进程中发布网段信息。

2. 配置步骤

要在路由器上配置 RIP，需要进行如下操作。

（1）进入系统视图。

（2）执行命令 rip[process-id]，以启动 RIP 进程，并进入 RIP 视图。

执行该命令时，如果不输入 process-id（该参数表示 RIP 进程编号）的值，则 process-id 默认取值为 1。

配置 R1。

```
[R1]rip 1
[R1-rip-1]
```

配置 R2。

```
[R2]rip 1
[R2-rip-1]
```

配置 R3。

```
[R3]rip 1
[R3-rip-1]
```

（3）启动 RIP 进程之后，还需要通过 network [network-address]命令发布指定的网段，其中 network-address 必须是一个自然网段的网络地址。

配置 R1。

```
[R1-rip-1]network 12.0.0.0
[R1-rip-1]network 172.16.0.0
```

配置 R2。

```
[R2-rip-1]network 12.0.0.0
[R2-rip-1]network 23.0.0.0
[R2-rip-1]network 2.0.0.0
```

配置 R3。

```
[R3-rip-1]network 23.0.0.0
[R3-rip-1]network 192.168.0.0
[R3-rip-1]network 192.168.1.0
[R3-rip-1]network 192.168.2.0
[R3-rip-1]network 192.168.3.0
```

（4）为了对所做的配置进行确认，可以使用 display rip [process-id]命令查看 RIP 的当前运行状态及配置信息。例如，可以在 R1 上执行该命令。

```
<R1> display rip
Public VPN-instance
RIP process: 1
RIP version :1
Preference : 100
Update time : 30 sec Age time : 180sec
Garbage-collect time : 120 sec
Networks : 12.0.0.0    172.16.0.0
```

从上面的回显信息中，可以看到如下信息。

• "RIP process:1" 表示 RIP 进程编号为 1。

• "RIP version:1" 表示运行的是 RIPv1。

• "Preference: 100" 表示 RIP 的协议优先级的值为 100。

• "Update time: 30 sec" 表示更新定时器的周期为 30s。

• "Age time: 180 sec" 表示无效定时器的初始值为 180s。无效定时器也称为老化定时器（Aging Timer）。

• "Garbage-collect time: 120 sec" 表示垃圾收集定时器的初始值为 120s。

为了确认 R1 是否可以收到 R2 发布的路由信息，可以在 R1 上使用 display rip [process-id] route 命令来查看 R1 从其他路由器那里学习到的所有 RIP 路由信息。

```
<R1> display rip 1 route
Route Flags: R- RIP
Aging, G-Garbage-collect
-----------------------------------------------------
Destination/Mask    Nexthop     COST  Tag   Flags    Sec
2.0.0.0/8           12.0.0.2    1     0     RA       15
23.0.0.0/8          12.0.0.2    1     0     RA       15
192.168.0.0/24      12.0.0.2    2     0     RA       15
192.168.1.0/24      12.0.0.2    2     0     RA       15
192.168.2.0/24      12.0.0.2    2     0     RA       15
192.168.3.0/24      12.0.0.2    2     0     RA       15
```

从上面的回显信息中，可以看到 R1 已经学习到了关于 2.0.0.0/8、23.0.0.0/8、192.168.0.0/24、192.168.1.0/24、192.168.2.0/24、192.168.3.0/24 这些非直连路由的信息。

4.2.5　OSPF 的工作原理

来看这样一个游戏。一个教室里坐满了新同学。其中坐中间的每个同学有前、后、左、右 4 个邻居，坐边上的同学有 3 个邻居，坐角落的同学有 2 个邻居。游戏开始前，假定每个同学都只知道自己所有邻居的姓名。游戏开始后，每个同学都尽快一次性地、大声地对全班同学说出自己所有邻居的姓名（假设无论教室里的声音有多嘈杂，同学们都能听得见、能分辨、能记住这些声音的内容）。显然，当最后一个同学说完之后，每个人就会记住去往所有同学位置的路径，并且记住去这个同学的位置要转过几个弯、经过几张桌子。这个游戏的过程虽然简单，但它正好体现了 OSPF 协议的基本原理。

1. OSPF 的简单介绍

开放最短通路优先（Open Shortest Path First，OSPF）协议是一个内部网关协议（Interior Gateway Protocol，IGP），用于在单一自治系统（Autonomous System，AS）内决策路由，是对链路状态路由协议的一种实现方式。

OSPF 是一种基于链路状态的路由协议。什么是链路状态呢？其实指的就是路由器每个接口上的状态。例如接口的 IP 地址、接口的掩码，以及接口的连接关系，用术语来说就是拓扑，即该接口跟谁相连——这些内容统称为链路状态。

在上面的游戏中有以下 3 个条件。

（1）每个同学都大声说话，并且说话的内容全班同学都能听见。

（2）每个同学说话的内容只是自己所有邻居的姓名。

（3）整个说话过程一次性便可完成。

将上述 3 点转换成网络语言，便可以得到这样一句话：在 OSPF 协议中，路由器会将自己的链路状态信息一次性地泛洪给所有其他的路由器。

需要说明的是，OSPF 协议中引入了 Area（区域）的概念。在这个游戏中，整个教室就相当于 OSPF 网络的一个 Area。

2. OSPF 的工作原理

简单来说，OSPF 的工作原理就是，首先两个相邻的路由器通过发报文建立邻居关系，邻居再相互发送链路状态信息形成邻接关系，之后各自根据最短路径算法算出路由，放在 OSPF 路由表中，OSPF 路由与其他路由比较后较优的加入全局路由表中，如图 4-20 所示。

整个过程分为以下 3 个阶段。

（1）邻居发现阶段：通过发送 Hello 报文形成邻居关系。

（2）路由通告阶段：邻居间发送链

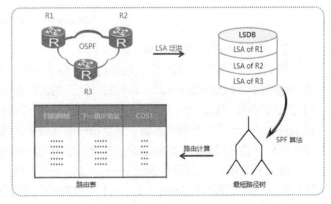

图 4-20　OSPF 工作原理

路状态信息形成邻接关系。

（3）路由计算阶段：根据最短路径算法算出路由表。

4.2.6　OSPF 的区域结构

4.2.6　微课

OSPF 的区域
结构

SPF（Shortest Path First，最短通路优先）计算是在单个区域内执行的，数据库同步也指的是在同一个区域内的数据库同步。如果把所有路由器都放在一个区域中，比如说好几百台路由器放在同一个区域内，就要同步大量的链路状态通告（Link-State Advertisement，LSA）。网络规模如果越来越大，LSDB（Link-State Database，链路状态数据库）就越来越庞大。每次都要对路由进行计算，占用的资源多，而且路由计算花费时间长，影响路由的转发。拓扑变更的时候，LSA 要向全网泛洪，就要重新进行 SPF 计算，影响收敛速度。路由器出故障以后无法迅速收敛，路由算不出来，影响数据转发。所以说，单个区域如果网络规模很大的话，必须要想办法来解决这个 LSDB 过度庞大以及相互影响的问题。于是引入了多区域。

1. 多区域 OSPF

在 OSPF 中划分区域的目的就是控制 LSA 泛洪的范围、减小 LSDB 的大小、改善网络的可扩展性，以达到快速收敛。

一个 OSPF 网络可以被划分成多个区域。如果一个 OSPF 网络只包含一个区域，则这样的网络称为单区域 OSPF 网络；如果一个 OSPF 网络包含多个区域，则这样的 OSPF 网络称为多区域 OSPF 网络，如图 4-21 所示。

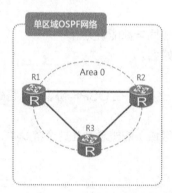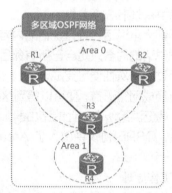

图 4-21　OSPF 网络

2. 骨干区域与非骨干区域

在 OSPF 网络中，每一个区域都有一个编号，称为 Area ID。Area ID 是一个 32 位的二进制数，通常也可以用十进制数来表示。Area ID 为 0 的区域称为骨干区域，其他区域称为非骨干区域。单区域 OSPF 网络只包含一个区域，这个区域必须是骨干区域。多区域 OSPF 网络中，除了有一个骨干区域外，还有若干个非骨干区域，并且每一个非骨干区域都要与骨干区域直接相连，但非骨干区域之间是不允许直接相连的。也就是说，非骨干区域之间的通信必须通过骨干区域中转才能进行。

图 4-22 所示的 OSPF 网络中一共包含 4 个区域，其中 Area 0 是骨干区域。需要注意的是，R1 左边的接口是属于 Area 1 的，R1 右边的接口是属于 Area 0 的。类似地，R3 上面的接口是属于 Area 0 的，R3 下面的接口是属于 Area 2 的；R2 左边的接口是属于 Area 0 的，R2 右边的接口是属于 Area 3 的。

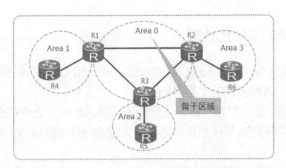

图 4-22　OSPF 区域的骨干区域

3. 多区域 OSPF 中路由器的分类

OSPF 网络中，如果一台路由器的所有接口都属于同一个区域，则这样的路由器被称为内部路由器。在图 4-22 中，Area 0 没有内部路由器，Area 1 的内部路由器是 R4，Area 2 的内部路由器是 R5，Area 3 的内部路由器是 R6。

OSPF 网络中，如果一台路由器包含属于 Area 0 的接口，则这样的路由器被称为骨干路由器。在图 4-22 中总共有 3 个骨干路由器，分别是 R1、R2、R3。

OSPF 网络中，如果一台路由器的某些接口属于 Area0，其他接口属于别的区域，则这样的路由器被称为区域边界路由器（Area Border Router，ABR）。在图 4-22 中总共有 3 个 ABR，分别是 R1、R2、R3，如图 4-23 所示。

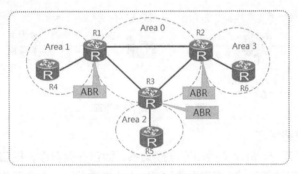

图 4-23　区域边界路由器

OSPF 网络中，如果一台路由器是与本 OSPF 网络之外的网络相连的，并且可以将外部网络的路由器信息引入本 OSPF 网络，则这样的路由器被称为自治系统边界路由器（Autonomous System Boundary Router，ASBR）。在图 4-24 中有一个 ASBR，是 R5。

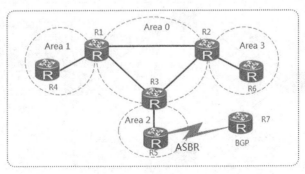

图 4-24　自治系统边界路由器

4.2.7 OSPF 与 RIP 的比较

4.2.7 微课

OSPF 与 RIP
比较

作为两种不同的动态路由协议，RIP 和 OSPF 有很多不同之处。

1. 两种协议的主要区别

RIP 是一种基于距离矢量算法的路由协议，它在邻居之间传递的是路由表；而 OSPF 是链路状态路由协议，它通告的是链路状态，即每个接口上的链路状态信息。

（1）RIP 通告路由表

如图 4-25 所示，R3 把自己路由表中的路由通告出去，告诉它的邻居。R2 收到 R3 的路由以后，根据 R3 通告的路由条目，再计算去往目的网段的路由。R1 也是一样。所以无论 R1 还是 R2，对 3.3.3.3 这个网段来说，只知道去往 R2 能到达目的网段，但是这个目的网段具体是哪个路由器通告的，也就是目的网段直连的是哪个路由器它是不了解的。它也不知道网络拓扑到底是怎么样的，它无法了解到整个网络的拓扑，它传递的是路由表，只是知道去往目的网段交给我的这个邻居就行了。具体目的网段在哪儿、在谁的后边它不知道。它到目的网段的距离是通过邻居通告的路由表中的距离加上自己到邻居的距离来计算的，所以叫作距离矢量。核心就是 R3 并不知道全网的拓扑，只是简单地知道应该把报文转发给哪个路由器。它们向邻居通告的是路由表，类似"道听途说"，无法保证数据来源的可靠性。

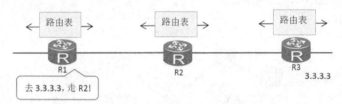

图 4-25 RIP 传递原理

（2）OSPF 通告链路状态

如图 4-26 所示，OSPF 协议中接口的连接关系，即它连接着谁，接口的地址、接口的掩码等信息都会被通告出去。它通告的这些信息不只 R3、R4 能收到，R1 也能收到。所以就单个区域来说，每台路由器都有全网所有路由器的 LSA。它们每个路由器上的 LSA 都是相同的。每个路由器都会产生自己的 LSA，然后向全网泛洪，即向所有的邻居进行传递，这是链路状态协议。泛洪的是 LSA，类似通过地图查找，由算法得来，数据可靠。

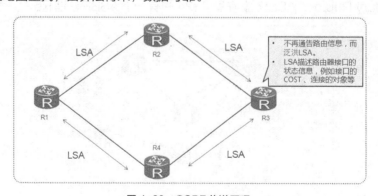

图 4-26 OSPF 传递原理

2. 两种协议的其他不同

RIP 和 OSPF 协议比较如表 4-1 所示。

表 4-1 RIP 和 OSPF 协议比较

RIP	OSPF
距离矢量路由协议	链路状态路由协议
RIP 有 15 跳限制，超过 15 跳的路由被认为不可达	没有跳数的限制
收敛速度慢	收敛速度快
周期性更新整个路由表	使用组播发送链路状态更新
持续占用网络带宽资源	网络带宽资源占用少
封装在 UDP 报文中	封装在 IP 报文中
两种报文	5 种报文
以跳数作为路由 COST	用带宽、延迟作为路由 COST
无区域结构，路由器没有角色之分	区域化结构，路由器有角色之分
适用于小型网络	适用于任何规模网络

（1）度量标准不同

RIP 选择路由的度量（Metric）标准是跳数，最大跳数是 15 跳，如果大于 15 跳，它就会丢弃数据包。而 OSPF 则是一种基于链路状态的路由协议，它选择路由的度量标准是带宽、延迟。

（2）路由传递方式不同

在 RIP 中，路由器之间以一种"传话"的方式来传递有关路由的信息。在 OSPF 中，路由器之间可以使用一种"宣告"的方式来传递有关路由的信息。OSPF 网络的路由收敛时间明显小于RIP 网络的路由收敛时间。

（3）占用的带宽不同

RIP 是一种"嘈杂"的路由协议。路由收敛之后，RIP 网络中仍然会持续性地存在大量的 RIP报文的流量。OSPF 是一种"安静"的路由协议。路由收敛之后，OSPF 网络中 OSPF 协议报文的流量很小。协议报文的流量越小，对网络带宽资源的占用就越少。

（4）传输层协议不同

RIP 是以 UDP 作为其传输层协议的，RIP 报文是封装在 UDP 报文中的。OSPF 没有传输层协议，OSPF 报文是直接封装在 IP 报文中的。我们知道，UDP 通信或 IP 通信都是无连接、不可靠的通信方式。RIP 也好，OSPF 也罢，其协议报文传输的可靠性机制都是由协议本身提供的。

（5）报文种类和数量不同

RIP 报文只有两种，一种是 RIP 请求报文，另一种是 RIP 响应报文。OSPF 报文有 5 种，分别是 Hello 报文、数据库描述报文、链路状态请求报文、链路状态更新报文、链路状态确认报文。

（6）COST 定义方式不同

RIP 协议只能以"跳数"来作为路由 COST 的定义。在 OSPF 中，理论上可以采用任何参量或者若干参量的组合来作为路由 COST 的定义，但是在实际中常见的是采用链路的带宽来定义路由 COST。

（7）网络结构不同

OSPF 网络具有区域化的结构，RIP 网络没有这种结构。OSPF 网络中路由器有角色之分，不同角色的路由器具有不同功能和作用；RIP 网络中的路由器是没有角色之分的。OSPF 网络中每台路由器都有一个独一无二的路由器号（Router ID），RIP 网络中路由器是没有 Router ID 的。

RIP 和 OSPF 在实际中的应用非常广泛，但是需要注意的是，RIP 只适合用在小型网络中，而 OSPF 则适用于任何规模的网络。

一言以蔽之，如果不考虑协议复杂程度，OSPF 在各个方面都是优于 RIP 的。

4.2.8 DR 与 BDR

DR（Designated Router）即指定路由器，BDR（Backup Designated Router）即备份指定路由器。

1. 邻接关系

来看这样一个场景，如图 4-27 和图 4-28 所示。

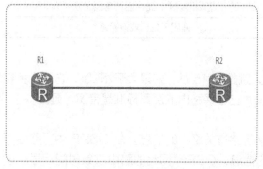

图 4-27 以太网链路

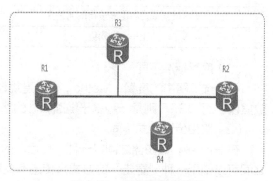

图 4-28 多节点以太网链路

这是一个以太网链路，我们知道以太网是一种广播型网络，其上可以接多个节点。在这里可以再放一个路由器 R3，还可以接 R4。我们把这样一个广播型的网络叫作多点接入（Multipoint Access，MA）网络。

如果网络中的路由器全部运行 OSPF，那么，网络中的任意两台路由器要数据库同步，才能建立彼此间的邻接关系。

在一个 MA 网络上，如果有 n 个节点，就可以建立 $n×(n-1)/2$ 个邻接关系。在图 4-29 中，路由器 R1、R2、R3 和 R4，两两之间建立邻接关系共 6 个。最终实现网络中 4 台路由器的数据库完全同步。

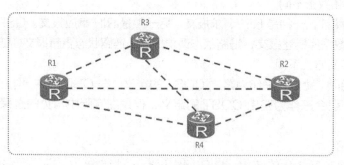

图 4-29 OSPF 数据库的邻接关系

OSPF 做了这样一个设计，为了减少邻接关系的数量，可以选一个 DR。假设 R3 被选为 DR，如图 4-30 所示。

其他的所有路由器都和 DR 建立邻接关系，也就是说只和 DR 进行数据库同步。R1 和它同步，R2 和它同步，R4 和它同步，这 4 台路由器的数据库就一样了。无论谁先谁后，最后这 4 台路由器的数据库肯定是一样的。这样邻接关系的数量就减少了，不像原来似的，要建那么多邻接关系，既浪费带宽，同步的效率还非常低。

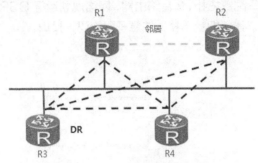

图 4-30　和 DR 建立邻接关系

2. 选举 DR 和 BDR

那么 DR 怎么选呢？每个接口都有一个 DR 优先级，默认是 1。优先级相同，再比什么？比 Router ID。谁的 Router ID 大，谁是 DR。要使得 D3 成为 DR，可更改其优先级，使其足够大即可。一旦选出 DR，所有区域内路由器都和 DR 进行数据库同步。DR 的选举如图 4-31 所示（图中（Priority=n），表示优先级）。

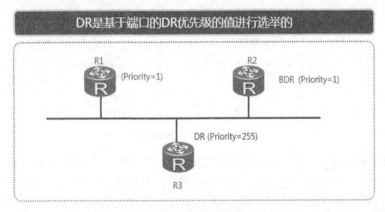

图 4-31　DR 的选举

DR 万一出现故障了怎么办？DR 停机了，邻接关系断了，那么其他路由器要重新选一个 DR，重新进行数据库同步。路由需要重新计算，在计算完成之前，无法转发报文。所以选举 DR 时，还需要选一个 BDR。那为什么有了 BDR 路由表就不翻摆了呢？是这样的，假设 R2 是 BDR，在进行数据库同步的时候，除了要和 DR 进行数据库同步，其他路由器还都和 BDR 建立邻接关系。也就是说，在和 DR 同步的同时，和 BDR 数据库也是同步的，也建立了邻接关系。当 DR 消失以后或者说 DR 断了以后，BDR 升级为 DR。由于 BDR 事先已经和其他路由器都建立了邻接关系，所以数据库不需要重新同步，不需要再进行邻接关系的建立，直接计算路由就可以了，这样就保持了路由表的稳定。

即使只有两个路由器，也要选一个 DR。你是 DR，我就是 BDR。可以通过更改优先级来影响

DR 的选举。如果你不想某个路由器成为 DR 的话，可以把这个路由器的优先级设置成 0，它就不参与 DR 的选举，配置命令如下。

```
[R1]interface g0/0/0
[R1-gigabitEthernet]ospf dr-priority 0
```

4.2.9 OSPF 的配置

图 4-32 所示为 OSPF 配置拓扑（3 台路由器，网络规划运行 OSPF 路由协议，单区域结构）。首先配置设备节点 IP 地址。请仔细看拓扑，注意子网掩码、接口。

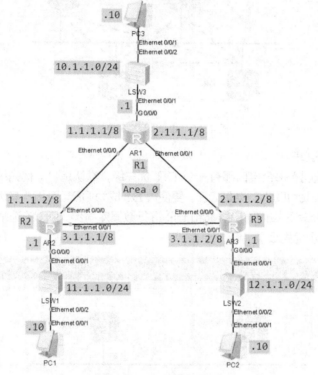

图 4-32　OSPF 配置拓扑

（1）配置 R1 的接口 g0/0/0。g0/0/0 接口 IP 地址为 10.1.1.1，子网掩码为 24 位。e/0/0/0 接口 IP 地址为 1.1.1.1，子网掩码为 8 位。e0/0/1 接口 IP 地址为 2.1.1.1，子网掩码为 8 位。

```
[R1]interface g0/0/0
[R1-gigabitEthernet]ip add 10.1.1.1 24
[R1]interface e0/0/0
[R1-Ethernet0/0/0] ip add 1.1.1.1 8
[R1]interface e0/0/1
[R1-Ethernet0/0/1] ip add 2.1.1.1 8
```

按照当前拓扑对路由器 R2、R3 进行 IP 地址配置。路由器接口 IP 地址配置完毕，为了验证配置是否正确，可以 ping 直连对端地址，验证 IP 地址配置是否正确。

（2）为 PC 设置 IP 地址。

设置 PC1 的 IP 地址为 11.1.1.10，子网掩码为 24 位，网关为 11.1.1.1。PC2、PC3 按照拓扑依次设置好。

在拓扑中交换机只起到汇聚作用，所以在它上面无须配置命令。

（3）配置路由器的 OSPF。

对路由器的 OSPF 进行配置。

①R1 的 OSPF 配置。

```
[R1]ospf 1 router-id 10.1.1.1
[R1-ospf-1]area 0
[R1-ospf-1-area-0.0.0.0]network 1.0.0.0 0.255.255.255
[R1-ospf-1-area-0.0.0.0]network 2.0.0.0 0.255.255.255
[R1-ospf-1-area-0.0.0.0]network 10.1.1.0 0.0.0.255
```

OSPF 进程编号默认为 1，区域 0。宣告网段地址，R1 想要把 10.1.1.0/24、1.0.0.0/24 和 2.0.0.0/24 的网段在网上进行宣告，并且把收到的路由沿着这 3 个网段所在的接口互相传递。所以在宣告网段地址的时候宣告它的 Ethernet0/0/0 接口的直连网段 10.1.1.0/24，24 位子网掩码的反掩码为 0.0.0.255。反掩码就是通配符掩码，共 32 位，并且与子网掩码的每一位正好相反。同理 Ethernet0/0/2 接口的网段 1.0.0.0/24，反掩码为 0.255.255.255。Ethernet 0/0/1 接口的网段 2.0.0.0/24，反掩码为 0.255.255.255。至此，R1 的 OSPF 配置完毕。

②路由器 R2 的配置。

```
[R2]ospf 1 router-id 11.1.1.1
[R2-ospf-1]area 0
[R2-ospf-1-area-0.0.0.0]network 1.0.0.0 0.255.255.255
[R2-ospf-1-area-0.0.0.0]network 3.0.0.0 0.255.255.255
[R2-ospf-1-area-0.0.0.0]network 11.1.1.0 0.0.0.255
```

③路由器 R3 的配置。

```
[R3]ospf 1 router-id 12.1.1.1
[R3-ospf-1]area 0
[R3-ospf-1-area-0.0.0.0]network 2.0.0.0 0.255.255.255
[R3-ospf-1-area-0.0.0.0]network 3.0.0.0 0.255.255.255
[R3-ospf-1-area-0.0.0.0]network 12.1.1.0 0.0.0.255
```

④结果验证。

可以查看路由表，如图 4-33 所示，在 R3 路由表中已经具有 1.0.0.0/24、2.0.0.0/24、3.0.0.0/24、10.1.1.0/24、11.1.1.0/24、12.1.1.0/24 的网段的路由条目了，已经形成了全网路由。其中，有 OSPF 和直连网络形成的路由。

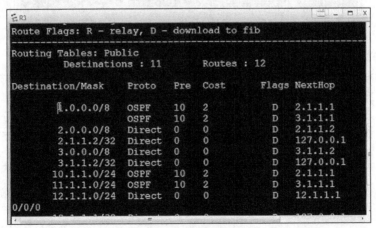

图 4-33　R3 路由表

也可以查看 OSPF 的路由，如图 4-34 所示。其中 Destination 这一列中的 2.0.0.0/8、3.0.0.0/8、12.1.1.0/24、10.1.1.0/24、11.1.1.0/24 都是网络的末节区域，NextHop 这一列均为所对应的网段的下一跳 IP 地址。

```
R3
    OSPF Process 1 with Router ID 2.1.1.2
         Routing Tables

 Routing for Network
 Destination        Cost  Type       NextHop         AdvRouter
 2.0.0.0/8          1     Transit    2.1.1.2         2.1.1.2
 3.0.0.0/8          1     Transit    3.1.1.2         2.1.1.2
 12.1.1.0/24        1     Stub       12.1.1.1        2.1.1.2
 1.0.0.0/8          2     Transit    2.1.1.1         10.1.1.2
 1.0.0.0/8          2     Transit    3.1.1.1         10.1.1.2
 10.1.1.0/24        2     Stub       2.1.1.1         10.1.1.2
 11.1.1.0/24        2     Stub       3.1.1.1         1.1.1.2

 Total Nets: 7
 Intra Area: 7  Inter Area: 0  ASE: 0  NSSA: 0

<R3>
```

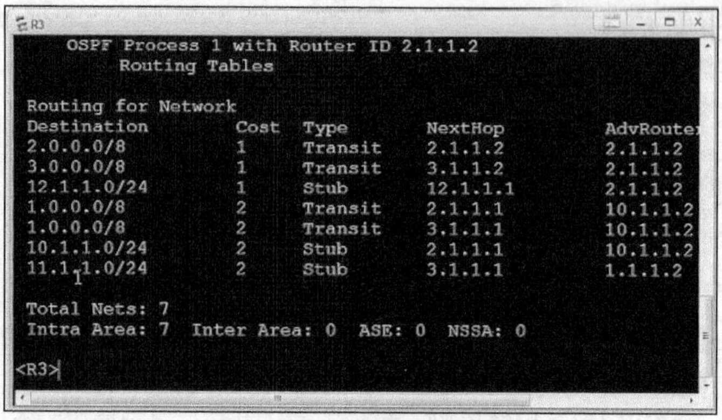

图 4-34　OSPF 的路由

查看 OSPF 对端，如图 4-35 所示。R3 有两个邻居。R3 的 Router ID 为 2.1.1.2。两个邻居的 Router ID 分别为 10.1.1.2 和 1.1.1.2。

```
R3
 Total Nets: 7
 Intra Area: 7  Inter Area: 0  ASE: 0  NSSA: 0

<R3>dis ospf peer

    OSPF Process 1 with Router ID 2.1.1.2
        Neighbors

 Area 0.0.0.0 interface 2.1.1.2(Ethernet0/0/0)'s neighbors
 Router ID: 10.1.1.2          Address: 2.1.1.1
   State: Full  Mode:Nbr is  Master  Priority: 1
   DR: 2.1.1.1  BDR: 2.1.1.2  MTU: 0
   Dead timer due in 32  sec
   Retrans timer interval: 5
   Neighbor is up for 00:03:01
   Authentication Sequence: [ 0 ]

        Neighbors

 Area 0.0.0.0 interface 3.1.1.2(Ethernet0/0/1)'s neighbors
 Router ID: 1.1.1.2           Address: 3.1.1.1
   State: Full  Mode:Nbr is  Slave  Priority: 1
   DR: 3.1.1.1  BDR: 3.1.1.2  MTU: 0
   Dead timer due in 35  sec
   Retrans timer interval: 5
   Neighbor is up for 00:02:48
```

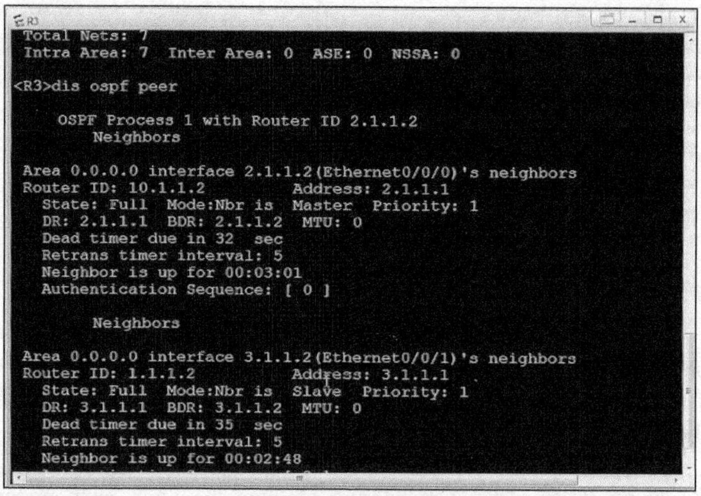

图 4-35　OSPF 对端

现在来对网络进行测试。

在 PC2 上 ping 11.1.1.10，验证 PC2 和 PC1 互通；在 PC2 上 ping 10.1.1.10，验证 PC2 和 PC3 互通。当前 OSPF 配置完毕。

4.2.10　多区域 OSPF 网络原理

4.2.10　微课

多区域 OSPF

如果网络范围非常大，那么合理地划分区域将有助于网络的传输和管理。接下来，我们一起了解一下网络的区域，实际上在很多的网络传输协议里都采用了区域的概念。

1. OSPF 网络的区域

OSPF 网络可以划分多个区域（Area），只含有一个区域的 OSPF 网络叫作单区域 OSPF 网络，包含多个区域的 OSPF 网络叫作多区域 OSPF 网络。图 4-36 所示的 OSPF 网络包含 4 个区域，属于多区域 OSPF 网络。

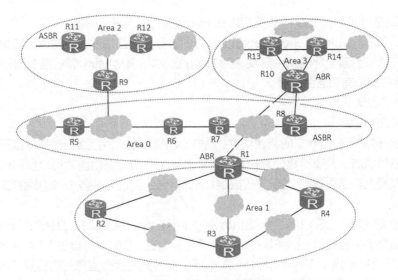

图 4-36　OSPF 的区域初始化

2. OSPF 网络内路由器的分类

OSPF 网络内部的路由器根据所处位置的不同，可以分为以下 4 类。

（1）内部路由器：OSPF 网络中，内部路由器（Internal Router）的所有接口属于同一个区域。图 4-36 所示的 OSPF 网络中，R5、R6、R7、R8 属于 Area 0 的内部路由器。R2、R3、R4 属于 Area 1 的内部路由器。R11 和 R12 属于 Area 2 的内部路由器，R13 和 R14 属于 Area 3 的内部路由器。

（2）骨干路由器：OSPF 网络中，骨干路由器（Backbone Router）有属于 Area 0 的接口。图 4-36 所示的 OSPF 网络中，R5、R6、R7、R8、R1、R9、R10 是骨干路由器。

（3）区域边界路由器：OSPF 网络中，ABR 的某些接口属于 Area 0，某些接口属于其他区域。图 4-36 所示的 OSPF 网络中，R1、R9、R10 是 ABR。

（4）自治系统边界路由器：OSPF 网络中，ASBR 与本 OSPF 网络（本自治系统）之外的网络相连，同时可以将外部网络的路由信息引入本 OSPF 网络（本自治系统）。图 4-36 所示的 OSPF 网络中，有 R8 和 R11 两个 ASBR。

3. 链路状态

OSPF 是基于路由器接口状态的路由协议，接口状态也叫作 Link-State（链路状态），路由器的接口状态包括：

（1）该接口的 IP 地址及掩码。

（2）该接口所属区域的 Area ID。

（3）该接口所属的路由器的 Router ID。

（4）该接口的接口类型（也就是该接口所连的二层网络的类型，如广播型、NBMA 型、点到点型、点到多点型）。

（5）该接口的接口 COST（通常会以接口带宽来定义接口 COST，带宽越大，开销越小）。

（6）该接口所属的路由器的 Router Priority（这个参数是用来选举 DR 和 BDR 的）。

（7）该接口所连的二层网络中的 DR。

（8）该接口所连的二层网络中的 BDR。

（9）该接口的 Hello Interval（该接口发送 Hello 报文的间隔时间）。

（10）该接口的 Router Dead Interval（该时间参数称为路由器失效时间。如果该接口在这个时间范围内没有接收到某个邻居路由器发来的 Hello 报文，则认为那个邻居路由器已经失效）。

（11）该接口的所有邻居路由器。

（12）该接口的认证类型。

（13）该接口的密钥。

OSPF 是一种基于链路状态的路由协议，其核心思想就是，每台路由器都将自己的各个接口的接口状态（即链路状态）共享给其他路由器。在此基础上，每台路由器就可以根据自己的各个接口的接口状态，以及其他路由器各个接口的接口状态计算出从自己去往各个目的地的路由。

4. LSA

LSA 是什么意思呢？LSA 是 Link-State Advertisement 的缩写，直译为"链路状态通告"。它是链路状态信息的主要载体，链路状态信息主要是包含在 LSA 中并通过 LSA 的通告（泛洪）来实现共享的。需要说明的是，不同类型的 LSA 中所包含的链路状态信息的内容是不同的；不同类型的 LSA 的功能和作用也是不同的；不同类型的 LSA 的通告（泛洪）范围也是不同的；不同角色的路由器能够产生的 LSA 的类型也是不同的，具体有以下几种。

（1）Type-1 LSA: 每台路由器都会产生。Type-1 LSA 用来描述路由器各个接口的接口类型、IP 地址、COST 等信息。一个 Type-1 LSA 只能在产生它的 Area 内泛洪，不能泛洪到其他 Area。

（2）Type-2 LSA: 它是由 DR 产生的，主要用来描述该 DR 所在的二层网络的网络掩码，以及该二层网络中总共包含了哪些路由器。一个 Type-2 LSA 只能在产生它的 Area 内泛洪，不能泛洪到其他 Area。

（3）Type-3 LSA: 它是由 ABR 产生的。ABR 将自己所在的多个 Area 中的 Type-1 LSA 和 Type-2 LSA 转换为 Type-3 LSA，这些 Type-3 LSA 描述了 Area 之间的路由信息。

（4）Type-4 LSA: 它是由 ASBR 所在 Area 的 ABR 产生的，用来描述去往 ASBR 的路由信息。Type-4 LSA 可以泛洪到整个自治系统（整个 OSPF 网络）内部。

（5）Type-5 LSA: 它是由 ASBR 产生的，用来描述去往自治系统外部的路由。Type-5 LSA 可以泛洪到整个自治系统（整个 OSPF 网络）内部。

在图 4-36 所示的多区域 OSPF 网络中，由于 ABR 和 ASBR 的存在，整个 OSPF 网络中除了有 Type-1 LSA 和 Type-2 LSA 之外，还有 Type-3、Type-4、Type-5 等类型的 LSA。也就是说，一台路由器的 LSDB 中，既有 Type-1 LSA 和 Type-2 LSA，也有其他类型的 LSA。根据自己的 LSDB 中的 Type-1 LSA 和 Type-2 LSA，路由器可以使用 SPF 算法得到自己的、关于本Area 的 SPT 最短路径树（Shortest Path Tree，SPT），并根据 SPT 计算出自己去往本 Area 中各个目的地的路由（这个过程与单区域 OSPF 网络的工作过程完全一样）；根据自己的 LSDB 中的 Type-3 LSA，路由器可以使用 DV 算法计算出自己去往其他 Area 中各个目的地的路由；根据自己的 LSDB 中的 Type-4 LSA 和 Type-5 LSA，路由器可以使用 DV 算法计算出自己去往本 OSPF 网络（本自治系统）之外的目的地的路由。

例如，在图 4-36 中，R3 将 SPF 算法作用于自己的 LSDB 中的 Type-1 LSA 和 Type-2LSA，便可得到自己的、关于 Area 1 的 SPT，并根据该 SPT 计算出自己去往 Area 1 中各个目的地的路由。另一方面，R3 将 DV 算法作用于自己的 LSDB 中的 Type-3 LSA，便可计算出自己去往 Area 0、Area 2、Area 3 中各个目的地的路由。同时，R3 将 DV 算法作用于自己的 LSDB 中的 Type-4 LSA 和 Type-5 LSA，便可计算出自己去往整个 OSPF 网络之外的目的地的路由。

4.2.11　多区域 OSPF 配置

如图 4-37 所示，要求配置多区域 OSPF 使得全网互通。

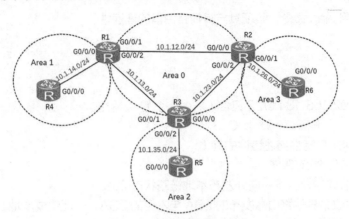

图 4-37　多区域 OSPF 配置

1. 配置接口 IP 地址

配置各路由器端口的 IP 地址（此处省略步骤）。

2. 为路由器 R1 配置 OSPF 协议

R1 的 G0/0/1 和 G0/0/2 端口属于 Area 0，G0/0/0 端口属于 Area 1。

```
[R1]ospf 1
[R1-ospf-1]area 0
[R1-ospf-1-area-0.0.0.0]network 10.1.12.0 0.0.0.255
[R1-ospf-1-area-0.0.0.0]network 10.1.13.0 0.0.0.255
[R1-ospf-1-area-0.0.0.0]quit
[R1-ospf-1]area 1
[R1-ospf-1-area-0.0.0.1]network 10.1.14.0 0.0.0.255
```

3. 为路由器 R2 配置 OSPF 协议

```
[R2]ospf 1
[R2-ospf-1]area 0
[R2-ospf-1-area-0.0.0.0]network 10.1.12.0 0.0.0.255
[R2-ospf-1-area-0.0.0.0]network 10.1.23.0 0.0.0.255
[R2-ospf-1-area-0.0.0.0]quit
[R2-ospf-1]area 3
[R2-ospf-1-area-0.0.0.3]network 10.1.26.0 0.0.0.255
```

4. 为路由器 R3 配置 OSPF 协议

```
[R3]ospf 1
[R3-ospf-1]area 0
[R3-ospf-1-area-0.0.0.0]network 10.1.13.0 0.0.0.255
[R3-ospf-1-area-0.0.0.0]network 10.1.23.0 0.0.0.255
[R3-ospf-1-area-0.0.0.0]quit
[R3-ospf-1]area 2
[R3-ospf-1-area-0.0.0.2]network 10.1.35.0 0.0.0.255
```

5. 为路由器 R4 配置 OSPF 协议

```
[R4]ospf 1
[R4-ospf-1]area 1
[R4-ospf-1-area-0.0.0.1]network 10.1.14.0 0.0.0.255
```

6. 为路由器 R5 配置 OSPF 协议

```
[R5]ospf 1
[R5-ospf-1]area 2
[R5-ospf-1-area-0.0.0.2]network 10.1.35.0 0.0.0.255
```

7. 为路由器 R6 配置 OSPF 协议

```
[R6]ospf 1
[R6-ospf-1]area 3
[R6-ospf-1-area-0.0.0.3]network 10.1.26.0 0.0.0.255
```

8. 测试连通性

在路由器上使用 ping 命令，验证其与其他路由器的连通性。

思考与练习

一、单选题

1. 汇聚路由 192.168.134.0/22 包含（　　）个 C 类网络。

A. 4　　　　　　　　B. 2　　　　　C. 8　　　　　D. 16

2. 下列关于 OSPF 特性描述错误的是（　　）。

A. OSPF 采用链路状态算法

B. 每个路由器通过洪泛 LSA 向外发布本地链路状态信息

C. 每个路由器收集其他路由器发布的 LSA 与本身的 LSA，一起生成本地 LSDB

D. OSPF 各个区域中所有路由器上的 LSDB 一定要相同

3. 通过 OSPF 学习到的路由的 COST 是 4882，通过 RIPv2 学习到的路由的跳数是 4，则该路由器的路由表中将有（　　）。

A. RIPv2 路由　　　　　　　　B. OSPF 和 RIPv2 的路由

C. OSPF　路由　　　　　　　D. 两者都不存在

4. 关于 RIP 路由协议，下列描述正确的是（　　）。

A. 路由器不可能发送跳数为 16 的路由条目给它的直连邻居

B. 路由器可能会收到直连邻居发送的跳数为 16 的路由条目，但收到后会立即丢弃，不再做任何别的处理

C. 路由器可能会收到直连邻居发送的跳数为 16 的路由条目，收到后会利用它来更新自己的路由表

D. 以上描述都不正确

二、多选题

1. 路由环路会引起的现象或问题有（　　）。

A. 慢收敛　　　　　　　　　　B. 报文在路由器间循环转发

C. 路由器重启　　　　　　　　D. 浪费路由器 CPU 资源

2. 下列关于 OSPF Area 描述正确的有（　　）。

A. 在配置 OSPF Area 之前必须给路由器的 LoopBack 接口配置 IP 地址

B. 区域的编号范围是从 0.0.0.0 到 255.255.255.255

C. 骨干区域的编号不能为 2

D. 所有的网络都应在 Area 0 中宣告

3. 在一台路由器中配置 OSPF，必须手动进行的配置有（　　）。

A. 配置 Router ID　　　　　　B. 开启 OSPF 进程

C. 创建 OSPF Area　　　　　　D. 指定每个 Area 中所包含的网段

4. 在 OSPF 协议中，下列对于 DR 描述正确的有（　　）。

A. 本广播网络中所有的路由器都将共同参与 DR 选举

B. 若两台路由器的优先级不同，则选择优先级较小的路由器作为 DR

C. 若两台路由器的优先级相等，则选择 Router ID 较大的路由器作为 DR

D. DR 和 BDR 之间也要建立邻接关系

任务三　企业与外网的通信配置

学习重难点

1. 重点
（1）私有地址网段；　　　　　（2）NAT 的转换方式；

（3）静态 NAT、动态 NAT、NAPT、Easy IP 的适用情境。

2. 难点
（1）NAPT；　　　　　　　　（2）ACL 匹配数据源；

（3）NAPT 配合 ACL 实现网络安全需求。

相关知识

4.3.1　NAT 的工作原理

4.3.1　微课

NAT 概念

早在 20 世纪 90 年代初，有关 RFC（Request For Comments，征求意见稿）文档就提出了 IP 地址耗尽的可能性。IPv6 技术的提出，虽然可以从根本上解决 IP 地址短缺的问题，但是 IPv6 网络不能立刻替换现有的成熟且广泛应用的 IPv4 网络。既然不能立即过渡到 IPv6 网络，就必须使用一些技术手段来延长 IPv4 的寿命，其中广泛使用的技术之一是网络地址转换（Network Address Translation，NAT）技术。

1. NAT 的基本概念
在 IP 地址的空间里，能分配给用户使用的 A、B、C 这 3 类 IP 地址中，各有一个 IP 地址段是私网 IP 地址，也叫私有 IP 地址。私有 IP 地址的范围如下。

（1）A 类私有 IP 地址的范围：10.0.0.0 ~ 10.255.255.255。

（2）B 类私有 IP 地址的范围：172.16.0.0 ~ 172.31.255.255。

（3）C 类私有 IP 地址的范围：192.168.0.0 ~ 192.168.255.255。

在 IP 地址空间里，除了私网 IP 地址，其他的都是公网 IP 地址（也叫公有 IP 地址）。IP 地址有公有 IP 地址和私有 IP 地址的区分，网络也有公网和私网（私有网络）的分类。

公网是使用公有 IP 地址的网络，公网中所有网络接口的 IP 地址都必须是公网 IP，公网中出现的 IP 报文，其目的 IP 地址和源 IP 地址也都必须是公网 IP 地址，即公网中不能出现私有 IP 地址。私网是使用私有 IP 地址的网络，私网中所有接口的 IP 地址，必须是私有 IP 地址，私网中出现的 IP 报文，其源 IP 地址和目的 IP 地址可以是公有 IP 地址。

从广义上说，私有网络是 Internet 的一部分，Internet 包括私网和公网两大部分，但在谈及 NAT 技术的时候，Internet 指的是公网，不再包括私网。所以在 NAT 技术中，Internet 上的网络设备不会接收、发送或者转发源 IP 地址或目的 IP 地址是私有 IP 地址的报文。同一个私网中，私有 IP 地址需要满足唯一性，但同一个私有 IP 地址可以同时出现在不同的私网中，只要它保证在一个私网中是唯一的就可以了。私有 IP 地址的这种可以重复使用的特点，使得私有网络的建设得到充分自由的发展。

私有 IP 地址的可重用性，极大地缓解了 IP 地址资源濒临枯竭的问题。IP 地址的长度是 32 位，总共包含大约 43 亿个 IP 地址，而全世界的人口已经超过了 70 亿，平均每个人分不到一个 IP 地址。43 亿个 IP 地址对于现今的网络发展需求远远不够，如果没有私有 IP 地址的运用和私有网络的大量建设，网络技术的发展和应用或许早就因为 IP 地址的枯竭而停滞不前了。

因为私有 IP 地址不能出现在公网中，但私网有时需要与公网通信，私网之间也需要通信，为了解决这样的问题，人们引入了 NAT 技术。

NAT 是将 IP 数据报文报头中的 IP 地址转换为另一个 IP 地址的过程，主要用于实现内部网络访问外部网络的功能。

2. NAT 的分类

NAT 有 3 种类型：静态 NAT、动态 NAT，以及 NAPT（Network Address and Port Translation，网络地址和端口转换）。

NAT 设备维护着地址转换表，所有经过 NAT 设备并且需要进行地址转换的报文都会通过该表进行相应转换。NAT 设备处于内部网络和外部网络的连接处，常见的有路由器、防火墙等。

NAT 属于接入广域网技术，被广泛应用于各种类型的 Internet 接入方式和各种类型的网络中。原因很简单，NAT 不仅完美地解决了 IP 地址不足的问题，还能够有效地避免来自网络外部的攻击，隐藏并保护网络内部的计算机。

4.3.2　静态 NAT

4.3.2　微课

静态 NAT

静态 NAT 是最简单的一种 NAT 技术，也称为 Simple NAT，是指在路由器中将内网 IP 地址固定地转换为外网 IP 地址，通常应用在允许外网用户访问内网服务器的场景。

1. 静态 NAT 原理

如图 4-38 所示，某公司有一个私有网络，该网络通过路由器 R2 与 Internet 相连。R2 的 G0/0/1 接口一侧是 Internet，G0/0/0 接口一侧是私网。私网包含两个网段（即两个二层网络），分别是 192.168.1.0/24 和 192.168.2.0/24。私网中共使用了 7 个私有 IP 地址 192.168.1.1~192.168.1.4 和 192.168.2.1~192.168.2.3。同时公司获得 7 个公有 IP 地址 200.24.5.1~200.24.5.7。

2. 实现过程

为了实现私网与 Internet 的通信，在 R2 上部署静态 NAT，静态 NAT 技术的核心内容是建立并维护一张静态地址映射表，该映射表反映了公有 IP 地址与私有 IP 地址的一一对应关系。

（1）假设 PC1 向 Internet 中的服务器发起通信，也就是 PC1 向服务器发送了一个 IP 报文 X1。X1 的源 IP 地址为私有 IP 地址 192.168.1.1，目的 IP 地址为公有 IP 地址 211.100.7.34，当 X1 到达 R2 之后，NAT 会检查报文 X1 的目的 IP 地址是不是公有 IP 地址。如果是，NAT 就在静态地址映射表中查找 X1 的源 IP 地址对应的公有 IP 地址。静态地址映射表中表明，私有 IP 地址 192.168.1.1 对应着公有 IP 地址 200.24.5.1。于是，NAT 将 X1 的源 IP 地址换成 200.24.5.1，得到新的 IP 报文 X2。X2 通过路由器 R2 的 G0/0/1 接口去往 Internet，并最终达到服务器。

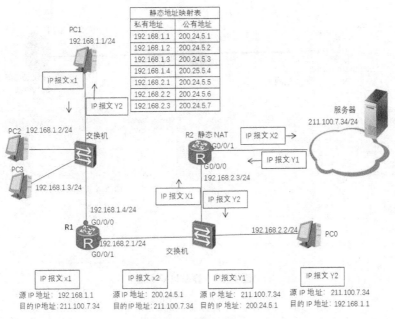

图 4-38　静态 NAT

（2）服务器向 PC1 返回一个 IP 报文 Y1，Y1 的源 IP 地址是 211.100.7.34，目的 IP 地址是 200.24.5.1。Y1 进入路由器 R2 后，NAT 在静态地址映射表中查找到 200.24.5.1 对应的私有 IP 是 192.168.1.1，就将报文 Y1 的目的 IP 地址改为 192.168.1.1，

（3）得到新的报文 Y2。Y2 的源 IP 地址是服务器地址 211.100.7.34，目的 IP 地址是私有 IP 地址 192.168.1.1。报文 Y2 通过 R2 的 G0/0/0 接口进入私网，最终到达 PC1。

从上面的描述中可以看到，静态 NAT 的工作原理是非常简单的，并且静态 NAT 不能节约公有 IP 地址资源。因此，在实际部署 NAT 时，较少采用静态 NAT 技术。静态 NAT 技术要求私有 IP 地址与公有 IP 地址保持固定不变的一一对应关系。

如果私有 IP 地址数量大于可用公有 IP 地址数量，要实现私网与 Internet 的通信，就要用动态 NAT 技术了。

4.3.3　静态 NAT 配置

如图 4-39 所示，拓扑中的 PC1 处于私网中，在路由器上配置静态 NAT 使 PC1 与公网中的服务器可以通信。

（1）配置 PC1 和服务器的 IP 地址（见图 4-39）以及和路由器接口的 IP 地址。

4.3.3　微课

静态 NAT 配置

```
[R1]inter g0/0/0
[R1-GigabitEthernet0/0/0]ip add 192.168.0.1 24
[R1-GigabitEthernet0/0/1]inter g0/0/1
[R1-GigabitEthernet0/0/1]ip add 202.10.0.2 24
```

（2）在路由器上配置静态 NAT。

配置的语句为：

nat static global *global-address* inside *host-address*（global-address 为外部地址（公有地址），host-address 为内部地址（私有地址））

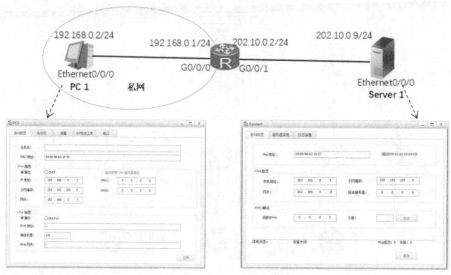

图 4-39 静态 NAT 配置

例如：

```
[R1-GigabitEthernet0/0/1]nat static global 202.10.0.3 inside 192.168.0.2
```

其作用是：从 PC1 发出的数据包到达路由器后，更改其源 IP 地址 192.168.0.2 为公有地址 202.10.0.3，以便数据包可以到达公网。转换后的公有地址与路由器去往公网的出接口地址在同一个网段，并不同于路由器公网出接口的 IP 地址。

这样就完成了静态 NAT 的配置。命令 dis nat static 可以用来查看公有 IP 地址与私有 IP 地址的映射关系。

```
[R1]dis nat static
  Static Nat Information:
  Interface  : GigabitEthernet0/0/1
    Global IP/Port     : 202.10.0.3/----
    Inside IP/Port     : 192.168.0.2/----
    Protocol : ----
    VPN instance-name  : ----
    Acl number          : ----
    Netmask  : 255.255.255.255
Description : ----
Total :   1
```

从显示信息中能看到，公有 IP 地址 202.10.0.3 已经和私有 IP 地址 192.168.0.2 建立了映射关系。

4.3.4 动态 NAT

在介绍静态 NAT 时，用一个公司的私有网络建设的 IP 地址设置作为案例，讲解 NAT 技术的部署。静态 NAT 要求私有 IP 地址与公有 IP 地址是固定的一一对应关系。私有 IP 地址的数量与公有 IP 地址的数量相同。当公司的私网用户数量不多时，使用静态 NAT 技术几乎没有问题。随着公司的发展，公司私网用户的数量逐渐增加，但公司拥有的公有 IP 地址没有增加。目前，私有 IP 地址的数量超过了公有 IP 地址的数量。在这种情况下，想要私网中的 PC 可以访问 Internet，在路由器上就不能部署静态 NAT，需要部署动态 NAT。

4.3.4 微课

动态 NAT

1. 动态 NAT 原理

动态 NAT 包含一个公有 IP 地址资源池和一张动态地址映射表。当某个私网用户想要访问 Internet 时，NAT 会先检查公有 IP 地址资源池中是否还有可用的 IP 地址，如果没有，即公有 IP 地址都已经被占用了，那么该次访问 Internet 就不能进行。如果公有 IP 地址资源池中还有闲置的公有 IP 地址，NAT 就在公有 IP 地址资源池中选择一个，并在动态地址映射表中创建一个表项，该表项反映了被选中的公有 IP 地址与用户私有 IP 地址的映射关系。当用户结束了访问 Internet 的通信后，NAT 会将该表项从动态地址映射表中清除，并把公有 IP 地址回放到 IP 地址资源池。简单来讲，使用动态 NAT 技术，同一个公有 IP 地址可以与多个私网用户绑定，但在时间上必须错开。

2. 实现过程

下面，用数据在部署了动态 NAT 的网络中的传输来说明动态 NAT 的工作原理。

在图 4-40 所示的网络中，PC1 向 Internet 中的服务器发起通信，即 PC1 向服务器发送 IP 报文 X1，X1 的源 IP 地址是私有 IP 地址 192.168.1.1，目的 IP 地址是公有 IP 地址 211.100.7.34 。当 X1 到达路由器 R2 后，NAT 在其公有 IP 地址资源池中选中 IP 地址 200.24.5.3，并在动态地址映射表中创建 200.24.5.3 与 192.168.1.1 的映射表项。根据该表项，NAT 将 X1 的源 IP 地址 192.168.1.1 改为 200.24.5.3，得到一个新的 IP 报文 X2。X2 通过路由器的 G2/0/0 接口去往 Internet，并最终到达服务器。

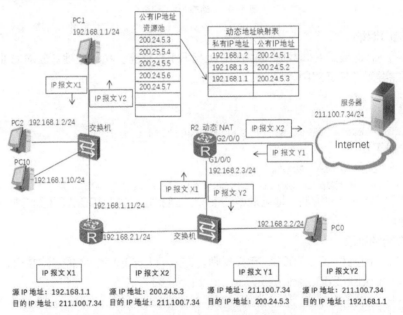

图 4-40　动态 NAT

当服务器向 PC1 返回一个 IP 报文 Y1 时，Y1 的源 IP 地址是 211.100.7.34，目的 IP 地址是 200.24.5.3。Y1 进入路由器 R2 后，NAT 在动态地址映射表查找到 200.24.5.3 对应的私有 IP 地址是 192.168.1.1，NAT 将 Y1 的目的 IP 地址改为 192.168.1.1，得到新的报文 Y2。Y2 通过路由器的 G1/0/0 接口进入私网，最后到达 PC1。NAT 清除动态地址映射表中关于 200.24.5.3 的表项，并将 200.24.5.3 释放回公有 IP 地址资源池。

动态 NAT 技术使用较少的公有 IP 地址解决了私网中众多 PC 访问 Internet 的问题，隐藏和保护了私网内部的计算机。但是只能让与公有 IP 地址数量相同的私网 PC 同时与公网通信。在公司业务不繁忙的时候，动态 NAT 能保障网络访问的畅通。

4.3.5　动态 NAT 配置

4.3.5　微课

动态 NAT 配置

动态 NAT 能实现的作用是使得多个私网 IP 地址动态绑定多个公网 IP 地址。

在图 4-41 所示的网络里，路由器 R1 连接公司内部网络和 Internet。在 R1 上配置动态 NAT 技术,使得多个私网 PC 能使用多个公网 IP 地址与 Internet 通信。

1. 配置接口 IP 地址

配置公司私网中各 PC 的 IP 地址和路由器 R1 接口的 IP 地址。

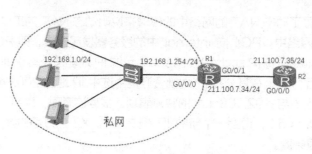

图 4-41　动态 NAT 配置

2. 配置接口地址

配置路由器 R2 的接口 IP 地址，因为 R2 上与 R1 是直连，私网地址对公网地址不可见，所以在本拓扑中不需要配置任何路由。

```
[R2]interface  g0/0/0
[R2-GigabitEthernet0/0/0]ip add 211.100.7.35 24
[R2-GigabitEthernet0/0/0]quit
[R2]ip route-static 192.168.1.0 24 211.100.7.34
```

3. 配置 NAT 协议

在路由器 R1 上配置 NAT 协议。

```
[R1]nat address-group 1  211.100.7.38  211.100.7.40
```

它的作用是建立一个地址池，地址池中的 IP 地址范围是 211.100.7.38 到 211.100.7.40，有 3 个公有 IP 地址。

4. 匹配内网地址段

在路由器 R1 上创建 ACL 2000，定义规则。进入 R1 与 Internet 相连的端口，在该端口下，配置代码 nat outbound 2000 address-group 1 no-pat。

```
[R1]nat address-group 1 211.100.7.38 211.100.7.40
[R1]acl 2000
[R1-acl-basic-2000]rule 5 permit  source  192.168.1.0 0.0.0.255
[R1-acl-basic-2000]inter  g0/0/1
[R1-GigabitEthernet0/0/1]nat outbound 2000 address-group 1 no-pat
```

上述代码的作用是，在配置动态 NAT 技术的路由器的与 Internet 相连的接口的出方向上，允许通过。其中 no-pat 的意思是不做端口转换。

5. 验证动态 NAT 的配置

图 4-42 所示是在路由器 R1 的 G0/01 接口抓包的结果，从图中能看到，配置了动态 NAT 技术的路由器 R1 与 Internet 相连的接口上,经过的数据包的目的 IP 地址和源 IP 地址是动态变化的,

证明配置达到了要求。

No.	Time	Source	Destination	Protocol	Info
1	0.000000	HuaweiTe_a9:2a:b6	Broadcast	ARP	who has 211.100.7.35? Tell 211.100.7.34
2	0.125000	HuaweiTe_27:1a:44	HuaweiTe_a9:2a:b6	ARP	211.100.7.35 is at 00:e0:fc:27:1a:44
3	1.984000	211.100.7.39	211.100.7.35	ICMP	Echo (ping) request (id=0x17d7, seq(be/le)=2/512, ttl=127)
4	2.047000	HuaweiTe_27:1a:44	Broadcast	ARP	who has 211.100.7.39? Tell 211.100.7.35
5	2.062000	HuaweiTe_a9:2a:b6	HuaweiTe_27:1a:44	ARP	211.100.7.39 is at 00:e0:fc:a9:2a:b6
6	2.062000	211.100.7.35	211.100.7.39	ICMP	Echo (ping) reply (id=0x17d7, seq(be/le)=2/512, ttl=255)
7	3.125000	211.100.7.40	211.100.7.35	ICMP	Echo (ping) request (id=0x18d7, seq(be/le)=3/768, ttl=127)
8	3.141000	HuaweiTe_27:1a:44	Broadcast	ARP	who has 211.100.7.40? Tell 211.100.7.35
9	3.141000	HuaweiTe_a9:2a:b6	HuaweiTe_27:1a:44	ARP	211.100.7.40 is at 00:e0:fc:a9:2a:b6
10	3.156000	211.100.7.35	211.100.7.40	ICMP	Echo (ping) reply (id=0x18d7, seq(be/le)=3/768, ttl=255)

图 4-42　动态 NAT 配置抓包验证

4.3.6　NAPT

4.3.6　微课

NAPT

在动态 NAT 技术中，私有 IP 地址和公有 IP 地址不是固定的一一对应关系，它能解决私有 IP 地址数量大于公有 IP 地址时的网络通信问题。假设公司规模进一步发展，用户数量超过了 200 个，但公司拥有的公有 IP 地址没有增加，还是原来的 7 个。用户数量较多，同一时刻需要与 Internet 通信的用户数量远超过 7 个。在这种情况下，静态 NAT 技术和动态 NAT 技术无法满足通信的需求。因为静态 NAT 技术和动态 NAT 技术，在同一时刻一个公有 IP 地址只能与一个私有 IP 地址映射（绑定）。

1. NAPT 原理

为了提高公有 IP 地址的利用率，使得同一个公有 IP 地址在同一时刻可以与多个私有 IP 地址映射，可以使用 NAPT 技术。该技术的根本原理是将 TCP 报文或 UDP 报文中的端口号作为映射参数纳入公有 IP 地址与私有 IP 地址的映射关系中，使得同一个公有 IP 地址在同一时刻可以与多个私有 IP 地址映射。

2. 实现过程

如图 4-43 所示，在网络的路由器 R2 上部署 NAPT。

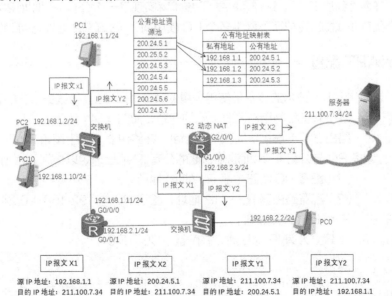

图 4-43　NAPT

（1）假定私网与 Internet 的应用层通信都是基于 UDP 的通信。某一时刻，PC1 向 Internet 中的服务器发送 IP 报文 X1。X1 的源 IP 地址是私有 IP 地址 192.168.1.1，源端口号为 1031，目的 IP 地址是公有 IP 地址 211.100.7.34，目的端口号是 Z1。当 X1 到达路由器 R2 后，NAPT 在其公有 IP 地址资源池中选中 IP 地址 200.24.5.3，并根据某种规则确定一个端口号 5531，在动态地址及端口映射表中创建 200.24.5.3:5531 与 192.168.1.1:1031 的映射表项。根据该表项，NAPT 将 X1 的源 IP 地址转换成 200.24.5.3，源端口号转换成 5531，从而得到新的报文 X2。X2 通过路由器 R2 的 G2/0/0 接口去往 Internet，并最终到达服务器。

（2）服务器向 PC1 返回一个 IP 报文 Y1，Y1 的源 IP 地址是公有 IP 地址 211.100.7.34，源端口号假设是 Z2，目的 IP 地址应为公有 IP 地址 200.24.5.3，目的端口号为 5531。Y1 进入路由器 R2 后，NAPT 在动态地址及端口映射表中查找 Y1 的目的 IP 地址 200.24.5.3 及端口号 5531，发现它映射到 192.168.1.1:1031 。于是，NAPT 将 Y1 的目的 IP 地址 200.24.5.3 转换成私有 IP 地址 192.168.1.1，目的端口号转换成 1031，得到新的 IP 报文 Y2。Y2 通过路由器 R2 的 G1/0/0 接口去往私网，最终到达 PC1。

（3）PC1 与服务器的通信过程中，PC2 也向 Internet 中的服务器发起了通信，即 PC2 向服务器发送 IP 报文 U1。U1 的源 IP 地址为私有 IP 地址 192.168.1.2，源端口号为 1540，目的 IP 地址是公有 IP 地址 211.100.7.34，目的端口号假设为 Z3。当 U1 到达路由器 R2 后，想要进入公网。NAPT 在公有 IP 地址资源池中还是选中了 IP 地址 200.24.5.1，并根据某种规则确定出一个新的端口号 5532，得到新的 IP 报文 U2。U2 会通过路由器 R2 的 G2/0/0 端口去往 Internet，并最终到达服务器。

（4）当服务器向 PC2 返回 IP 报文 V1 时，V1 的源 IP 地址为 211.100.7.34 ，源端口号假设为 Z4 ，目的 IP 地址是 200.24.5.1，目的端口号是 5532 。V1 进入路由器 R2 后，想要进入私网。NAPT 在动态地址及端口映射表中查找 V1 的目的 IP 地址 200.24.5.1 及目的端口号 5532，发现它映射到 192.168.1.2:1540。于是，NAPT 将 V1 的目的 IP 地址 200.24.5.1 转换成私有 IP 地址 192.168.1.2，目的端口号 5532 转换成 1540，得到新的 IP 报文 V2，V2 将通过路由器 R2 的 G1/0/0 端口去往私网，并最终到达 PC2。这样，NAPT 技术就实现了一个公有 IP 地址 200.24.5.1 在同一时刻映射多个私有 IP 地址，完成了私网中多个 PC 使用同一个公有 IP 地址访问 Internet 的工作。

4.3.7 NAPT 配置

4.3.7 微课

NAPT 配置

NAPT 技术的核心是使用少量的公有 IP 地址，与数量较多的私网 IP 地址绑定，解决众多私网用户同时上网的问题，如图 4-41 所示。

路由器 R1 连接私网和 Internet，在路由器 R1 上配置 NAPT，使得私网中众多 PC 与公有 IP 地址池中少量的公有 IP 地址绑定以访问 Internet。

（1）配置 PC 和路由器 R1 的 IP 地址。

（2）配置路由器 R2 的 IP 地址，验证 R2 与 192.168.1.0/24 网段不通，在 R2 上配置静态路由，并验证是否可以通信。

（3）在路由器 R1 上建立公有 IP 地址池，并配置 ACL 2000。

```
[R1]acl  2000
[R1-acl-basic-2000]
[R1-acl-basic-2000]rule 5 permit  source  192.168.1.0 0.0.0.255
[R1-acl-basic-2000]inter  g0/0/1
[R1-GigabitEthernet0/0/1]
```

```
[R1-GigabitEthernet0/0/1]nat outbound 2000 address-group 1
```
nat address-group 1 211.100.7.36　211.100.7.40 的作用是建立地址池，地址池中的公有 IP 地址从 211.100.7.36 开始，到 211.100.7.40 结束，共 5 个公有 IP 地址。

```
[R1]nat address-group 1 211.100.7.36 211.100.7.40
[R1]acl  2000
[R1-acl-basic-2000]
[R1-acl-basic-2000]rule 5 permit  source  192.168.1.0 0.0.0.255
[R1-acl-basic-2000]inter  g0/0/1
[R1-GigabitEthernet0/0/1]
[R1-GigabitEthernet0/0/1]nat outbound 2000 address-group 1
```

这两条命令的作用是在路由器 R1 的 g0/0/1 端口的出方向上，让地址池中的公有 IP 地址参与 NAPT 技术的实施。

（4）在路由器的 g0/0/1 端口抓包，验证配置的 NAPT。

图 4-44 所示是不同的 PC 访问同一个公网地址时，通过抓包软件 Wireshark 抓取到的数据包的截图，从抓取的数据包的参数能看到通信的 IP 地址就是我们配置的公网地址池中的地址，从而可以判定 NATP 的配置已经生效。

```
9  4.140000  211.100.7.40      211.100.7.35      ICMP  Echo (ping) request  (id=0x0328, seq(be/le)=4/10
10 4.156000  211.100.7.35      211.100.7.40      ICMP  Echo (ping) reply    (id=0x0328, seq(be/le)=4/10
11 5.187000  211.100.7.40      211.100.7.35      ICMP  Echo (ping) request  (id=0x0428, seq(be/le)=5/12
12 5.203000  211.100.7.35      211.100.7.40      ICMP  Echo (ping) reply    (id=0x0428, seq(be/le)=5/12
13 19.109000 211.100.7.38      211.100.7.35      ICMP  Echo (ping) request  (id=0x0028, seq(be/le)=1/25
14 19.125000 HuaweiTe_27:1a:44 Broadcast         ARP   who has 211.100.7.38? Tell 211.100.7.35
15 19.125000 HuaweiTe_a9:2a:b6 HuaweiTe_27:1a:44 ARP   211.100.7.38 is at 00:e0:fc:a9:2a:b6
16 19.140000 211.100.7.35      211.100.7.38      ICMP  Echo (ping) reply    (id=0x0028, seq(be/le)=1/25
17 20.171000 211.100.7.38      211.100.7.35      ICMP  Echo (ping) request  (id=0x0128, seq(be/le)=2/51
18 20.171000 211.100.7.35      211.100.7.38      ICMP  Echo (ping) reply    (id=0x0128, seq(be/le)=2/51
```
图 4-44　NAPT 抓包分析

4.3.8　Easy IP 及其配置

Easy IP 技术是 NAPT 的一种简化情况。

1. Easy IP 原理

4.3.8 微课

EASY IP 的配置

Easy IP 不需要建立公有 IP 地址资源池，因为 Easy IP 只会用到一个公有 IP 地址，该 IP 地址也是路由器去往 Internet 的接口的 IP 地址。Easy IP 也会建立并维护一张动态地址及端口映射表，并把动态地址及端口映射表中的公有 IP 地址绑定成路由器去往 Internet 的端口的 IP 地址。如果路由器该端口的 IP 地址发生变化，动态地址及端口映射表中的公有 IP 地址会跟着自动变化。该公有 IP 地址可以是动态分配的，也可以手动配置。关于其他方面，Easy IP 与 NAPT 完全一样。

2. Easy IP 配置

如图 4-41 所示，在网络的路由器上配置 Easy IP。

（1）为 R1 路由器和私网的 PC 配置 IP 地址，配置路由器 R2 接口的 IP 地址，验证此时 R2 与私网的连通性。配置完成后，验证私网与公网是否能够通信。

```
[R1]interface g0/0/0
[R1-GigabitEthernet0/0/0]ip add 192.168.1.254 24
[R1-GigabitEthernet0/0/0]interface  g0/0/1
[R1-GigabitEthernet0/0/1]ip address 211.100.7.34 24
[R1-GigabitEthernet0/0/1]quit

[R2]interface  g0/0/0
[R2-GigabitEthernet0/0/0]ip address 211.100.7.35 24
[R2]ping 192.168.1.1
```

```
ping 192.168.1.1: 56  data bytes, press CTRL C to break
    Request time out
Reply from 192.168.1.1: bytes=56 Sequence=2 ttl=127 time=120 ms
Reply from 192.168.1.1: bytes=56 Sequence=2 ttl=127 time=118 ms
Reply from 192.168.1.1: bytes=56 Sequence=2 ttl=127 time=120 ms
Reply from 192.168.1.1: bytes=56 Sequence=2 ttl=127 time=111 ms
```

（2）在路由器 R1 上配置基本 ACL 2001，在其 g0/0/1 端口上使用 Easy IP 技术。

```
[R1]acl 2001
[R1-acl-basic-2001]rule 5 permit source 192.168.1.0 0.0.0.255
[R1-acl-basic-2001]interface  g0/0/1
[R1-GigabitEthernet0/0/1]nat outbound 2001
[R1-GigabitEthernet0/0/1]
```

（3）打开路由器的 g0/0/1 端口抓包程序，用私网中的 PC1 和 PC2 分别访问 Internet，查看截获的数据包的参数。

分析图 4-45 所示的数据，发现不同的 PC 访问 Internet 上的公有 IP 地址 211.100.7.35，经过路由器的 g0/0/1 端口的数据包的目的 IP 地址或源 IP 地址都是 g0/0/1 的 IP 地址 211.100.7.34。这样，就说明 Easy IP 技术只使用路由器接口的唯一公网 IP 地址实现私网与公网的信息交换。

```
32 169.313000 211.100.7.35    211.100.7.34    ICMP   Echo (ping) reply    (id=0x0028, seq(
33 170.344000 211.100.7.34    211.100.7.35    ICMP   Echo (ping) request  (id=0x0128, seq(
34 170.360000 211.100.7.35    211.100.7.34    ICMP   Echo (ping) reply    (id=0x0128, seq(
35 171.375000 211.100.7.34    211.100.7.35    ICMP   Echo (ping) request  (id=0x0228, seq(
36 171.391000 211.100.7.35    211.100.7.34    ICMP   Echo (ping) reply    (id=0x0228, seq(
37 172.422000 211.100.7.34    211.100.7.35    ICMP   Echo (ping) request  (id=0x0328, seq(
```

图 4-45　Easy IP 抓包查看

思考与练习

一、单选题

1. 一个公司网络中有 50 个私有 IP 地址，网络管理员使用 NAT 技术接入公网，且该公司仅有一个公网 IP 地址可用，则下列 NAT 技术中符合要求的是（　　　）。

A. 静态 NAT　　　　B. 动态 NAT　　　　C. Easy IP　　　　D. NAPT

2. NAPT 可以对（　　　）进行转换。

A. MAC 地址+端口号　　　　　　　　B. IP 地址+端口号
C. MAC 地址　　　　　　　　　　　　D. IP 地址

3. 内网用户通过防火墙访问公网中的地址池需要对源地址进行转换，规则中的动作应选择（　　　）。

A. Allow　　　　B. NAT　　　　C. SAT　　　　D. FwdFast

4. 无线路由器采用的地址转换方式是（　　　）。

A. 动态 NAT　　　　B. NAPT　　　　C.Easy IP　　　　D. 静态 NAT

二、多选题

1. 下面有关 NAT 描述正确的是（　　　）。

A. NAT 全称是网络地址转换，又称为地址翻译
B. NAT 通常用来实现私有网络地址与公用网络地址的转换
C. 当使用私有地址的内部网络的主机访问外部公用网络的时候，一定不需要 NAT
D. NAT 技术为解决 IP 地址紧张的问题提供了很大的帮助

2. 私网拥有百台以上主机时，访问外网适合使用的地址转换方式有（　　　）。

A. 动态 NAT　　　　B. NAPT　　　　C. Easy IP　　　　D. 静态 NAT

3. 静态 NAT 一般可以用于（　　　）的地址转换。

A. 游戏服务器　　　　B. 打印机　　　　　　C. 普通主机　　　　D. 网络共享硬盘

任务四　跨地域企业园区的通信配置

学习重难点

1. 重点

（1）GRE 的应用场景；　　　　（2）GRE 的工作原理；　　（3）IPsec VPN 原理。

2. 难点

（1）GRE over IPsec 的配置；　　　　（2）IPsec VPN 配置。

相关知识

4.4.1　GRE 原理

IPsec（Internet Protocol security，互联网络层安全协议）用于在两个端点之间实现安全的 IP 通信，但只能加密并传输单播数据，无法加密和传输语音、视频、动态路由协议信息等组播数据。通用路由封装（Generic Routing Encapsulation，GRE）提供了将一种协议的报文封装在另一种协议的报文中的机制，是一种隧道封装技术。GRE 可以封装组播数据，并可以和 IPsec 结合使用，从而保证语音、视频等组播业务的安全。GRE 在封装数据时，会添加 GRE 头部信息，还会添加新的传输协议头部信息（见图 4-46）。

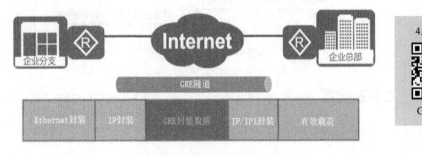

图 4-46　GRE 封装原理

GRE 封装报文时，封装前的报文称为净荷，封装前的报文协议称为乘客协议，然后 GRE 会封装 GRE 头部（GRE 称为封装协议，也叫运载协议），最后负责对封装后的报文进行转发的协议称为传输协议。

GRE 封装和解封装报文的过程如下。

（1）设备从连接私网的接口接收到报文后，检查报文头中的目的 IP 地址字段，在路由表查找出接口，如果发现出接口是隧道接口，则将报文发送给隧道模块进行处理。

（2）隧道模块接收到报文后首先根据乘客协议的类型及当前 GRE 隧道配置的校验和参数对报文进行 GRE 封装，即添加 GRE 报文头。然后，设备给报文添加传输协议报文头，即 IP 报文头。该 IP 报文头的源地址就是隧道源地址，目的地址就是隧道目的地址。

（3）设备根据新添加的 IP 报文头的目的地址，在路由表中查找相应的出接口，并发送报文。之后，封装后的报文将在公网中传输。接收端设备从连接公网的接口收到报文后，首先分析 IP 报文头，如果发现协议类型字段的值为 47，表示协议为 GRE，于是出接口将报文交给 GRE 模块处理。GRE 模块去掉 IP 报文头和 GRE 报文头，并检查 GRE 报文头的协议类型字段，发现此报文的乘客协议为私网中运行的协议，于是将报文交给该协议处理。

Keepalive 检测功能用于在任意时刻检测隧道链路是否处于 Keepalive 状态，即检测隧道对端是否可达，如图 4-47 所示。如果对端不可达，隧道连接就会及时关闭，避免形成数据空洞。开启 Keepalive 检测功能后，GRE 隧道本端会定期向对端发送 Keepalive 探测报文。若对端可达，则本端会收到对端的回应报文；若对端不可达，则收不到对端的回应报文。如果在隧道一端配置了 Keepalive 检测功能，无论对端是否配置 Keepalive 检测功能，配置的 Keepalive 检测功能在对端都生效。隧道对端收到 Keepalive 探测报文，无论是否配置 Keepalive 检测功能，都会给源端发送一个回应报文。开启 Keepalive 检测功能后，GRE 隧道的源端会创建一个计数器，并周期性地发送 Keepalive 探测报文，同时进行不可达计数。每发送一个 Keepalive 探测报文，不可达计数加 1。如果源端在计数器值达到预先设置的值之前收到回应报文，则表明对端可达。如果计数器值达到预先设置的重试次数，源端还是没有收到回应报文，则认为对端不可达。此时，源端将关闭隧道连接。

图 4-47　GRE 传输原理

4.4.2　GRE 配置

根据图 4-48 所示的拓扑进行 GRE 配置。

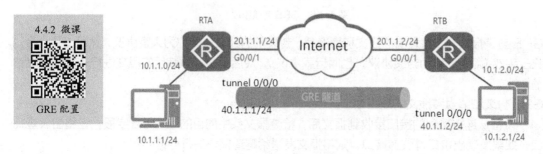

图 4-48　GRE 配置实例

下面配置路由器 RTA。

```
[RTA]interface Tunnel 0/0/1
```

```
[RTA-Tunnel0/0/1]ip address 40.1.1.1 24
[RTA-Tunnel0/0/1]tunnel-protocol gre
[RTA-Tunnel0/0/1]source 20.1.1.1
[RTA-Tunnel0/0/1]destination 20.1.1.2
[RTA-Tunnel0/0/1]quit
[RTA]ip route-static 10.1.2.0 24 Tunnel 0/0/1
```

注意：RTA 和 RTB 在未建立隧道之前是能够正常通信的。当建立隧道以后，路由器等仿佛不存在，只剩余两端的园区网络和之间的隧道，所以想要通信，只要在静态路由协议上让其下一跳 IP 地址为隧道出口即可。

RTB 配置同理，这里不赘述。

4.4.3 IPsec VPN 原理

IPsec VPN（IPsec Virtual Private Network，IPsec 虚拟专用网络）作为一种开放标准的框架结构，是 IETF 制定的保证在 IP 网络上传送数据的安全保密性的三层安全协议体系，为数据包在 Internet 上传输提供了一系列的安全特性。

4.4.3 微课

IPsec VPN 原理

1. IPsec VPN 的安全特性

（1）数据的机密性：通过加密来防止数据遭受窃听攻击，支持的加密算法有 DES、3DES 和 AES。

（2）数据的完整性和验证：接收方对接收的数据进行验证，以判定报文是否被篡改。IPsec 使用消息摘要算法（例如 SHA-1 或 MD5）来实现完整性保护。

（3）抗回放检测：通过在数据包中包括加密的序列号，确保来自中间人攻击设备的回放攻击不能生效。

（4）对等体验证：确保数据在两个对等体传递前进行验证，设备验证支持对称预共享密钥、非对称预共享密钥，以及数字证书、远程访问支持 Xauth 的用户认证。

IPsec VPN 按照数据封装模式的不同，可分为隧道模式和传输模式。隧道模式应用于两个安全网关之间的通信，如总部和分部之间，对应 IPsec 的策略方式通常为网关模式；传输模式应用于两台主机之间，或主机与一个安全网关之间，如远程办公等，对应 IPsec 的策略方式通常为客户端模式。

2. IPsec VPN 协议封装模式

IPsec VPN 协议封装的传输模式如图 4-49 所示。

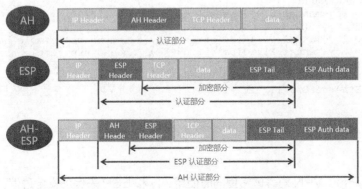

图 4-49　IPsec VPN 协议封装的传输模式

在传输模式中，在 IP 报文头和高层协议之间插入 AH 头或 ESP 头。传输模式中的 AH 或 ESP

主要对上层协议数据提供保护。

（1）传输模式中的 AH：在 IP 头部之后插入 AH 头，对整个 IP 数据报进行完整性校验。

（2）传输模式中的 ESP：在 IP 头部之后插入 ESP 头，在数据字段后插入尾部和认证字段，对高层数据和 ESP 尾部进行加密，对 IP 数据报文中的 ESP 头、高层数据和 ESP 尾部进行完整性校验。

（3）传输模式中的 AH+ESP：在 IP 头部之后插入 AH 头和 ESP 头，在数据字段后插入尾部及认证字段。

4.4.4　IPsec VPN 配置

如图 4-50 所示，下面进行 IPsec VPN 的配置。

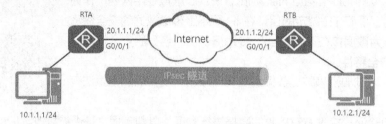

图 4-50　IPsec VPN 配置

（1）确保网络畅通，并配置允许列表。

```
[RTA]ip route-static 10.1.2.0 24 20.1.1.2
[RTA]acl number 3001
[RTA-acl-adv-3001]rule 5 permit ip source 10.1.1.0 0.0.0.255 destination 10.1.2.0 0.0.0.255
[RTA]IPsec proposal tran1
[RTA-IPsec-proposal-tran1]esp authentication-algorithm sha1
```

（2）使用安全策略将要保护的数据流和安全提议进行绑定。

```
[RTA]IPsec  policy P1 10 manual
[RTA-IPsec-policy-manual-P1-10]security acl 3001
[RTA-IPsec-policy-manual-P1-10]proposal tran1
[RTA-IPsec-policy-manual-P1-10]tunnel remote 20.1.1.2
//此地址是 RTB 的 local
[RTA-IPsec-policy-manual-P1-10]tunnel local 20.1.1.1
//此地址是 RTB 的 remote
[RTA-IPsec-policy-manual-P1-10]sa spi outbound esp 54321
//此密码是 RTB 的 inbound
[RTA-IPsec-policy-manual-P1-10]sa spi inbound esp 12345
//此密码是 RTB 的 outbound
[RTA-IPsec-policy-manual-P1-10]sa string-key outbound esp simple huawei
[RTA-IPsec-policy-manual-P1-10]sa string-key inbound esp simple huawei
[RTA]interface GigabitEthernet 0/0/1
[RTA-GigabitEthernet0/0/1]IPsec policy P1
[RTA-GigabitEthernet0/0/1]quit
```

思考与练习

一、单选题

1. 如果两个 IPsec VPN 对等体希望同时使用 AH 和 ESP 来保证安全通信，则两个对等体总共需要构建（　　）个 SA（安全联盟）。

A. 1　　　　　　　　B. 2　　　　　　　　C. 3　　　　　　　　D. 4

2. GRE 的英文全称是（　　　）。

A. Generic Router Encapsulation

B. Generic Routing Encapsulation

C. General Routing Encapsulation

D. General Router Encapsulation

3. 下列关于 GRE 的说法正确的是（　　　）。

A. GRE 不能用于封装语音、视频、动态路由协议等组播数据流量

B. GRE 是二层隧道协议

C. GRE 在网络层之间采用了 Tunnel（隧道）的技术

D. GRE 是实现 VPN 所必需的协议

二、多选题

1. 两台主机之间使用 IPsec VPN 传输数据，为了隐藏真实的 IP 地址和尽可能高地保证数据的安全性，则使用 IPsec VPN 的（　　　）封装较好。

A. AH　　　　　　　　B. 传输模式　　　　　　C. 隧道模式　　　　　　D. ESP

2. IPsec VPN 的安全特性有（　　　）。

A. 数据的机密性　　　　　　　　　　B. 数据的完整性和验证

C. 抗回放检测　　　　　　　　　　　D. 对等体验证

3. IPsec VPN 按照数据封装模式的不同，可分为（　　　）。

A. AH　　　　　　　　B. 传输模式　　　　　　C. 隧道模式　　　　　　D. ESP

任务五　大型企业网络搭建综合实践

学习重难点

1. 重点

（1）分析项目需求；　　　　　　　　　　　（2）隧道的应用。

2. 难点

（1）路由协议在内外网边界位置的配置；　　　（2）路由协议的引入；

（3）设备配置与故障排除。

相关知识

4.5.1　项目概述

大型企业网络中往往都有多个园区，所有的园区还是在一个局域网里面，但是这个时候往往就

使用到路由的概念了。使用静态路由还是动态路由、使用 OSPF 还是 RIP 等，主要看网络的规模，还有网络搭建者的习惯。基于路由协议的特点，使用 OSPF 路由协议的情况居多。本综合实践中，就选择使用 OSPF 协议来配置大型企业网络。

4.5.2　项目设计

某集团有 3 个分公司，如图 4-51 所示。2 个分公司处于一个工业园区内，另外一个分公司处于较远位置，3 个分公司的网络互通。分公司内部连接使用 OSPF 路由协议，较远的分公司之间通过 GRE VPN 连接。公司内部使用私有地址，公网使用公有地址。分公司之间连接不需要进行 NAT，分公司访问公网就必须进行 NAT，因为内网主机地址多，所以使用动态 NAT。

4.5.3　项目分析

项目拓扑如图 4-51 所示，一个大型企业网络中包含 3 个分公司网络。

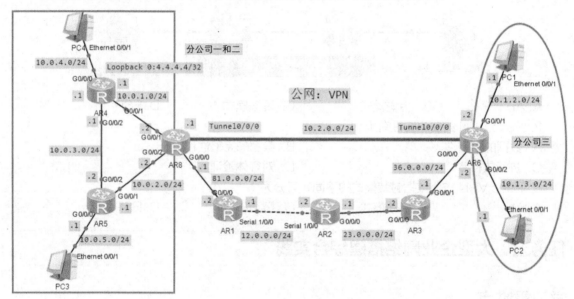

图 4-51　综合配置拓扑

4.5.4　项目实施与配置

按照项目要求，根据拓扑进行配置。

按照拓扑标注，配置设备名称和接口地址（此处配置省略）。

配置 OSPF 路由协议，内部和外部网络都用 OSPF 协议，但是要注意内、外网不能互通。Router ID 使用设备名称标注地址，如 AR1:1.1.1.1/32，进程号为 1，每台设备的环回接口地址由设备标注名称里的数字部分组成：如 ARX 的环回接口 IP 地址是 X.X.X.X/32，整个 OSPF Area 的进程号为 1，每台路由器的 Router ID 与该设备的环回接口地址相同，精确宣告 OSPF 网段的接口地址。

（1）分公司一和二的路由协议配置。

① 路由器 AR4 的配置。

```
[AR4]inter loop 0
[AR4-LoopBack0]ip add 4.4.4.4 32
[AR4-LoopBack0]quit
[AR4]ospf 1 router-id 4.4.4.4
[AR4-ospf-1]area 0
[AR4-ospf-1-area-0.0.0.0] network 10.0.4.1 0.0.0.0
[AR4-ospf-1-area-0.0.0.0] network 10.0.1.1 0.0.0.0
[AR4-ospf-1-area-0.0.0.0] network 10.0.3.1 0.0.0.0
[AR4-ospf-1-area-0.0.0.0] network 4.4.4.4  0.0.0.0
```
② 路由器 AR5 的配置。
```
[AR5]interface LoopBack0
[AR5-LoopBack0] ip address 5.5.5.5 255.255.255.255
[AR5-LoopBack0]quit
[AR5]ospf 1 router-id 5.5.5.5
[AR5-ospf-1] area 0
[AR5-ospf-1-area-0.0.0.0] network 10.0.2.1 0.0.0.0
[AR5-ospf-1-area-0.0.0.0] network 10.0.3.2 0.0.0.0
[AR5-ospf-1-area-0.0.0.0] network 10.0.5.1 0.0.0.0
[AR5-ospf-1-area-0.0.0.0] network 5.5.5.5 0.0.0.0
```
③ 路由器 AR8 的配置。
```
[AR8-GigabitEthernet0/0/2]interface LoopBack0
[AR8-LoopBack0] ip address 8.8.8.8 255.255.255.255
[AR8-LoopBack0] ospf 1 router-id 8.8.8.8
[AR8-ospf-1]area 0
[AR8-ospf-1-area-0.0.0.0] network 10.0.1.2 0.0.0.0
[AR8-ospf-1-area-0.0.0.0] network 10.0.2.2 0.0.0.0
```
（2）分公司三的路由协议配置。

路由器 AR6 的配置。
```
[AR6]interface LoopBack0
[AR6-LoopBack0]ip address 6.6.6.6 255.255.255.255
[AR6-LoopBack0]quit
[AR6]ospf 1 router-id 6.6.6.6
[AR6-ospf-1] area 0
[AR6-ospf-1-area-0.0.0.0] network 10.1.2.1 0.0.0.0
[AR6-ospf-1-area-0.0.0.0] network 10.1.3.1 0.0.0.0
[AR6-ospf-1-area-0.0.0.0] network 6.6.6.6 0.0.0.0
```
（3）外网的 OSPF 路由协议配置（内、外网的 OSPF 路由协议不能互通，否则就会引入全网路由，仔细看边界设备 AR1、AR3、AR8、AR6 的配置）。
```
[AR1]interface LoopBack0
[AR1-LoopBack0] ip address 1.1.1.1 255.255.255.255
[AR1-LoopBack0]quit
[AR1]ospf 1 router-id 1.1.1.1
[AR1-ospf-1] area 0
[AR1-ospf-1-area-0.0.0.0]  network 12.0.0.1 0.0.0.0
[AR1-ospf-1-area-0.0.0.0]  network 1.1.1.1 0.0.0.0

[AR2]interface LoopBack0
[AR2-LoopBack0] ip address 2.2.2.2 255.255.255.255
[AR2-LoopBack0]quit
[AR2]ospf 1 router-id 2.2.2.2
[AR2-ospf-1]area 0
[AR2-ospf-1-area-0.0.0.0]  network 12.0.0.2 0.0.0.0
[AR2-ospf-1-area-0.0.0.0]  network 23.0.0.1 0.0.0.0
[AR2-ospf-1-area-0.0.0.0]  network 2.2.2.2 0.0.0.0

[AR3]interface LoopBack0
[AR3-LoopBack0] ip address 3.3.3.3 255.255.255.255
[AR3-LoopBack0]quit
[AR3]ospf 1 router-id 3.3.3.3
```

```
[AR3-ospf-1] area 0.0.0.0
[AR3-ospf-1-area-0.0.0.0] network 23.0.0.2 0.0.0.0
[AR3-ospf-1-area-0.0.0.0] network 3.3.3.3 0.0.0.0
```

（4）外网与内网的静态路由协议配置。

```
[AR8]ip route-static 0.0.0.0 0  81.0.0.2
[AR8]ospf 1
[AR8-ospf-1]default-route-advertise always//把默认路由引入内网

[AR6]ip route-static 0.0.0.0 0 36.0.0.1
[AR6]ospf 1
[AR6-ospf-1]default-route-advertise always//把默认路由引入内网

[AR1]ospf 1
[AR1-ospf-1]import-route direct//内网对外网不可见，仅需要引入直连网络
[AR3]ospf 1
[AR3-ospf-1]import-route direct
```

注意：此时在内网中看不到外网的网段，但是能看到一个默认路由。在外网中也看不到内网网段地址。此时，内、外网是不通的。

```
<AR5>dis ip routing-table protocol ospf
Route Flags: R - relay, D - download to fib
------------------------------------------------------------
Public routing table : OSPF
        Destinations : 4     Routes : 5
OSPF routing table status : <Active>
        Destinations : 4     Routes : 5
Destination/Mask    Proto   Pre  COST   Flags NextHop     Interface
      0.0.0.0/0     O ASE   150  1       D   10.0.2.2     G0/0/1
      4.4.4.4/32    OSPF    10   1       D   10.0.3.1     G0/0/2
      10.0.1.0/24   OSPF    10   2       D   10.0.3.1     G0/0/2
                    OSPF    10   2       D   10.0.2.2     G0/0/1
      10.0.4.0/24   OSPF    10   2       D   10.0.3.1     G0/0/2

OSPF routing table status : <Inactive>
        Destinations : 0     Routes : 0
<AR2>dis ip routing-table protocol ospf
Route Flags: R - relay, D - download to fib
------------------------------------------------------------
Public routing table : OSPF
        Destinations : 5     Routes : 5
OSPF routing table status : <Active>
        Destinations : 4     Routes : 4
Destination/Mask    Proto   Pre  COST    Flags NextHop    Interface
      1.1.1.1/32    OSPF    10   48       D   12.0.0.1    S1/0/0
      3.3.3.3/32    OSPF    10   1        D   23.0.0.2    G0/0/0
      36.0.0.0/24   O ASE   150  1        D   23.0.0.2    G0/0/0
      81.0.0.0/24   O ASE   150  1        D   12.0.0.1    S1/0/0
OSPF routing table status : <Inactive>
        Destinations : 1     Routes : 1
Destination/Mask    Proto   Pre  COST    Flags NextHop    Interface
      12.0.0.2/32   O ASE   150  1            12.0.0.1    S1/0/0
```

（5）GRE VPN 配置：建立隧道。

```
[AR8]interface Tunnel0/0/0
[AR8-Tunnel0/0/0]tunnel-protocol gre
[AR8-Tunnel0/0/0]source 81.0.0.1
[AR8-Tunnel0/0/0]destination 36.0.0.2
[AR8-Tunnel0/0/0]ip add 10.2.0.1 24
[AR8]ip route-static 10.1.0.0 16 10.2.0.2
[AR6]interface Tunnel0/0/0
[AR6-Tunnel0/0/0]tunnel-protocol gre
[AR6-Tunnel0/0/0]source 36.0.0.2
```

```
[AR6-Tunnel0/0/0]destination 81.0.0.1
[AR6-Tunnel0/0/0]ip add 10.2.0.2 24
[AR6]ip route-static 10.0.0.0 16 10.2.0.1
```

此时，PC4 能连通 PC2，两个内网之间能互通。

（6）内网要能访问外网 IP 地址。

```
[AR8]acl number 3005//如果源10.0.0.0 目标10.1.0.0 就不进行 NAT 转换
[AR8-acl-adv-3005]rule 5 deny ip source 10.0.0.0  0.0.255.255 destination 10.1.0.0
0.0.255.255
[AR8-acl-adv-3005]rule 10 permit ip source 10.0.0.0 0.0.255.255
[AR8-acl-adv-3005]int g0/0/0
[AR8-GigabitEthernet0/0/0]nat outbound 3005
[AR6]acl number 3005
[AR6-acl-adv-3005]
[AR6-acl-adv-3005]rule 5 deny ip source 10.1.0.0 0.0.255.255 destination 10.0.0.0
0.0.255.255
[AR6-acl-adv-3005]rule 10 permit ip source 10.1.0.0 0.0.255.255
[AR6-acl-adv-3005]int g0/0/0
[AR6-GigabitEthernet0/0/0]nat outbound 3005
```

此时，内网也可以连通外网。通过抓包或路由可以分析，如果访问分公司三，数据就通过 AR8 走隧道 Tunnel0/0/0；如果访问外网，数据就通过 AR8 走接口 G0/0/0。

小贴士 想要搭建一个畅通无阻的网络，路由器就必须知道如何转发数据包到各个不同的网段。而路由器是通过路由表来转发数据包的，路由器中的路由表条目可以通过直连网络、静态路由或动态路由获取。静态路由通过人工手动添加，所以不能随着网络的变化而自动调整，不如动态路由灵活。当网络拓扑发生变化时，动态路由协议可以自动更新路由表信息，并确定传输数据的最佳路径。所以可以根据客户需求，选择合适的路由协议。如果网络规模比较大，还可以借助 GRE、VPN 等技术，保障远距离数据传输的安全性、可靠性和稳定性，以使客户享受更好的网络体验。

思考与练习

简述题

1. 静态路由与动态路由的区别是什么？它们各有什么优缺点？
2. 在园区的网络搭建中，可以采取哪些措施保障网络安全？

项目5
网络安全与网络管理

05

项目导读

在网络的设计方面，能保证数据的正常转发只是基本要求。对数据进行安全的传输，对终端进行综合的管理，对数据进行有条件的转发等，都是对网络更高级的要求。例如，在企业中，一般是不允许员工在工作时间上网聊天、购物的，也不允许销售部门的员工访问财务数据服务器；普通用户只能访问游戏服务器，但是不能访问游戏服务器公司的内部网络。这些特殊的要求，都是如何实现的呢？这些问题都将在本项目中得到解答。

项目5 微课

网络安全与
网络管理

学习目标

- 掌握简单的数据加密原理；
- 能按照要求对数据进行分类转换；
- 能够掌握 SNMP 网络管理原理，了解华为新型一体化管理平台对网络终端的综合管理功能。

素养目标

- 能及时对网络数据进行监控和管理；
- 能对数据终端进行分类管理。

项目分析

本项目前 4 个任务介绍数据传输安全、ACL 配置、防火墙配置、网络系统管理，最后一个任务介绍网络安全与网络管理综合实践。本项目前 4 个任务相对独立，是本书前 4 个教学项目的补充内容。

任务一 数据传输安全

学习重难点

1. 重点
（1）加密的原理及其过程； （2）对称加密算法原理；
（3）非对称加密算法原理。

2. 难点
（1）加密所能实现的安全服务； （2）公钥与私钥的区别；
（3）对称加密算法与非对称加密算法的结合使用。

相关知识

5.1.1 数据加密

数据加密是实现信息安全的重要措施。什么是加密？简单来讲，加密实际上就是在特定的算法和密钥的控制下，把明文转换成密文的过程。明文是用户直接可以阅读、看得懂的东西；密文是一些无意义的、杂乱的代码集合，用户不能够直接看懂，要想看到原文信息，必须要在特定算法的控制下，通过输入密钥解密才可以实现。数据加密如图 5-1 所示。

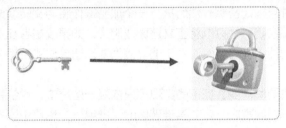

图 5-1　数据加密

1. 加密技术的优势

下面来看一下加密所能够提供的安全服务。在网络安全当中如果使用加密技术，可以保证数据的保密性、完整性和不可否认性。数据加密对数据所能提供的安全保证，可通俗地展示为图 5-2 所示的内容。

图 5-2　加密所能提供的服务

未被授权的人要想打开机密的信息，可以控制让他打不开、进不来。要想打开它就得输入用户名、密码、解密的密钥。这个叫作进不来。即使他进入了系统，比如已经掌握、窃取了账号，进入系统之后文件是加密的，还需要文件的解密密钥，否则就看不到内容。这些都是所谓的机密性。登录邮箱需要用户名、密码，登录一些系统也需要用户名、密码。如果没有用户名、密码，能不能进去？进不去。如果用户名、密码被人家"借"走了，他是可以登录系统的。登录系统以后就会发现，文件是加密的（比如 Windows 系统上的 EFS 文件加密），没有解密的密钥他就看不懂。这个就是我们所说的保密性。

如果他进来了，并且通过解密也看懂了，那怎么办？希望他没有改动的权限，因为看懂是读的权限，而改动要有写和修改的权限。如果他改不了，最起码信息是完整的，他就不能把文件删除。改不了、拿不走，就是不允许他执行复制的操作。这就是所说的完整性。

如果前面都被突破了，即进来了，看懂了，改了，拿走了，那怎么办？是不是应该有一套完善的审计系统和记录系统，能够记录发生的一切，包括什么时候进来的、怎么解密的、改了什么东西、有没有复制……拿走之后，要进行事后的追踪和追查，要跑不掉，而且要有证据。有铁证，就是指不可否认性。加密操作如图 5-3 所示。

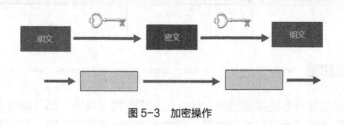

图 5-3　加密操作

2. 加密的原理

来看一下基本的加密操作是如何完成的。用户的原文是可以直接阅读的，为了实现它的机密性，用户选择了某种算法，并且指定密钥，然后执行一个加密操作将明文转换成密文。接收者拿到密文以后必须要有解密算法和密钥，才可以将密文还原成明文。如果攻击者在中间通过嗅探的方式或者窃听的方式拿到密文，他能不能直接阅读？不能。因为要知道算法和密钥才可以。这是基本的加密操作。

加密的出现比计算机要早得多。加密的实现不只依赖一些算法，也依赖于很多巧妙的设计。我国是世界上最早使用密码的国家之一，非常难破解的"密电码"也是中国人发明的。我国的密码有文字考证的历史可以追溯到约 3000 年前的周代。据《太公六韬》记载，姜子牙将鱼竿制成不同长短的数节，不同的长度代表不同的含义，用于传递军事机密。最长的一尺，代表战争取得大胜；9寸代表破阵擒将；5 寸代表请粮益兵；最短的 3 寸代表失利亡士；等等。

再比如火漆封缄、淀粉写字、五言律诗传军机、戚继光声韵加密法等，无一不体现了我国古代人民的伟大智慧。

5.1.2　对称加密算法

对称加密算法也被称为私钥加密算法。

1. 对称加密算法的原理

在对称加密算法当中，加密密钥和解密密钥是相同的，如图 5-4 所示。知道了加密密钥，也就知道了解密密钥。将加密密钥和解密密钥分开说的原因在于加密和解密往往是在不同的时间、不同的地点，由不同的用户在做。对对称加密来讲，它最大的优势在于加密的处理速度非常快，因为算法不是很复杂。但是你要保证它的安全性，那么它的安全性取决于什么？密钥的传送，保护好密钥才能保证它的安全性。

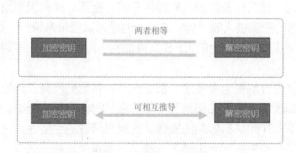

图 5-4　对称加密算法原理

如图 5-5 所示，A 用户要通过网络发送一份文件给 B 用户，为了保证数据的机密性，A 在发送时用私钥进行了加密，把明文转换成了密文，在网络中传输密文。B 用户收到这个密文以后，要想解密，必须要使用同一私钥。那问题来了，攻击者如果在网络中进行网络窃听，他只能捕获到密文信息，如果想打开这个密文还需要找到密钥才可以。如果 A 用户用密钥把文件加密以后通过网络传递，还把这个密钥也通过同一网络直接传递过来，攻击者只需要同时捕获到密文和密钥，那加密不就完全失效了吗？所以说对称加密算法取决于密钥传送的安全性。

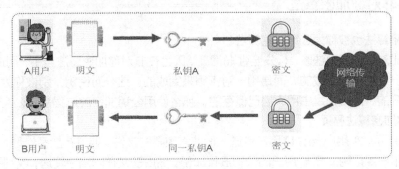

图 5-5 加密过程

2. 对称加密算法举例

在计算机当中，主流的对称加密算法主要有 DES（Data Encryption Standard，数据加密标准）、3DES、IDEA（International Data Encryption Algorithm，国际数据加密算法）、RC 系列的算法、CAST、Blowfish、AES（Advanced Encryption Standard，高级加密标准）等，这些是目前在计算机领域当中被普遍使用的，被验证可以被计算机正确执行、可以进行各种复杂数据加密、解密的算法。其中，DES 算法最早是在 20 世纪 70 年代由 IBM 公司开发出来的，并且在 1976年 11 月份的时候成为美国的国家标准。DES 密钥长度为 56 位。

随着计算机数量的增长及处理速度的提升，该算法不够安全了。IBM 对 DES 又做了一次提升复杂性的处理，叫作 3DES，说白了就是 DES 算法的执行过程执行 3 次。这样加密的复杂性增加了，解密的复杂性同样增加了。直到今天，DES 和 3DES 还是使用率非常高的对称加密算法。例如，IPsec 中就集成了这两种算法。

IDEA 的密钥长度为 128 位，并且用软件实现的 IDEA 比 DES 快两倍。RC 系列算法中密钥长度可变，分组长度、迭代轮数都可变，加密实现的方式越来越灵活。AES 是现在行业加密的标准。

3. 对称加密算法的应用

下面以 AES 为例，给大家演示一下加密、解密的过程，如图 5-6 所示。

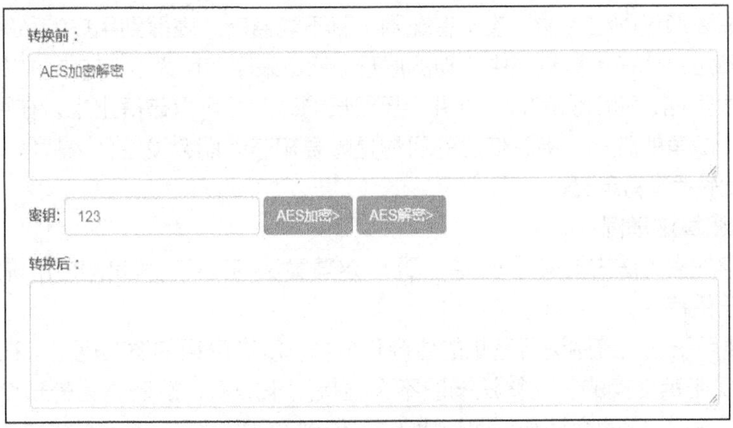

图 5-6 AES 加密、解密

这是一个在线的 AES 加密、解密工具，在上面输入明文，在中间输入密钥，单击"AES 加密"按钮，就会把明文加密成密文。把明文删除，再改变一下密钥，单击"AES 解密"按钮，不能解密出明文信息。但是当输入正确的密钥之后，单击"AES 解密"按钮，就可以成功地解密出来。

5.1.3 非对称加密算法

非对称加密算法也被称为公钥加密算法。

它出现得比对称加密算法晚，但安全性非常高。因为在非对称加密算法当中，用户要执行加密、解密，不是用一个密钥来完成的，而是用一对密钥来完成的。这一对密钥分别被称为公钥和私钥。公钥往往是公开的，而私钥是由用户自己保存的。那么使用公钥加密的过程是怎么实现的呢？

1. 非对称加密算法原理

如图 5-7 所示，A 用户要给 B 用户传送一份非常重要的文件，要进行加密处理，那么发送方应该怎么做？A 用户要把明文拿 B 用户的公钥进行加密。然后密文在网络中传递，收到密文的 B 用户只有拿自己的私钥才能解开。

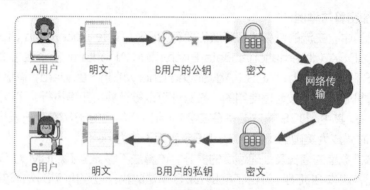

图 5-7 非对称加密过程

可以看到加密密钥和解密密钥是不相同的，并且在非对称加密算法当中保证了这一点。已知公钥推不出私钥，已知私钥也推不出公钥，两者之间不可以互相推导。所以其安全性非常高。

刚才是 A 用户给 B 用户发送文件的过程，那反过来，如果 B 用户要给 A 用户发送重要的文件怎么办？发送方就拿 A 用户的公钥进行加密，接收方 A 用户要拿自己的私钥来解密。在这个过程当中，我们反复强调公钥是公开的，私钥只有用户自己才有，并且私钥一般都是安全的，被保存在当前计算机上，不需要通过网络传输。攻击者在网上就不能监听、嗅探到用户的私钥。

非对称加密算法具体在计算机当中实现的原理，就是采用了巨大的、非常难以计算的离散对数，要破解离散对数很困难，利用现有的计算机，要很长的时间才可以破解出来。在军事领域，信息的时效性能决定一场战争的胜利，破解信息的目的是想要知道近期会发生什么战争，如果破解时间需要花费 20 年，破解就没有意义。

2. 非对称加密算法举例

著名的非对称加密算法主要就是 RSA、DH。这些算法的特点，就是刚才所说的公钥是公开的，私钥是由用户自己保存的。

DH 算法主要用于在系统中进行密钥的协商和分发，解决密钥的发布问题。在 IPsec 中，这个算法就是用来实现密钥交换的。此算法一般不会直接用来加密、解密。另外一个非常著名的非对称加密算法就是 RSA，它的密钥长度可以为 512 位到 8000 多位。RSA 算法的运行速度在用软件实现时约为 DES 的 1/100，用硬件实现时约为 DES 的 1/1000。

非对称加密算法虽然安全性非常高，但是加密和解密的速度非常慢，慢是好事也是坏事。好在什么地方？加密慢，意味着有人要想破解就慢，没有那么容易破解成功。坏处就是速度太慢了，如果要进行大量数据的加密、解密，需要太长的时间，用户可能接受不了。

所以，为了让用户既实现很快的加密、将明文转换成密文，同时提高安全性，通常都会把非对称加密算法和速度非常快的对称加密算法组合起来。先用对称加密算法把明文迅速转换成密文，再把对称加密的密钥用非对称加密算法加密，然后在网上传输。攻击者拿到密文以后，发现还得先找到密钥才可以，结果密钥又被非对称加密算法给保护了。公钥和私钥是不相同的，而且公钥和私钥不能相互推导，如图 5-8 所示。

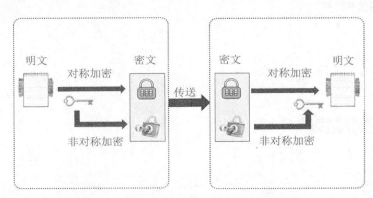

图 5-8　对称加密算法与非对称加密算法的结合使用

3. RSA 的应用

在网络安全中使用 RSA 主要实现两种功能，一种是加密、解密，另一种是数字签名。

（1）所谓加密、解密，就是指发送方用公钥加密，接收方拿自己的私钥来解密。

（2）那签名是怎么实现的呢？我发给你的信息是不是你要验证来源呢？我拿我自己的私钥来加密，你只能用我的公钥才能解密，用别人的公钥解不开。如果你拿我的公钥能解开，说明签名的就是我。如果拿我的公钥解不开，就说明签名的不是我。即用我的公钥加密的只能用我的私钥来解密，用我的私钥加密的，只能用我的公钥来解密。你要验证信息的来源是否真实，我用私钥加密，你只要拿我的公钥能解开，说明发送方就是我。

这也是 RSA 算法的原理。

下面以 RSA 为例，给大家演示一下加密、解密的过程，如图 5-9 所示。

这是一个在线的 RSA 加密、解密工具，可以看到它分为私钥和公钥，并且它们是不相同的。密钥的长度是可以选择的，一共有 4 种长度可供选择。

（1）输入明文（非对称加密算法），用公钥来进行加密。

（2）单击"RSA 加密"按钮，可以看到用公钥加密之后，信息"非对称加密算法"转化为图 5-9 所示下方的一堆乱码。

（3）单击"RSA 解密"按钮，就可以在"文本"文本框中正确生成明文，即可进行解密。

如果加密文件完整，那么就能正确解密。反之，加密文件发生改变，则解密失败。在图 5-9 中，可以清楚地看到，非对称加密算法当中，它的加密和解密所用到的密钥是不相同的，使用公钥来进行加密；解密时，必须使用相对应的正确的私钥才能成功解密。

图 5-9　RSA 加密、解密

思考与练习

一、单选题

1. 可以认为数据的加密和解密是对数据进行的某种变换，加密和解密的过程都是在（　　　）的控制下进行的。

A. 明文　　　　　　　　B. 密文　　　　　　　　C. 信息　　　　　　　　D. 密钥

2. 以下算法中属于非对称加密算法的是（　　　）。

A. DES　　　　　　　　B. AES　　　　　　　　C.RSA　　　　　　　　D.IDEA

3. Windows 系统自带的文件加密系统是（　　　）。

A. DES　　　　　　　　B. AES　　　　　　　　C.RSA　　　　　　　　D.EFS

4. 下列不属于数据传输安全技术的是（　　　）。

A. 防抵赖技术　　　　　　　　　　　　B. 数据传输加密技术

C. 数据完整性技术　　　　　　　　　　D. 旁路控制

二、多选题

1. 密码的基本要素有（　　　）。

A. 明文　　　B. 密文　　　C. 密钥　　　D. 加密算法　　　E. 解密算法

2. 计算机网络安全应达到的目标有（　　　）。

A. 保密性　　　B. 完整性　　　C. 可用性　　　D. 不可否认性　　　E. 可控性

任务二 ACL 配置

学习重难点

1. 重点

（1）路由器配置基本 ACL 的位置；　　　　（2）路由器配置高级 ACL 的位置。

2. 难点

（1）安全策略的制定；　　　　　　　　　（2）安全策略的配置命令语法格式。

相关知识

5.2.1 基本 ACL

5.2.1 微课

基本 ACL

提到网络安全的问题，很多人首先想到的是密码被盗。事实上，网络安全问题远不是设置一下密码就能解决的。它覆盖的内容非常广泛，几乎涉及了网络技术的各个方面。现在，网络安全问题已经成为网络技术中一个相对独立的领域，涉及的技术更是多种多样。此处我们不对网络安全问题进行系统分析和描述，只学习一个与网络安全技术紧密相关的小技术——访问控制列表（Access Control List，ACL）。

1. 基本 ACL 原理

ACL 是一种应用非常广泛的网络技术，其基本原理非常简单：配置了 ACL 的网络设备根据事先设定好的报文匹配规则对经过该设备的报文进行匹配，对匹配的报文执行事先设定好的处理动作。处理动作的不同以及匹配规则的多样性，使得 ACL 能发挥出各种各样的功效。

ACL 技术总是与防火墙（Firewall）、路由策略、流量过滤（Traffic Filtering）等其他技术结合使用。此处描述的 ACL 技术是针对华为网络设备实现的 ACL 技术。

根据 ACL 具备的特性不同，ACL 分为不同的类型，分别是基本 ACL、高级 ACL、二层 ACL、用户自定义 ACL。其中应用最广泛的是基本 ACL 和高级 ACL。在网络设备上配置的 ACL 都有 ACL 编号，基本 ACL 的编号范围是 2000~2999，高级 ACL 的编号范围是 3000~3999。二层 ACL 的编号范围是 4000~4999，用户自定义 ACL 的编号范围是 5000~5999。

一个 ACL 由若干条 deny|permit 语句组成，每条语句是该 ACL 的一条规则，每条语句中的 deny 或 permit 就是与这条规则相对应的处理动作。处理动作 permit 的含义是允许，deny 的含义是拒绝。当 ACL 技术与流量过滤技术结合使用时，permit 就是"允许通过"，deny 就是"拒绝通行"。

配置了 ACL 的设备在接收到报文之后，会将报文与 ACL 中的规则逐条匹配。如果不能匹配上当前的这条规则，就继续匹配下一条规则。一旦匹配上某条规则，设备会对该报文执行规则中定义的处理动作，并且不再继续与后续规则进行匹配。如果报文不能匹配上 ACL 的任何一条规则，则设备会对该报文执行 permit 处理动作。

ACL 中的每条规则都有一个相应编号，报文按照规则编号从小到大的顺序与规则进行匹配。规则编号可以有步长，步长的大小反映了相邻编号间的间隔大小。间隔的存在，是为了便于在两个相邻规则之间插入新的规则。

2. 基本 ACL 规则

基本 ACL 规则只能基于 IP 报文的源 IP 地址、报文分片标记、时间段信息来定义。

基本 ACL 规则的命令结构如下。

```
rule     [rule-id]{deny|permit}    [source{source-address    source-wildcard    |
any}|fragment|logging|time-range time-name]
```

- rule-id: 规则编号。
- deny|permit: 二选一选项，表示与该规则相关联的处理动作。deny 表示拒绝，permit 表示允许。
- source: 源 IP 地址信息。
- source-address: 具体的源 IP 地址。
- source-wildcard: 与 source-address 相对应的通配符。source-wildcard 和 source-address 都是 32 位的二进制数，两者结合起来，确定一个 IP 地址的集合，规则是如果 source-wildcard 中的某一位取值为 0，则集合中的 IP 地址的对应位的取值必须与 source-address 的取值相同。
- any: 表示源 IP 地址可以是任何地址。
- fragment: 表示该规则只对非首片分片报文有效。
- logging: 表示需要将匹配上该规则的 IP 报文进行日志记录。
- time-range time-name: 表示该规则的生效时间段为 time-name。

如图 5-10 所示，某公司网络包含研发部区域、人力资源部区域和财务部区域。在研发部区域中，有一台专门供实习人员使用的 PC，该 PC 的 IP 地址是 172.16.10.100。出于网络安全方面的考虑，需要禁止财务部区域接收到实习人员发送的 IP 报文。为满足这样的网络需求，可以在路由器 R 上配置基本 ACL。基本 ACL 可以根据源 IP 地址信息识别出实习人员发出的 IP 报文，然后在 G0/0/0 接口的出方向上拒绝放行这样的 IP 报文。

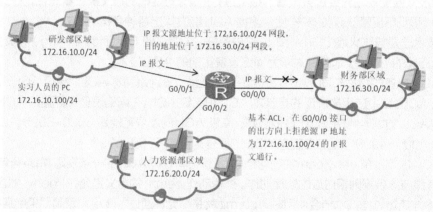

图 5-10　基本 ACL

5.2.2　基本 ACL 的配置

5.2.2　微课

针对图 5-10 所示的网络，来看一下如何配置路由器 R。

（1）在 R 的系统视图下创建一个编号为 2000 的 ACL。

```
[R]acl number 2000
```

基本 ACL 配置

（2）在 ACL 2000 的视图下创建如下规则。

```
[R-acl-basic-2000]rule deny source 172.16.10.100 0.0.0.0
```

上述规则的含义是：拒绝源 IP 地址为 172.16.10.100 的 IP 报文。

（3）使用报文过滤技术中的 traffic-filter 命令将 ACL 2000 应用在 R 的 G0/0/0 接口的出方向上。

```
[R-acl-basic-2000]quit
[R]interface gigabitethernet0/0/0
[R-gigabitethernet0/0/0]traffic-filter outbound acl 2000
[R-gigabitethernet0/0/0]
```

通过上面的配置，源 IP 地址为 172.16.10.100 的 IP 报文便无法在出方向上通过 R 的 G0/0/0 接口，这样就实现了我们的安全策略。

5.2.3 高级 ACL

单纯地控制数据的源地址和传输方向，并不能满足用户对数据的控制要求。例如，同学们都知道 ping 命令可以测试网络连通性，但是如果大量的 ping 包访问服务器也会给服务器带来工作负担。那么这时就需要更高级的 ACL。

5.2.3 微课

高级 ACL

1. 高级 ACL 原理

高级 ACL 可以根据 IP 报文的源 IP 地址、IP 报文的目的 IP 地址、IP 报文的协议字段的值、IP 报文的优先级的值、IP 报文的长度值、TCP 报文的源端口号、TCP 报文的目的端口号、UDP 报文的源端口号、UDP 报文的目的端口号等信息来定义规则。基本 ACL 的功能只是高级 ACL 的功能的一个子集，高级 ACL 可以比基本 ACL 定义出更精准、更复杂、更灵活的规则。

高级 ACL 中规则的配置比基本 ACL 中规则的配置要复杂得多，且配置命令的格式也会因 IP 报文的载荷数据的类型不同而不同。例如，针对 ICMP 报文、TCP 报文、UDP 报文等不同类型的报文，其相应的配置命令的格式也是不同的。

2. 高级 ACL 规则

下面是针对所有 IP 报文的一种简化了的配置命令格式。

```
rule[rule-id]{deny|permit}ip[destination{destination-address
destination-wildcard|any}][source{source-address source-wildcard|any}]
```

如图 5-11 所示，该网络的结构与图 5-10 所示的网络完全相同。此时要求实习人员不能接收到来自财务部区域的 IP 报文。要实现这样的要求，可以在路由器 R 上配置高级 ACL。高级 ACL 可以根据目的 IP 地址信息识别出去往实习人员的 PC 的 IP 报文，然后在 G0/0/0 接口的入方向上拒绝目的地址是 172.16.10.100 的 IP 报文。

针对图 5-11 所示的网络，路由器 R 的配置如下。

（1）在 R 的系统视图下创建编号为 3000 的 ACL。

```
[R]acl number 3000
```

（2）在 ACL 3000 的视图下创建如下规则。

```
[R-acl-adv--3000]rule deny ip destination 172.16.10.100 0.0.0.0
```

该条规则的含义是：拒绝目的 IP 地址为 172.16.10.100 的 IP 报文。

（3）使用报文过滤技术中的 traffic-filter 命令将 ACL 3000 应用在 R 的 G0/0/0 接口的入方向上。

```
[R]interface gigabitethernet0/0/0
[R-GigabitEthernet0/0/0]traffic-filter inbound acl 3000
```

通过上面的配置，目的 IP 地址为 172.16.10.100 的 IP 报文便无法在入方向上通过 R 的 G0/0/0 接口，这样就实现了我们的安全策略。

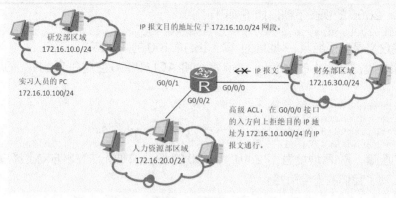

图 5-11　高级 ACL

> **小贴士**　基本 ACL 因为只能控制数据的源地址和方向，所以配置位置要更靠近目的地址，否则可能阻断必要数据访问。而高级 ACL 能控制大多数的数据传输要素，在数据包发出之前就能知道要允许或者拒绝，所以配置位置要更靠近数据源地址。

思考与练习

一、单选题

1. 下列选项中满足 ACL 规则 "acl number 2001 rule 0 permit source 10.1.0.0 0" 的是（　　）。

A. 10.1.1.1/32　　　　　　　　　　　　B. 10.1.1.0/24

C. 10.1.0.0/16　　　　　　　　　　　　D. 10.0.0.0/8

2. 下面是一台路由器的部分配置。

```
acl number 2001
rule 0 permit source 1.1.1.1 0
rule 1 deny source 1.1.1.0 0
rule 2 permit source 1.1.0.0 0.0.255.255
rule 3 deny
```

关于该部分配置描述正确的是（　　）。

A. 源地址为 1.1.1.1 的数据包匹配第一条 ACL 语句 rule 0，匹配规则为允许

B. 源地址为 1.1.1.2 的数据包匹配第二条 ACL 语句 rule 1，匹配规则为允许

C. 源地址为 1.1.1.3 的数据包匹配第三条 ACL 语句 rule 2，匹配规则为拒绝

D. 源地址为 1.1.1.4 的数据包匹配第四条 ACL 语句 rule 3，匹配规则为允许

3. 在 ACL 命令 acl [number] acl-number [match-order{ auto | config }]中，acl-number 用于指定 ACL 的编号，基本 ACL 的 acl-number 的取值范围是（　　）。

A. 1000~3999　　　　　　　　　　　　B. 2000~2999

C. 3000~3999　　　　　　　　　　　　D. 0~1000

二、判断题

1. ACL 的规则可以不按照用户配置 ACL 规则的先后顺序进行匹配。（　　）

2. 在 ACL 规则中，查找完所有规则，如果没有符合条件的规则，则称为未命中规则，不对报文进行任何处理。（　　）

任务三 ▨ 防火墙配置

学习重难点

1. 重点
（1）防火墙的原理；　　　　（2）防火墙内、外网通信方式。
2. 难点
（1）防火墙的安全策略；　　　　（2）防火墙的配置。

相关知识

5.3.1　防火墙原理

什么是防火墙？防火墙的本义是指古代构筑和使用木制结构房屋的时候，为防止火灾的发生和蔓延，人们将坚固的石块等堆砌在房屋周围而成的防护构筑物。

1. 防火墙的功能

网络中提到的防火墙英文为 Firewall，由软件和硬件设备组合而成。硬件防火墙如图 5-12 所示，是外观类似路由器的网络连接设备；软件防火墙就是网络安全软件，如 360 网盾等软件。不管是硬件还是软件，防火墙在内部网和外部网之间、专用网与公共网之间的界面上构造保护屏障。防火墙在 Internet 与 Intranet 之间建立起一个安全网关（Security Gateway），从而保护内部网免受非法用户的侵入。

图 5-12　硬件防火墙

与防火墙一起起作用的就是"门"。如果没有门，各房间的人如何沟通呢？这些房间的人又如何进去呢？当火灾发生时，这些人又如何逃离现场呢？门就相当于我们这里所讲的防火墙的"安全策略"，在此所说的防火墙实际并不是实心墙，而是带有一些门的墙。这些门留给那些允许通过的数据，在这些门中安装了过滤机制，用于实现"单向导通性"，即保证数据传输的方向性。

2. 防火墙的作用

防火墙可以最大限度地阻止非法用户访问网络，保护局域网内部的数据安全。

防火墙可以在办公时间或者办公区域，防止办公人员登录不相关的网站，例如，如果不允许登录购物网站、游戏网站等，可以在防火墙上设置禁止访问外网，也就是限制数据出去。

另外，现在计算机、平板计算机已经成为家庭必需品，青少年也用它们进行学习或者交流。如何保护青少年身心的健康发展？可以通过防火墙来过滤掉一些不良网站推送的有害信息，也就是限制数据进入。

小贴士　《中华人民共和国网络安全法》规定，任何个人和组织不得危害网络安全，不得利用网络从事危害国家安全、荣誉和利益，煽动颠覆国家政权，推翻社会主义制度，煽动分裂国家、破坏国家统一，宣扬恐怖主义、极端主义，宣扬民族仇恨、民族歧视，传播暴力、淫秽色情信息，编造、传播虚假信息扰乱经济秩序和社会秩序，以及损害他人名誉、隐私、知识产权和其他合法权益等活动。公安机关可以对这些非法活动涉及的敏感词语进行限制传输。

在网络中，所谓"防火墙"，是指一种将内网和外网（如 Internet）分开的方法，它实际上是一种隔离技术。防火墙是在两个网络通信时执行的一种访问控制尺度，它能允许你"同意"的人和数据进入你的网络，同时将你"不同意"的人和数据拒之门外。换句话说，如果不通过防火墙，公司内部的人就无法访问 Internet，Internet 上的人也无法和公司内部的人进行通信。所以防火墙是访问网络的一道安全屏障。

3. 防火墙的优点

（1）防火墙能强化安全策略。

（2）防火墙能有效地记录 Internet 上的活动。

（3）防火墙可防止暴露内网用户主机的 IP 地址，隐藏内网网络拓扑结构。

（4）防火墙能够隔开网络中一个网段与另一个网段，这样，能够防止影响一个网段的问题通过整个网络传播。

（5）防火墙是一个安全策略的检查站。所有进出的信息都必须通过防火墙，防火墙便成为安全问题的检查点，使可疑的访问被拒绝于门外。

5.3.2　防火墙的安全策略

5.3.2　微课

防火墙的安全策略

数据通过防火墙有什么要求呢？对防火墙来说，进门和出门的要求一样吗？防火墙是如何区分数据类型的？要回答这些问题，不得不先了解防火墙的区域。

1. 防火墙的区域

区域（Zone）是防火墙引入的一个重要的逻辑概念。防火墙通常放在网络的边界，路由器通过接口来连接不同网段，防火墙通过域来表示不同的网络，通过将接口加入域并在安全区域之间启动安全检查（称为安全策略），从而对流经不同安全区域的信息流进行安全过滤。常用的安全检查主要包括基于 ACL 和应用层状态的检查，如图 5-13 所示。

除本地区域外，使用其他安全区域前，都需要将安全区域分别与防火墙的特定接口关联，即将接口加入安全区域，接口只能加入一个安全区域。接口既可以是物理接口，也可以是逻辑接口。一个安全区域能够支持的最大接口数量为 1024 个。

防火墙的这些区域主要用于保护一个网络区域免受来自另一个网络区域的网络攻击和网络入侵行为。可以对来自不同区域的流量进行等级划分，在本地区域，如防火墙上的接口，就是安全性最高的区域，是可信任度最高的，域优先级为 100。其次是人员相对安全、数据在内部可以自由通信的区域，这称为可信任区域（Trust），其域优先级为 85。在不能确定通信数据安全性的区域，域优先级为 50。另外一种是来自高风险区域的数据流量，该区域称为不可信任区域，域优先级为 5，一般是拒绝进入的。最低等级的虚拟域（Vzone）是虚拟防火墙所支持的区域，域优先级为 0。

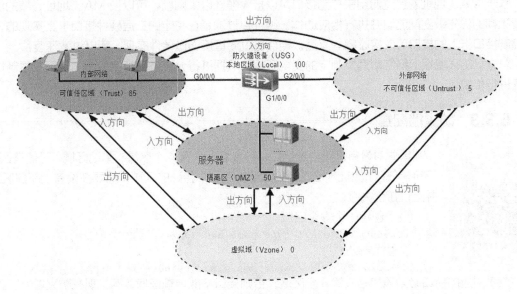

图 5-13　防火墙的域及默认域优先级

2. 防火墙的策略

域间的数据流分两个方向。入方向（inbound）：数据由低级别的安全区域向高级别的安全区域传输的方向。出方向（outbound）：数据由高级别的安全区域向低级别的安全区域传输的方向。

当数据流在安全区域之间流动时，才会激发 USG 防火墙进行安全策略的检查，即 USG 防火墙的安全策略实施都是基于域间的，不同的区域之间可以设置不同的安全策略。一般的策略是高优先级可以访问低优先级，低优先级不能主动访问高优先级。

（1）域间安全策略

域间安全策略用于控制域间流量的转发（此时称为转发策略），适用于接口加入不同安全区域的场景。域间安全策略按 IP 地址、时间段和服务（端口或协议类型）、用户等多种方式匹配流量，并对符合条件的流量进行包过滤控制或高级的 UTM（Unified Threat Management，统一威胁管理）应用层检测。域间安全策略也用于控制外界与设备本身的互访（此时称为本地策略），按 IP 地址、时间段和服务（端口或协议类型）等多种方式匹配流量，并对符合条件的流量进行包过滤控制，允许或拒绝与设备本身的互访。通俗地说，如果你是数据包，那么经过关卡时，要根据你出发或者到达的位置、出发的时间、乘坐的交通工具、从哪个门进来等信息决定你是否可以通过关卡。

（2）域内安全策略

默认情况下域内数据流动不受限制，如果需要进行安全检查，可以应用域内安全策略。与域间安全策略一样，可以按 IP 地址、时间段和服务、用户等多种方式匹配流量，然后对流量进行安全检查。例如，市场部和财务部都属于内网所在的安全区域，可以正常互访。但是财务部是企业重要数据所在的部门，需要防止对服务器、PC 等的恶意攻击，所以在域内应用安全策略进行入侵防御系统检测，阻断非法访问。

（3）接口包过滤

在接口未加入安全区域的情况下，通过接口包过滤控制接口接收和发送的 IP 报文，可以按 IP 地址、时间段和服务等多种方式匹配流量并执行相应动作。

基于 MAC 地址的包过滤用来控制接口可以接收哪些以太网帧，可以按 MAC 地址、帧的协议类型和帧的优先级匹配流量并执行相应动作。硬件包过滤是在特定的二层硬件接口卡上实现的，用来控制接口卡上的接口可以接收哪些流量。硬件包过滤直接通过硬件实现，所以过滤速度快。

总之，防火墙根据网络管理员制定的安全策略对数据进行允许或者拒绝操作，从而有限制地对数据进行传输。

5.3.3 防火墙配置

5.3.3 微课

防火墙配置

首先对设备创建安全区域。防火墙默认有 4 个区域：本地区域、可信任区域、不可信任区域和 DMZ。如果需要新建一个特殊的区域，需要在设备上新建区域，并且设置优先级。

（1）创建一个安全区域。

```
[USG2100] firewall zone name userzone
```
设置优先级。
```
[USG2100-zone-userzone] set priority 60
```

（2）对应的接口必须添加相应的安全区域，否则接口不能传输任何数据。现在防火墙处于路由模式，功能相当于路由器。但是它与路由器不同的地方是，接口不能直接使用，要添加到区域。

添加接口到对应的安全区域。
```
[SRG] firewall zone trust
```
给安全区域添加接口。
```
[SRG -zone-userzone] add interface GigabitEthernet 0/0/2
```

（3）对网络进行安全策略的设置。一般情况下，可以允许内网访问外网，所以在添加区域时可以设置可信任区域访问不可信任区域，方向为出方向。在写策略的时候，先写不可信任区域，再写可信任区域，这也是没有问题的。因为在方向上就决定了是谁访问谁，例如出方向一定是优先级高的访问优先级低的，和写法上谁先谁后没有直接关系。

在策略中，设置可信任区域访问不可信任区域，可信任区域可以访问 DMZ，不可信任区域也可以访问 DMZ。因为在一些特殊情况下，普通用户也可以访问腾讯服务器、百度服务器，它们是腾讯和百度的内网服务器。

配置安全策略如下。
```
[SRG]firewall packet-filter default permit interzone trust  untrust direction outbound
 Warning: Setting the default packet filtering to permit poses security risks. You are
advised to configure the security policy based on the actual data flows. Are you sure
you want to continue? [Y/N] y
 [SRG] firewall packet-filter default permit interzone trust dmz direction outbound
 [SRG] firewall packet-filter default permit interzone untrust dmz direction inbound
```

（4）对设备进行地址转换，因为防火墙处于内网和外网之间。内网通常采用私有 IP 地址，想要访问外网一定要做 NAT，所以防火墙也有这样的功能。把内网所有 IP 地址都转化为外网的出接口 IP 地址，在本拓扑（见图 5-14）中，选择配置为 g0/0/2 接口。外网设备主动发起访问，可以访问 DMZ 的服务器，所以还需要把服务器映射出去。例如在本例（见图 5-14）中，可以使用外网 HTTP 客户端访问内网 HTTP 服务器，访问 80 端口。把内网服务器的 IP 地址 192.168.100.253/24 转化为出接口 G0/0/2 所在的网段 13.0.0.0/24 中的 IP 地址 13.0.0.3/24。

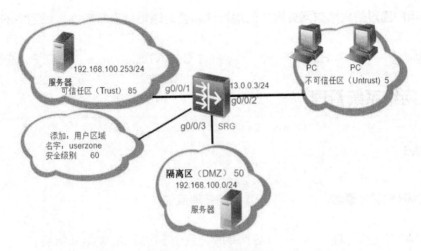

图 5-14　防火墙连接拓扑

① NAT：允许内网用户访问外网，把内网私有 IP 地址转化为外网 IP 地址。

```
[SRG]nat-policy interzone trust untrust outbound
[SRG-nat-policy-interzone-trust-untrust-outbound]policy 1
[SRG-nat-policy-interzone-trust-untrust-outbound-1]action source-nat
[SRG-nat-policy-interzone-trust-untrust-outbound-1]easy-ip GigabitEthernet0/0/2
```

② 把内网地址映射为外网出接口。

NAT：将内网服务器 80 端口映射出去。

```
[SRG]nat server protocol tcp global 13.0.0.3 80 inside 192.168.100.253 80
```

③ 当网络进行会话配置以后，可以查看防火墙会话列表，命令为 display firewall session table。在里面我们看到有 5 个 ICMP 命令。

```
<SRG>display firewall session table
Current Total Sessions : 5
icmp  VPN:public --> public 192.168.1.254:16591[13.0.0.1:2048]-->13.0.0.254:2048
 icmp VPN:public --> public 192.168.1.254:16847[13.0.0.1:2049]-->13.0.0.254:2048
 icmp  VPN:public --> public 192.168.1.254:17103[13.0.0.1:2050]-->13.0.0.254:2048
 icmp  VPN:public --> public 192.168.1.254:17359[13.0.0.1:2051]-->13.0.0.254:2048
 icmp  VPN:public --> public 192.168.1.254:17615[13.0.0.1:2052]-->13.0.0.254:2048
```

防火墙是内网的"网络安全管理员"，能按照设置的转发规则和策略对通过防火墙的数据进行过滤和转发。

思考与练习

单选题

1. 一般而言，Internet 防火墙建立在一个网络的（　　）。

A. 内部子网之间传送信息的中枢　　　　　B. 每个子网的内部

C. 内部网络与外部网络的交叉点　　　　　D. 部分内部网络与外部网络的结合处

2. 防火墙对数据包进行状态检测包过滤时，不可以进行过滤的是（　　）。

A. 源 IP 地址和目的 IP 地址　　　　　　B. 源端口和目的端口

C. IP 号　　　　　　　　　　　　　　　D. 数据包中的内容

3. 防止盗用 IP 地址行为需要利用防火墙的（　　）功能。

A. 防御攻击功能　　　　　　　　　　　　B. 访问控制功能

C. IP 地址和 MAC 地址绑定功能　　　　　D. URL 过滤功能

4. 内网用户通过防火墙访问外网中的地址池需要对源地址进行转换，规则中的动作应选择（   ）。

A. Allow   B. NAT   C. SAT   D. FwdFast

任务四　网络系统管理

学习重难点

1. 重点
（1）SNMP 的基本概念；　　　　　（2）网络管理系统。

2. 难点
（1）SNMP 的工作过程；　　　　　（2）SNMP 几个不同版本的功能和特点。

相关知识

5.4.1　网络管理的基本概念

5.4.1　微课

网络管理的基本概念

我们需要对网络管理有基本而直观的认识。下面以一个公司的办公网络的情况来说明一下网络管理的基本概念。

假设某个公司有几千名员工，其办公网络包含几台大型服务器、几十台路由器和上百台交换机。针对这个公司的办公网络，现在提出如下问题。

（1）这个办公网络中，总共有多少台路由器？每台路由器的名称是什么？每台路由器的安放位置在哪里？

（2）此时此刻，出现故障的交换机有几台？都是一些什么样的故障？

（3）"财务部 1 号"路由器与"市场部 2 号"路由器之间的链路此刻是否是断开的？

（4）"财务部 1 号"路由器的 G1/0/0 接口从昨天中午 12 点到今天中午 12 点这段时间一共接收了多少个 IP 报文？

显然，公司的普通员工是无法回答这些问题的。实质上，这些问题都是一些关于网络管理的典型问题。所谓网络管理，简单地讲，就是指在各个层次上对于网络的组成结构和运行状态及时而准确的认识和干预。网络管理是保障网络可靠运行的重要手段。然而，上面的那些问题对公司的网络管理员（简称网管员）来说就可能显得非常简单了。

那么，网管员凭什么就能够回答那些问题呢？原来，网管员的计算机屏幕上可以实时地显示出公司办公网络的拓扑（见图 5-15），这个拓扑正是公司办公网络的真实写照。拓扑中的各种设备（如路由器、交换机、服务器等）的图标都是与真实设备一一对应的（但一般不会包含网络中的普通 PC）。如果用鼠标单击某个设备图标，则图标边上会自动显示出该设备的名称（如"财务部 1 号"）以及该设备的安放位置（如"××楼××层×××房间"）。设备在正常工作时，拓扑中该设备的图标是某种颜色；当设备出现故障时，其图标就自动变成了另一种颜色。如果单击"财务部 1 号"路由器图标并进行少许的操作，屏幕上就会显示出该路由器的 G1/0/0 接口从昨天中午 12 点到今天中午 12 点这段时间一共接收到了多少个 IP 报文。总之，网管员有了如此"神奇"的计算机，要迅速而正确地回答那些问题其实是轻而易举的事情。

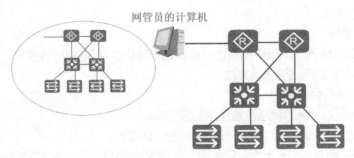

图 5-15　网管员的计算机屏幕

5.4.2　网络管理系统

网管员的计算机之所以如此神奇，是因为网管员在自己的计算机上安装并运行了某种通称为"网络管理系统（Network Mangement System，NMS）"的软件工具。例如，华为的 eSight 就是一种功能强大的网络管理系统。eSight 是华为推出的专门针对企业网络及数据中心的新一代网络管理系统。网络管理系统一般具有如下功能。

（1）网络拓扑的显示。

（2）网络设备端口状态的监视与分析。

（3）网络性能数据的监视与分析。

（4）故障的报警与诊断。

（5）远程配置。

为了让网络管理系统正常地工作，网管员除了需要在自己的计算机上安装并运行网络管理系统（如eSight）之外，还需要在被管理的各个设备上进行一些简单的配置操作。此后，这些设备就能够与网管员的计算机进行管理信息的交流（见图 5-16）。网管员的计算机在收集、分析和处理来自各个设备的管理信息之后，便能以图像、表格、文字甚至声音等形式将网络的各种情况呈现给网管人员。显然，网管员的计算机与被管理的各个设备之间必须通过某种"语言"才能进行管理信息的交流，这种"语言"就是简单网络管理协议（Simple Network Management Protocol，SNMP）。类似

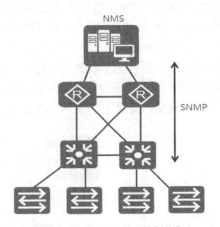

图 5-16　SNMP 管理信息交流

DHCP，SNMP 也是一种客户—服务器模式的网络协议。需要注意的是，运行在网管员的计算机上的是 SNMP 客户端，而运行在被管理设备上的是 SNMP 服务器，如图 5-16 所示。从根本上讲，管理信息的交流是通过在 SNMP 服务器和 SNMP 客户端之间进行 SNMP 报文的交互而实现的。

5.4.3　SNMP

SNMP 可以实现对不同种类和不同厂商的网络设备进行统一管理，能够大

大提升网络管理的效率。

1. SNMP 的原理

SNMP 是广泛应用于 TCP/IP 网络的一种网络管理协议。SNMP 提供了一种通过运行 NMS 的网络管理工作站来管理网络设备的方法。

SNMP 支持以下几种操作。

（1）NMS 通过 SNMP 给网络设备发送配置信息。

（2）NMS 通过 SNMP 来查询和获取网络中的资源信息。

（3）网络设备主动向 NMS 上报告警消息，使得网管员能够及时处理各种网络问题。

SNMP 架构包括 NMS、Agent 和管理信息库（Management Information Base，MIB）等。

NMS 是运行在网管员主机上的网络管理软件。网管员通过操作 NMS，向被管理设备发出请求，从而可以监控和配置网络设备。

Agent 是运行在被管理设备上的代理进程。被管理设备在接收到 NMS 发出的请求后，由 Agent 进行响应操作。Agent 的主要功能包括：收集设备状态信息、实现 NMS 对设备的远程操作、向 NMS 发送告警消息。

MIB 是虚拟的数据库，是在被管理设备端维护的设备状态信息集。Agent 通过查找 MIB 来收集设备状态信息。

2. SNMP 的基本架构

图 5-17 显示了 SNMP 的基本架构。在 SNMP 中，运行在网管员的计算机上的程序称为 Manager，也就是 SNMP 客户端；运行在被管理的设备上的程序称为 Agent，也就是 SNMP 服务器。SNMP 定义了若干种 SNMP 报文（例如，SNMPv3 定义了 8 种类型的 SNMP 报文，分别是 Get-Request、Get-Next-Request、Get-Bulk-Request、Set-Request、Response、Trap、Inform Request、Report），并通过在 Manager 和 Agent 之间交换这些报文实现管理信息的交流，进而实现网络管理的目的。SNMP 报文都是封装在 UDP 报文中的。从 Manager 去往 Agent 的 SNMP 报文，其相应的 UDP 报文的目的端口号为 161；从 Agent 去往 Manager 的 SNMP 报文，其相应的 UDP 报文的目的端口号为 162。

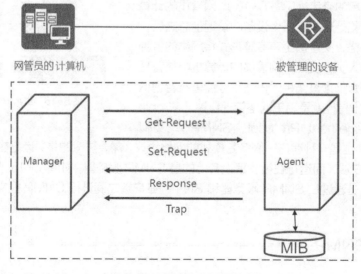

图 5-17　SNMP 的基本架构

（1）如图 5-17 所示，当 Manager 需要查询被管理的设备上的某个被管理对象（Object）的信息时，可以向 Agent 发送一个 Get-Request 报文。

（2）Agent 接收到这个 Get-Request 报文后，会去 MIB 中提取出相应的 Object 的信息，并将这些信息封装在 Response 报文中，然后将 Response 报文发送给 Manager。

（3）当 Manager 需要设置或修改被管理的设备上的某个 Object 的信息时，可以向 Agent 发送一个 Set-Request 报文。Agent 接收到这个 Set-Request 报文后，会去 MIB 中对相应的 Object 的信息进行设置或修改。

这样一来，便可实现 Manager 对于 Object 的远程控制。关于 Manager 对于 Object 的远程控制，可以看看下面这个例子。

假设某台服务器上有一个倒数计时器，该倒数计时器的值对应 MIB 中的一个变量。当这个变量的值为 0（即倒数计时器的值为 0）时，服务器就会自动关机。如果网管员希望这台服务器立即关机，就只需向服务器上的 Agent 发送一个 Set-Request 报文，该报文的含义就是将 MIB 中与倒数计时器的值相对应的那个变量的值设置为 0。Agent 执行了这样的操作后，服务器就会立即自动关机。如果网管员希望这台服务器在两个小时后自动关机，就只需向服务器上的 Agent 发送一个 Set-Request 报文，该报文的含义是将 MIB 中与倒数计时器的值相对应的那个变量的值设置为 7200s。 Agent 执行了这样的操作后，服务器就会在两个小时后自动关机。

如上所述，一方面，Manager 可以主动向 Agent 发送 Get-Request、Set-Request 等报文，从而实现对各种管理信息的查询和修改。另一方面，Agent 也可以主动向 Manager 发送 Trap 报文，Trap 报文中携带了各种告警信息。Manager 在接收到这些告警信息后，便可以及时地采取相应的管理动作。

SNMP 的架构可以是分级的。一个 Manager 可以有它的上一级 Manager，一个 Manager 对它的上一级 Manager 来说相当于一个 Agent。

3. SNMP 的版本

SNMP 的版本有 SNMPv1、SNMPv2c、SNMPv3，如表 5-1 所示。

表 5-1 SNMP 版本比较

版　　本	描　　述
SNMPv1	实现方便，安全性弱
SNMPv2c	有一定的安全性，现在应用最为广泛
SNMPv3	定义了一种管理框架，为用户提供了安全的访问机制

SNMPv1：网络管理工作站上的 NMS 与被管理设备上的 Agent 之间，通过交互 SNMPv1 报文，可以实现网络管理工作站对被管理设备的管理。SNMPv1 基本上没有什么安全性可言。

SNMPv2c 在继承 SNMPv1 的基础上，其性能、安全性、机密性等方面都有了大的改进。

SNMPv3 在 SNMPv2 的基础上增加、完善了安全和管理机制。SNMPv3 体系结构体现了模块化的设计思想，使网络管理者可以方便、灵活地实现功能的增加和修改。SNMPv3 的主要特点在于适应性强，可适用于多种操作环境。它不仅可以管理简单的网络，实现基本的管理功能，也可以提供强大的网络管理功能，满足复杂网络的管理需求。

（1）SNMPv1

SNMPv1 定义了 5 种协议操作，如图 5-18 所示。

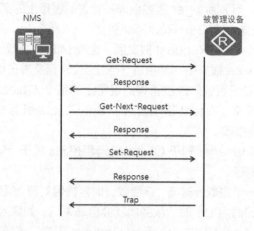

图 5-18　SNMPv1

- Get-Request：NMS 从代理进程的 MIB 中提取一个或多个参数值。
- Get-Next-Request：NMS 从代理进程的 MIB 中按照字典式排序提取下一个参数值。
- Set-Request：NMS 设置代理进程 MIB 中的一个或多个参数值。
- Response：代理进程返回一个或多个参数值。它是前 3 种操作的响应操作。
- Trap：代理进程主动向 NMS 发送报文，告知设备上发生的紧急或重要事件。

（2）SNMPv2c

SNMPv2c 新增了 2 种协议操作，如图 5-19 所示。

- Get-Bulk-Request：相当于连续执行多次 Get-Next-Request 操作。在 NMS 上可以设置被管理设备在一次 Get-Bulk-Request 报文交互时，执行 Get-Next-Request 操作的次数。

- Inform Request：被管理设备向 NMS 主动发送告警。与 Trap 不同的是，被管理设备发送 Inform Request 告警后，需要 NMS 回复 Inform Response 进行确认接收。如果被管理设备没有收到确认信息，则会将告警暂时保存在 Inform 缓存中，并且会重复发送该告警，直到 NMS 确认收到了该告警并向被管理设备发送 Inform Response 信息，或者发送次数已经达到了最大重传次数。

（3）SNMPv3

SNMPv3 的实现原理和 SNMPv1/SNMPv2c 基本一致，主要的区别是 SNMPv3 增加了身份验证和加密处理，如图 5-20 所示。

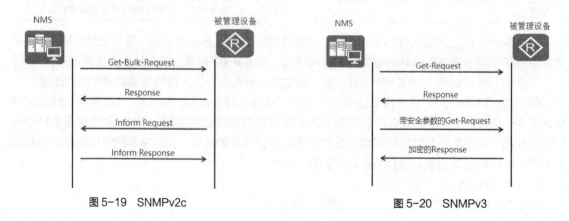

图 5-19　SNMPv2c　　　　　　　　　　　　　图 5-20　SNMPv3

NMS 向 Agent 发送不带安全参数的 Get-Request 报文，向 Agent 获取安全参数等信息。

Agent 响应 NMS 的请求，向 NMS 反馈所请求的参数。

NMS 向 Agent 发送带安全参数的 Get-Request 报文。

Agent 对 NMS 发送的 Get-Request 消息进行认证，认证通过后对消息进行解密，解密成功后，向 NMS 发送加密的 Response。

拓展：我们知道，一个规模足够大的园区通常都会建立起自己的办公网络。随着网络技术的发展，各种网络智慧终端都要依靠网络连接在一起。如果有一个可视化的、全面的网络一体运维平台，就可以更好地管理各个数据终端的网络运行情况。我国作为网络应用的大国，网络设备遍布祖国大地，华为致力于网络、通信、运维等方向的深度应用，华为远程运维中心就是按照不同的客户需求开发的可视化、一体化运维平台。

小贴士 随着科学技术的发展，华为发布了一款可视化的系统。其中，通过核心网络总览模块能看到所管理的网络区域设备的运行数据，例如当日的流量趋势、主干网络的宽带利用率、网络延时、丢包率、网络响应时间等主要网络信息。网络安全模块用于监督各个城市的带宽利用率、专线延时、丢包率，进行网络攻击事件汇总和分析攻击类型分布等。机房环境监控总览模块可用于监控机房设备数量、中心服务器数量分布等，进行机房容量总览、一周内告警总览和统计等。当然，除了这些平台模块，华为远程运维中心还有网综业务系统流程态势、网综业务系统工单态势、云平台信息总览、外围设备分布总览等各种平台。

网络管理是一项重要的网络技术。及时、高效地发现网络故障，将会大大缩短故障处理时间，降低因为网络故障产生的各种损失，将来的网络管理也将朝着可视化、一体化、全面、系统的远程处理方向发展。

思考与练习

一、单选题

1. 下列版本的 SNMP 中支持加密特性的是（　　　）。

A. SNMPv1　　　　　　　　　　　　　　B. SNMPv2

C. SNMPv2c　　　　　　　　　　　　　　D. SNMPv3

2. 网络管理工作站通过 SNMP 管理网络设备，当被管理设备异常时，网络管理工作站将会收到（　　　）。

A. Get-Reponse 报文　　　　　　　　　　B. Set-Request 报文

C. Trap 报文　　　　　　　　　　　　　　D. Get-Request 报文

3. 下列关于 SNMP 中 Trap 报文描述正确的是（　　　）。

A. Trap 报文使用 UDP 进行传送，端口号为 162

B. Trap 报文使用 UDP 进行传送，端口号为 161

C. Trap 报文使用 TDP 进行传送，端口号为 161

D. Trap 报文使用 TDP 进行传送，端口号为 162

二、多选题

1. 网络故障管理包括（　　）等方面内容。

A. 性能监测 　　　　　　　　　　　B. 故障检测

C. 隔离 　　　　　　　　　　　　　D. 纠正

2. SNMPv3 的实现原理与 SNMPv1/SNMPv2c 不同的是（　　）。

A. 身份验证 　　　　　　　　　　　B. 加密处理

C. 告警处理 　　　　　　　　　　　D. 计数功能

3. 未来的网络管理系统应该朝着（　　）方向努力。

A. 全面 　　　　　　　　　　　　　B. 系统

C. 可视化 　　　　　　　　　　　　D. 实时

任务五　网络安全与网络管理综合实践

学习重难点

1. 重点

（1）分析项目需求； 　　　　　　　（2）防火墙策略。

2. 难点

（1）NAT 地址转换； 　　　　　　　（2）特定端口的 NAT 转换；

（3）设备配置与故障排除。

相关知识

5.5.1　项目概述

在网络管理中，要考虑到的安全内容有很多，例如，上班时间不能访问外网，出差在外办公，公司的服务器只能让员工通过外网访问特定的项目。通过对人员、访问时间、访问目的地、访问项目等都尽可能地限制数据传递，从而有目标地维护网络安全。另外，防火墙也是很多公司选用的安全设备，两者往往结合使用。下面介绍一个综合网络安全实践项目。

5.5.2　项目设计

某公司使用防火墙隔离内、外网，并且把公司服务器放置在 DMZ 中，内、外网都可以访问服务器。内网可以转换为公有地址访问外网。在外网办公的人员可以在任何时间内访问公司的 HTTP 服务器，可以测试与服务器之间是否连通，但是其他访问不允许。

5.5.3　项目分析

网络分成 3 个区域，即内网可信任区域、外网不可信任区域和隔离区。内网和隔离区都属于内网私有地址范围，外网是公网，使用公网 IP 地址。内网数据互通，没有限制。按照图 5-21 所示拓扑结构进行配置。

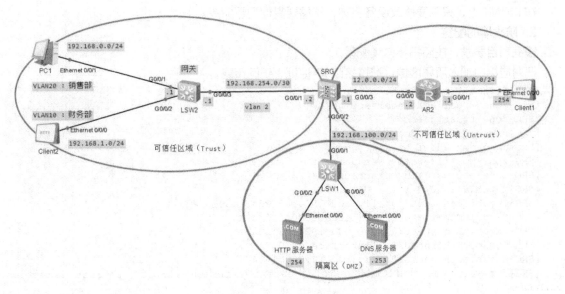

图 5-21 综合配置拓扑

防火墙把网络分成了 3 个区域：Trust、Untrust、DMZ。Trust 可以访问 Untrust、DMZ，Untrust 可以访问 DMZ，DMZ 不能访问 Trust、Untrust，Untrust 不能访问 Trust。DMZ 中有 HTTP 服务器和 DNS 服务器，这样，在防火墙上只能开放 HTTP 80 端口和 ICMP。

5.5.4 项目实施与配置

根据项目要求，按照拓扑进行配置。

1. 对照网络拓扑配置接口 IP 地址、VLAN、设备名称

（1）交换机 LSW2 的配置。

```
[LSW2]vlan batch 10 20 2
[LSW2]inter vlan 10
[LSW2-Vlanif10]ip add 192.168.0.1 24
[LSW2-Vlanif10]inter vlan 20
[LSW2-Vlanif20]ip add 192.168.1.1 24
[LSW2-Vlanif20]inter vlan 2
[LSW2-Vlanif2]ip add 192.168.254.1 30
[LSW2]inter g0/0/1
[LSW2-GigabitEthernet0/0/1]port link-type access
[LSW2-GigabitEthernet0/0/1]port default vlan 10
[LSW2-GigabitEthernet0/0/1]inter g0/0/2
[LSW2-GigabitEthernet0/0/2]port link-type access
[LSW2-GigabitEthernet0/0/2]port default vlan 20
[LSW2-GigabitEthernet0/0/2]inter g0/0/3
[LSW2-GigabitEthernet0/0/3]port link-type access
[LSW2-GigabitEthernet0/0/3]port default vlan 2
```

（2）路由器 AR2 的配置。

```
[Huawei]sys AR2
[AR2]interface g0/0/0
[AR2-GigabitEthernet0/0/0]ip add 12.0.0.2 24
[AR2-GigabitEthernet0/0/0]interface g0/0/1
[AR2-GigabitEthernet0/0/1]ip add 21.0.0.1 24
```

在 LSW1 上，只需要修改设备名称，不需要其他配置命令。

2. 防火墙的配置

根据项目要求，按照拓扑继续配置。

把对应接口加入所属区域，配置接口 IP 地址、访问策略。

```
[SRG]firewall zone trust
[SRG-zone-trust]add interface g0/0/1
[SRG-zone-trust]quit
[SRG]firewall zone dmz
[SRG-zone-dmz]add interface g0/0/2
[SRG-zone-dmz]firewall zone untrust
[SRG-zone-untrust]add interface g0/0/3
[SRG]interface g0/0/1
[SRG-GigabitEthernet0/0/1]ip add 192.168.254.2 30
[SRG-GigabitEthernet0/0/1]interface g0/0/2
[SRG-GigabitEthernet0/0/2]ip add 192.168.100.1 24
[SRG-GigabitEthernet0/0/2]interface g0/0/3
[SRG-GigabitEthernet0/0/3]ip add 12.0.0.1 24
[SRG]firewall packet-filter default permit interzone trust  untrust direction
outbound
[SRG]firewall packet-filter default permit interzone trust  dmz direction outbound
[SRG]firewall packet-filter default permit interzone untrust  dmz direction inbound
```

3. 路由的配置

（1）交换机上路由的配置。

```
[LSW2]ospf 1
[LSW2-ospf-1]area 0
[LSW2-ospf-1-area-0.0.0.0]net 192.168.0.1 0.0.0.0
[LSW2-ospf-1-area-0.0.0.0]net 192.168.1.1 0.0.0.0
[LSW2-ospf-1-area-0.0.0.0]net 192.168.254.1 0.0.0.0
```

（2）防火墙上路由的配置。

```
[SRG]ospf 1
[SRG-ospf-1]default-route-advertise always
[SRG-ospf-1]area 0
[SRG-ospf-1-area-0.0.0.0]net 192.168.254.2 0.0.0.0
[SRG-ospf-1-area-0.0.0.0]qu
[SRG-ospf-1]quit
[SRG]ip route-static  0.0.0.0 0 12.0.0.2
```

4. NAT 特殊访问需求的配置

（1）在防火墙的出接口上配置 Easy IP。

```
[SRG]nat-policy interzone trust untrust outbound
[SRG-nat-policy-interzone-trust-untrust-outbound]policy 1
[SRG-nat-policy-interzone-trust-untrust-outbound-1]action source-nat
[SRG-nat-policy-interzone-trust-untrust-outbound-1]easy-ip g0/0/3
```

（2）把服务器的 HTTP 服务映射出去。

```
[SRG]nat server protocol tcp global 12.0.0.3 80 inside 192.168.100.254 80
```

（3）把服务器的 ICMP 开启。

```
[SRG]nat server protocol icmp global 12.0.0.3 inside 192.168.100.254
```

（4）把服务器的 DNS 服务映射出去。

```
[SRG]nat server global 12.0.0.4 inside 192.168.100.253
[SRG]nat server 1 protocol icmp global 12.0.0.4 inside 192.168.100.253
```

5. 验证

（1）通过 ping 命令测试网络是否畅通。

通过测试可知，销售部能访问外网，即 PC1 ping 21.0.0.254 为通。

（2）财务部可以通过域名服务器访问网页服务器。

① 在桌面单击鼠标右键，在弹出的快捷菜单中选择"新建"命令，再选择"文件夹"子命令，新建一个 HTTP 文件夹，并在里面新建 HTTP 文本文档。

② HTTP 服务器基础配置如图 5-22 所示。

图 5-22　HTTP 服务器基础配置

③ 在"文件根目录"选择刚才新建的 HTTP 文件夹，单击"启动"按钮，完成 HTTP 服务器设置，如图 5-23 所示。

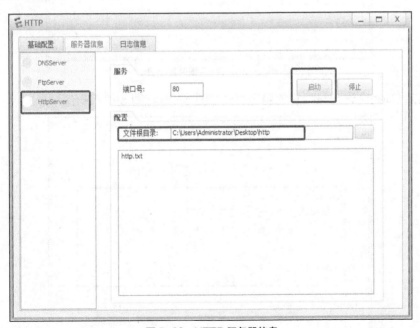

图 5-23　HTTP 服务器信息

④ DNS 服务器设置如图 5-24 和图 5-25 所示。

图 5-24　DNS 服务器基础配置

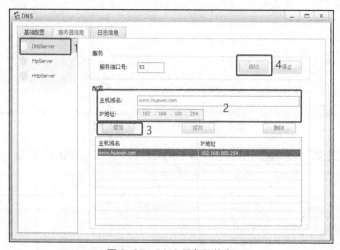

图 5-25　DNS 服务器信息

⑤ 财务部 Client2 访问 HTTP 服务器测试如图 5-26 和图 5-27 所示。

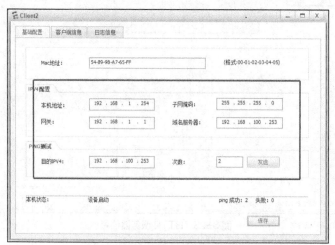

图 5-26　财务部 Client2 基础配置

图 5-27　测试结果

⑥ 外部计算机 Client1 访问内网的 HTTP 服务器测试如图 5-28 和图 5-29 所示。

图 5-28　外部计算机 Client1 基础配置

图 5-29　测试结果

小贴士 随着信息全球化的发展，网络的应用也得到了普及和发展，网络在人们的生活中已不可或缺，但网络作为一个开放的系统，总会面临不同的不安全因素。网络安全已经成了网络技术发展过程中的一个重要领域。因此，为了保障网络的安全，一些保障网络安全的技术措施，像加密、ACL、防火墙、网络管理，我们都应好好学习并掌握。只有这样，搭建的网络才能更安全、更稳定，网络管理员才能更好地为用户提供服务。

思考与练习

简述题

1. 在园区的网络搭建中，可以使用哪些网络安全技术？
2. 在园区的网络管理中，SNMP 的优势有哪些？